KB241091

칠정산내편의 연구

칠정산내편의 연구

이 은 희 著

KSI 한국학술정보㈜

머리말

    아침에 동쪽에서 떴던 해는 저녁이면 서쪽으로 진다. 그리고 달은 일정한 주기로 매번 차고 기울며 그 위치를 바꾼다. 이와 같이 해와 달의 공간적 이동이 시간의 변화와 관계가 있다는 것을 깨달았던 옛 선인들은 우리가 살고 있는 공간을 우(宇), 시간을 주(宙)라 하며 우주(宇宙) 속에 나타나는 자연의 법칙을 이해하려고 많은 노력을 해왔다. 칠정산(七政算)이란 바로 그 우주 속의 천체들, 즉 해와 달과 다섯 행성의 움직임을 관측하여 이들의 움직임을 미리 예측할 수 있도록 만든 천체 운동에 관한 계산법이다.

    조선은 세종 때까지 중국에서 만들어진 역법에 따라 달력을 만들어 써왔다. 그러나 중국의 역법을 잘 이해하지 못하여 절기의 시각이나 일월식의 예보를 잘 못 계산하는 경우가 많았다. 이러한 사정을 잘 알았던 세종은 역법의 교정을 명하면서 이에 필요한 천문 지식의 습득과 관측기기의 제작에 모든 지원을 아끼지 않았다. 천문학에 능통했던 세종은 역법의 정확성이 정확한 관측에 의한다는 사실을 이미 알고 있었다. 따라서 역법의 제작과 함께 중요하게 이루어진 사업이 정밀한 관측기기의 제작이었는데 이 때 만들어진 관측기기들은 가히 세계 최고의 수준이었다고 해도 부족함이 없는 것들이었다.

    1423년 역법의 교정으로부터 시작한 세종의 천문역법 사업은 1433년에 이르러 대대적으로 진행되었다. 역대의 천문과 역법에 관한 자료의 조사와 의상(儀象, 혼천의와 간의 및 혼상)과 구루(晷漏, 해시계와 물시계)등 관측기기의 정비 그리고 이에 수반되는 정확한 관측 등, 이 모든 것들이 뒷받침되어 완성된 것이 세종 26년(1444)에 편찬된 칠정산 내편(七政算內篇)과 칠정산 외편(七政算外篇)이다. 이는 실로 20년 이상의 연구와 노력 끝에 이루어진 결과였다. 칠정산 내편은 중국 최고의 역법으로 알려진 수시력(授時曆)을 바탕으로 하는 재래의 동양 역법이었고, 칠정산 외편은 명나라에서 편찬된 이슬람의 회회력(回回曆)을 연구 교정하여 만든 아라비아의 역법이었다. 칠정산 내편이 칠정산 외편과 함께 편찬된 의의를 찾아보면 이는 중국의 뛰어난 과학과 기술뿐만 아니라 이슬람의 과학과 기술이 중국을 통하여 조선에 들어온 것을 들 수 있다. 이러한 이슬람 과학의 유입은 당시 조선의 과학 기술을 한 단계 높이는데 중요한 역할을 담당했다. 따라서 칠정산 내외편의 편찬은 단순히 계절과 시각을 알려주는 역법으로서가 아니라 당시 동서양 최고 수준의 과학을 종합하여 만든 모든 노력의 결정체로, 15세기 우리 과학의 수준을 세계의 대열에 오를 수 있게 한 원동력이었다.

이 책은 조선 초기의 역법을 대표하는 위의 두 역법 중, 칠정산 내편의 내용을 다루었다. 칠정산 내편의 연구는 1971년 세종대왕기념사업회에서 발행한 칠정산 내외편의 역주(譯註)가 있어 가능하였다. 당시 서울대학교의 유경로 교수님과 현정준 교수님, 그리고 인하대학교의 이은성 교수님이 역주에 참여하셨다. 지금은 고인이 되신 유경로 교수님으로부터 역주 당시 고대 역법에 관한 용어와 계산방법 등이 현대천문학과 전혀 달라 겪었던 많은 어려움들에 대해 들었던 기억이 나는데, 이 연구는 이 분들의 선행된 노력이 없이는 존재할 수 없었다. 특히 고대 동양의 천문학을 대표하는 역법에 관한 연구가 국내에서는 미진한 현실을 안타까워하며 병중에도 제자들을 친히 집으로 불러 모으시고 자신이 알고 있는 지식들을 하나라도 더 전하려 애쓰셨던 유경로 교수님의 모습이 아직도 떠오른다. 만약 생존해 계시다면 이 책의 출판을 누구보다 기뻐하실 유경로 교수님과 이 책이 출판될 수 있도록 오랫동안 기다려 주시고 최선을 다해주신 한국학술정보(주)의 권현옥 선생님께 진심의 감사를 드린다. 그리고 얼마 전 세상을 떠나셨으나 나의 인생과 학문의 진정한 스승이셨던 Kwan-Yu Chen 교수님께 사랑과 감사의 마음을 드리며 그가 계실 천국에 이 책을 보낸다.

2007년 5월 이 은 희

목 차

❧{ 표목차 }❧

그림목차

제1장 서 론

14

  역(曆)이란 달의 위상 변화나 계절의 순환과 같은 자연 현상의 질서를 수학적으로 체계화한 법칙으로, 해와 달 그리고 오행성의 운행과 그 위치에 대한 계산을 주요 내용으로 하고 있다. 과거에 우리가 오랫동안 사용한 역법은 태음태양력(太陰太陽曆)이었다. 태음태양력은 음력(陰曆)의 성분인 삭(朔)과 양력(陽曆)의 성분인 기(氣)를 기본 요소로 하여 기와 삭을 맞추는 것이 기본 원리이다. 즉 달의 운동에 의한 삭망월과 태양의 운동에 의한 회귀년(回歸年)의 길이를 어떻게 결합시키느냐가 역법의 근본이 된다. 그러나 1회귀년의 길이와 1삭망월의 길이가 1일의 정수배가 되지 않을 뿐만 아니라 1회귀년의 길이 역시 삭망월의 정수배가 되지 않음에 따라 달의 삭망과 계절을 조절하면서 그 안에 윤달을 배치하여 회귀년의 길이를 맞추는 방법이 사용되었다. 『서경(書經)』에는 요(堯, B.C. 2357-2233) 임금이 희씨(羲氏)와 화씨(和氏)에게 명하여 역법을 정리하게 한 사실을 커다란 치적의 하나로 기록하고 있다.[1] 그 기록에는 "1년은 366일이니 윤달이 있음으로써 네 계절이 정해지고 1년을 이루게 되니"라는 구절이 보인다. 이 기록만으로는 당시에 윤달의 배치가 어떻게 되고 있었는지 알 수 없지만 이미 요 임금의 시대에 윤달로서 네 계절을 조절하여 1년을 정하는 치윤(治閏)이 행하여지고 있었음을 알 수 있다.

  중국의 역법은 해와 달의 운행에 의한 단순한 음양력(陰陽曆)으로부터 시작되지만 한(漢) 나라의 태초력(太初曆) 이후로는 음양력의 추산뿐만 아니라 일월식(日月食)의 추보(推步)와 오행성(五行星)의 운행을 계산하는 방법 등이 포함된 광범위한 내용의 천체력으로 발전하게 된다.[2] 한대(漢

1) 『書經』 "堯典": 李家源, 新譯, (홍신문화사: 서울), p.20. 1983.
2) 藪內淸著, 兪景老 譯編, 『中國의 天文學』(電波科學社: 서울), p.41, 1985.

代)에 들어서 왕조의 교체에 따라 "정삭(正朔)을 고친다"라는 원리가 확립
되었고 그 후 왕조의 교체에 따라 천명사상(天命思想)에 입각한 개력(改
曆)이 행하여졌다.[3) 개력의 주된 내용은 윤달을 넣는 방법인 치윤법(治閏
法)과 크고 작은 달의 배치법 그리고 절기(節氣)와 삭을 정하는 방법과 함
께 1년이나 1달의 길이 등을 나타내는 천문 상수들의 개정을 포함하고 있
었고 개력의 과정을 통하여 역 계산의 방법과 천문 상수 값들이 점차 개량
되고 정밀화 하였다. 그리고 관측 기술의 발달에 따라 해와 달의 운동에
빠르고 느림의 현상이 있다는 사실과 황·백도의 교점이 이동하며, 동지
때 태양의 위치도 변화하고 있다는 사실 등이 발견되면서 관측으로 얻은
값들을 처리하기 위한 새로운 방법이 고안되었다. 해와 달의 부등 운동을
계산하기 위하여 수(隋) 나라의 유작(劉悼)은 Gauss 보간법에 해당하는 2
차 보간법을 발명하였고, 당(唐) 나라 말기의 변강(邊岡)은 호수림(胡秀
林)과 왕지(王墀)와 함께 제작한 숭현력(崇玄曆)에서 상감상승법(相減相乘
法)을 사용하였다.[4) 그 후 원(元)의 수시력(授時曆)에 이르러서는 보다 정
밀한 3차 보간법인 초차법(招差法)이 창안되었고 할원술(割圓術)의 발달로
황도와 적도의 좌표 변환에 현대의 구면 삼각법에 대응하는 계산법이 사용
되어 태양과 달의 운동을 보다 정확하게 표현하게 되었다. 중국의 역법은
정확한 관측과 이를 처리하는 계산 기술의 발달 과정에서 변화하고 발전하
였으며 『칠정산 내편』의 배경이 된 수시력에서 그 절정을 이루었다.

　한국에서 역법의 발달은 삼국시대에 중국의 역법을 도입하는 데서 시작
되었다.[5) 백제(百濟)는 송(宋)의 원가력(元嘉曆)을 사용하였고[6), 고구려
(高句麗)는 당(唐)의 무인력(戊寅曆)을[7), 그리고 신라(新羅)에서는 당의

---

3) 藪內淸, 『中國の天文曆法』(平凡社: 東京), pp.280-281, 1963.

4) 藪內淸著, 兪景老譯編, 『中國의 天文學』(電波科學社: 서울), p.98, pp.140-141,
　 1985.

5) 全相運, 『韓國科學技術街史』(정음사: 서울), p.98, 1979.

6) 全相運, 앞의 책, p.98, 1979: 이은성, 『曆法의 原理 分析』(정음사: 서울),
　 pp.321-322, 1985: 『隋書』 異域條: 『周書』 卷49, 列傳 異域條 上.

7) 全相運, 앞의 책, p.98, 1979: 이은성, 앞의 책, pp.325-327, 1985: 『三國史記』 卷

인덕력(麟德曆)과 대연력(大衍曆) 그리고 선명력(宣明曆) 등을 사용하였다[8]. 그러나 삼국시대에 사용되었던 역법(曆法)에 대해서는 전하는 기록이 많지 않을 뿐만 아니라 전하여진 역법의 내용이나 도입된 시기 그리고 시행된 기간 등이 정확하게 알려지지 않고 있다. 따라서 삼국에서 사용한 역법이 언제 어떻게 도입이 되었으며 얼마 동안 사용되었는지 분명하지 않고, 기록에서 전하는 역법 외에 사용된 역법은 없는지에 대해서도 잘 알려져 있지 않다. 그러나 고려 시대부터는 비교적 자세한 기록이 전해지고 있다. 『고려사(高麗史)』역지(曆志)[9]에 의하면

"고려 때에는 별도로 역서를 만들지 않고 당나라의 선명력을 계속 사용하였다. 장경(長慶) 임인년(822)으로부터 고려 태조의 개국까지는 거의 100년이 지났으므로 그 역법이 이미 낡아서 실지와 차이가 생기게 되었다. 당나라에서는 이미 역을 개정하였는바 이로부터 지금까지 무릇 22번 개정하였으나 고려에서는 그대로 선명력을 사용하다가 충선왕(忠宣王, 1309) 때에 이르러 원(元)나라의 수시력(授時曆)을 시행하였다. 그러나 당시에 수시력에서 사용된 개방(開方, 제곱근)에 대한 계산법이 전해지지 않아 교식(交食)의 계산은 선명력의 옛 방법을 따르니 일월식의 예보 시각이 하늘에서 일어나는 실제와 맞지 않았다. 일관(日官)이 마음대로 앞당기고 늦추어 억지로 맞추어 보았으나 성과를 보지 못하여 고려왕조가 끝날 때까지 고치지 못하였다."

라는 서문과 함께 선명력과 수시력(授時曆)을 첨부하여 역지를 편찬하게 된 경위를 설명하고 있다.

원(元) 나라는 충렬왕(忠烈王) 7년(1281년) 정월에 왕통(王通) 등을 사신으로 파견하여 새로 만든 수시력을 고려에 보내왔다.[10] 그러나 원 나라에서 보내온 것은 수시력법에 따라 만든 지원 18년(1281)의 역서로서 수시

---

20. 榮留王. 7年: 『資治通鑑』 卷190, 唐紀 6.

8) 金富軾, 『三國史記』 卷 7, 文武王 14年: 徐浩修, 『國朝曆象考』 序.

9) 『高麗史』 卷50, 曆1.

10) 『高麗史』 卷29, 忠烈王 7年.

력의 방법을 전한 것은 아니었다. 수시력은 고려의 왕자(후의 충선왕(忠宣王))가 충렬왕 14년(1298년), 원에 가 있을 때 처음으로 접하였다. 그는 원의 태사원관(太史院官)이 수시력에 정통해 있음을 보고 같이 따라갔던 광양군(光陽君) 최성지(崔誠之)에게 내탕금(內帑金) 100근(斤)을 내어주고 스승을 구하여 수시력을 배우게 하였다.[11] 후에 왕자가 귀국하여 충선왕으로 즉위함에 따라 최성지도 함께 돌아오게 되었는데 이 때 얻어 가지고 돌아온 수시력으로 비로소 이를 사용하게 되었다.[12] 그러나 고려에서는 역지의 서문에서 언급하였듯이 수시력이 시행된 이후에도 교식의 계산은 선명력의 옛 방법을 그대로 따르고 있어 일월식의 예보가 맞지 않는 일이 계속되었다. 이러한 연유에 대해 『고려사』[13]에는 "수시력에서 사용된 개방에 대한 계산법이 전해지지 않아서"라고 하고 있으며, 『증보문헌비고(增補文獻備考)』와 『국조역상고(國朝曆象考)』[14]에도 "교식과 오성(五星)의 입성은 전하지 못하였다"라고 하고, 『사여전도통궤』의 발문(跋文)[15]에는 "겨우 그 역일(曆日) 추정하는 법만을 얻었을 뿐 그 나머지는 알지 못하였다."라고 전하고 있어 당시 고려에 전해진 수시력의 추보 방법이 완전한 것이 아니었음을 알 수 있다.

고려 시대에는 역지에 전하는 선명력과 수시력 외에 명(明)나라의 대통력(大統曆)이 사용되었다. 대통력이 고려에 도입된 것은 공민왕(恭愍王) 19년(1370)으로 명나라 황제가 상보사(尙寶司) 설사(偰斯)를 보내어 왕을 책봉하고 대통력 1권을 하사한데 이어 사신으로 갔던 성준득(成准得)이 명의 황제가 내린 홍무(洪武) 3년의 대통력을 가지고 돌아온 후부터이다.[16] 고려는 이 해 7월부터 홍무 연호를 사용하였고 홍무 이후 명나라의 정삭

---

11) 姜保, 『授時曆捷法立成』本末.

12) 『世宗實錄』卷156: 1a(七政算內篇, 序).

13) 『高麗史』卷50, 曆1.

14) 『增補文獻備考』卷1: 4a; 徐浩修, 『國朝曆象考』序.

15) 『四餘纏度通軌』跋文.

16) 『高麗史』卷42, 恭愍王 19年.

(正朔)17)을 받아 대통력을 사용하였다.18) 그러나 대통력은 역원(曆元)을 고치고 세실소장법(歲實消長法)을 삭제했다는 것 외에는 수시력과 다를 바가 없는 것이어서 수시력을 제대로 이해 못하는 고려로서는 대통력의 반포가 무의미 하였다.

조선 초기에도 고려에 이어 명의 대통력이 사용되었다. 그러나 역관(曆官)이 역일(曆日) 추산(推算)하는 방법만을 알아내었을 뿐 일월교식(日月交食)과 오성행도(五星行度) 등의 계산 방법은 수시력 시행 이후 그 이치를 알아내지 못하였고19), 태종(太宗) 시대에도 『원사(元史)』의 수시본경(授時本經)을 받았으나 시행되지는 못하였다20)고 한다. 즉 조선의 태종 때에는 그동안 전해지지 않았던 일월식과 오행성의 계산표가 실린 『원사』의 수시력경이 들어왔으나 여전히 그 방법을 알아내지 못하였고 세종 때에도 이러한 상황은 계속된 것으로 보인다.

그러나 세종은 조선 초까지도 해결하지 못했던 역법상의 문제를 보완하고자 여러 방면으로 적극적인 노력을 다하였다. 우선 역법의 발전은 이를 다루는 인물에 크게 좌우됨을 깨달아 서운관의 술자(術者)의 경우 능력 없는 한산관(閑算官)보다 능력 있는 술자를 임명하도록 하여 역산과 천문의 발전을 위한 기초를 마련하였고21) 역법을 정밀하게 교정하고자 사역원(司譯院) 주부(注簿) 김한(金汗)과 김자안(金自安) 등을 중국에 보내어 산법(算法)을 익히게 하는 등22) 인재의 양성에도 힘썼다. 또한 인재를 중히 여겨 역술(曆術)에 능한 자는 자급(資級)을 뛰어 올려 관직을 주게 하였고, 더구나 역관은 승진이 잘 되지 않음을 꺼리고 문신은 군직을 싫어하므로 관

---

17) 정삭(正朔)이란 정월(正月)과 초하루를 말한다. 제후(諸侯)가 천자(天子)에게 역서(曆書)를 받는 것을 정삭을 받는다고 한다.

18) 『高麗史』 卷42, 恭愍王 19年.

19) 『增補文獻備考』 卷1: 4a.

20) 『四餘纏度通軌』 跋文.

21) 裵賢淑, "七政算內外篇의 字句異同" 『書誌學硏究』 第3輯, (書誌學會: 서울), p.167, 1988;『世宗 實錄』 卷12: 9b(3年 6月 辛丑).

22) 『世宗實錄』 卷51: 22b(13年 3月 丙寅).

직을 올려 주거나 경우에 따라 높은 벼슬로 옮길 수 있는 방안도 강구하였
으며, 아무리 뛰어난 인재라도 필요한 서적이 없어서는 발전을 기대할 수
없는 것이므로 『양휘산법(楊輝算法)』을 간행하게 하여 집현전(集賢殿)과
호조(戶曹), 서운관, 습산국(習算局) 등에 나누어 익히도록 하였다.[23]

세종은 역법을 다룰 인재의 양성과 함께 자신도 또한 천문 역산에 깊은
관심을 가지면서 역법을 연구하고 교정하는 일에 직접 참여하였다. 세종
12년(1430) 겨울 10월에 세종은 정인지의 도움을 받아 『산학계몽(算學啓
蒙)』을 공부한 일이 있었고[24] 정흠지(鄭欽之), 정초(鄭招), 정인지(鄭麟
趾) 등에게 명하여 수시력의 계산방법을 연구하게 하면서 자세히 구명되지
않은 것은 세종이 친히 판단을 가하여 분명하게 밝히기도 하였다.[25]

역법의 교정이 정확히 어느 때부터 시작되었는지는 확실하지 않다. 세종
즉위 2년(1419)에 유정현(柳廷顯)이 역법의 교정을 건의 한[26] 이후, 세종
5년(1423)에 왕이 문신들에게 명하여 당(唐)의 선명력(宣明曆)과 원(元)의
수시력, 그리고 보교회 보중성력요(步交會步中星曆要) 등의 서적을 비교
연구하고 이들의 차이점을 교정하여 서운관에 보관하도록 지시한[27] 것이
그 실제의 시작이 아닌가 생각된다. 서지학자의 견해에 따르면[28] 이때에
편찬한 교정본이 전주사고(全州史庫)의 수장(收藏) 기록으로 전하는 『선명
력경(宣明曆經)』, 『선명력보교회(宣明曆步交會)』, 『선명력요(宣明曆要)』,
『수시력경(授時曆經)』, 『수시력의(授時曆議)』, 『수시력입성(授時曆立成)』,
『수시력첩법입성(授時曆捷法立成)』 등의 서적으로 추정하고 있다. 이후로
도 역법의 교정 작업이 계속 되었지만 역법을 교정하는 일이 쉽지만은 않
았던 것으로 보인다. 세종 12년(1430) 8월의 기록[29]에 임금은 "정초가 수

---

23) 裵賢淑, 앞의 논문, p.167-168, 1988;『世宗實錄』卷61: 29a(15年 8月 乙巳).

24) 朴星來, "世宗代의 天文學 발달"『世宗朝文化妍究』한국정신문화연구원, p.104,
    1984;『世宗實錄』卷50: 10a(12年 10月 庚寅).

25)『世宗實錄』卷156: 1a(七政算內篇, 序).

26)『四餘纏度通軌』跋文.

27) 朴星來, 앞의 책, p.109, 1984;『世宗實錄』卷19: 13b(5年 2月 辛酉).

28) 裵賢淑, 앞의 논문, pp.169-170, 1988.

시력법을 연구하여 밝혀낸 뒤로는 책력 만드는 법이 좀 바로 잡혔으나 일식이 시작하고 끝나는 시각이 모두 차이가 있었으니 이는 정밀하게 살피지 못한 까닭이다"라고 하면서 앞으로는 일월식의 시각과 분수(分數)가 비록 추보한 숫자와 맞지 않더라도 서운관으로 하여금 모두 기록하여 뒷날의 고찰에 대비하도록 하라고 명령을 내린바 있다. 같은 해 12월의 기록30)에는 임금이 정초와 이야기 하면서 "전에 유순도(庾順道)가 '책력을 교정함에 있어 이를 갑자기 옳게 하기가 어렵다' 하였으니 과연 애만 쓰고 실익이 없다면 중단하는 일이 어떻겠는가"라고 하자 정초가 답하기를 "황명력(皇明曆), 당일행력(唐一行曆), 선명력 등의 책을 가지고 참고하고 상세히 연구하면 거의 바르게 할 수 있을 것입니다" 하므로 중도에 그만두게 될 역법의 교정 작업이 계속되기도 하였다. 그러나 그 후 2년 뒤인 세종 14년(1432)에는 그동안 쌓아온 노력의 결과가 드디어 보이기 시작하였다. 이해 4월에 임금은 경연(經筵)에서 "이에 앞서 우리나라가 추보하는 법이 정밀하지 못하더니, 역법을 교정한 이후로는 일식, 월식과 절기(節氣)의 일정함이 중국에서 반포한 일력(日曆)과 비교할 때 털끝만큼도 틀리지 아니하매 내 매우 기뻐하였노라"라고 하면서 20년 동안 강구한 공적이 없어지지 않도록 역법의 교정에 더욱 정진할 것을 명하였다.31)

이즈음 명나라의 원통(元統)이 편찬한 『대통력법통궤(大統曆法通軌)』가 조선에 새로이 들어오고 명나라 역관들이 편찬한 회회력에 대한 연구도 함께 이루어지면서 세종 15년(1433)에는 정인지 등에게 『칠정산 내·외편』의 편찬을 정식으로 명하기에 이른다.32) 이와 관련하여 『사여전도통궤』의 발문은 세종이 『칠정산 내·외편』을 편찬하게 된 배경에 대하여 다른 어느 기록보다 그 내용을 상세히 전하고 있는데 그 내용은 다음과 같다.33)

---

29) 『世宗實錄』 卷49: 10b-11a(12年 8月 辛未).

30) 『世宗實錄』 卷50: 29b-30a(12年 12月 丁丑).

31) 『世宗實錄』 卷58: 10日(14年 10月 乙卯).

32) 『世宗實錄』 卷156,: 1a(七政算内篇, 序);『書雲觀志』 卷2.

33) 『四餘纏度通軌』 跋文.: 李勉雨, "李純之·金淡 撰 大統曆日通軌等 6篇의 通軌本에 대한 研究" 석사논문, pp.44-46. 1987.

"천운(天運)이 고르지 못하여 역(曆)이 오래되면 반드시 차가 생긴다. 선명력은 당(唐)의 장경(長慶) 임인년(壬寅年)(822)에 만든 것인데 그 후 개력이 무릇 22차례나 있었고 차가 난지도 이미 오래 되었다. 그러나 고려에서는 선명력을 그대로 사용하였다. 충선왕이 원(元)에 입시(入侍)하여 처음으로 수시력경(授時曆經)을 보았고, 이윽고 등사(騰寫)한 것을 얻어서 전하였다. 그 서적이 있기는 했으나 겨우 그 역일(曆日)을 추정하는 법만을 얻었을 뿐 그 나머지는 알지 못하였다. 그러므로 조선 초에는 선명력을 순용(循用)했는데 그 차(差)는 더욱 심하여 일관(日官)이 임의로 시각수(時刻數)를 가감하여 억지로 하늘의 운행에 맞추었으나 근거가 없는 것이었다.

태종조(太宗組)에는 원사(元史)를 받았다. 수시본경(授時本經)에 여러 역지(曆志)가 있었으나 역시 행용되지는 못하였다. 전하(世宗)의 즉위 2년 기해년(己亥年, 1419)에 영서운관사(領書雲觀事) 신(臣) 유정현(柳廷顯)이 의론(議論)을 올려 유신(儒臣)으로 하여 역법을 교정하게 하기를 건의하였다. 전하가 그 말을 기꺼이 받아들이셨으니 제왕의 정치에 이것보다 중대한 것이 없다고 하셨기 때문이다. 특별히 유념(留念)해 두었다가 이내 예문관(藝文館) 직제학(直提學) 신(臣) 정흠지(鄭欽之) 등에게 명하여 수시력법을 연구하여 차츰 그 술을 구하게 하셨고, 다시 예문관(藝文館) 대제학(大提學) 신(臣) 정초(鄭招) 등에게 명하여 다시 더 연구하게 하여 그 술(術)을 두루 터득하게 하셨다. 또 의상(儀象), 구루(晷漏)를 제작하고 그것을 이용하여 서로 참고하시어 그 추험하는 법이 크게 정비되었다.

또 근년에 얻은 중국의 통궤법(通軌法)은 본시 수시력을 기본으로 하나 혹 증손함이 있다. 서역(西域)의 회회력(回回曆)은 또 다른 별개의 역법인데 절목이 미비하다. 임술년(壬戌年, 1442)에 다시 봉상시윤(奉常寺尹) 이순지와 봉상시주부(奉常寺注簿) 김담에 명하여 다른 것을 참별(參別)하고 그 정밀함을 취하고 사이에 몇 줄을 첨가하여 한 책을 만들어 칠정산 내편이라 하였다. 또 회회력경(回回曆經), 통경(通經), 가령(假令)의 책(册)을 가지고 그 술을 추구하고 약간 손익을 가하여 생략된 것을 보충하여 전서(全書)로 만들어 칠정산 외편이라 하였다. 단 수시력, 통궤, 회회력의 일출입주야각(日出入晝夜刻) 등은 각각의 위치에 준하여 추정하는 것으로 우리나라와 다르다. 그러므로 이제 다시 한양의 매일 일출입과 주야의 시각으로 내외편 속에 기록하여 영구히 정식으로 하였다.

그 수시력경(授時曆經), 역일통궤(曆日通軌), 태양통궤(太陽通軌), 태음

통궤(太陰通軌), 교식통궤(交食通軌), 오성통궤(五星通軌), 사여전도통궤
(四餘纏度通軌) 및 회회력경(回回曆經), 서역역서(西域曆書), 일월식가령
(日月食假令), 월오성능법(月五星凌犯), 태양통경(太陽通經)과 더불어 중수
대명력(重修大明曆), 경오원력(庚午元曆), 의수시력(議授時曆) 등 모든 책에
교정을 가하였다. 또 제전(諸傳)에 실은바 역대(歷代) 천문역법(天文曆法)
과 의상(儀象), 구루(晷漏)의 책(冊)을 채집(采輯)하였다. 그리고 아울러 주
자소로 하여 이를 인쇄하게 하였고, 그 전하는 바를 넓혔다. 그러나 다만 통
궤중 중성(中星)을 계산하는 한 편(篇)만은 전적으로 수시력경(授時曆經)
구문(舊文)에 따라 증손한 바가 없었으므로 인쇄하는 데에서 빠졌다."

위의 발문에 언급된 바와 같이 정흠지(鄭欽之)와 정초(鄭招) 등에게 수
시력법을 연구시킨 결과 수시력을 완전히 이해하는 문제는 해결이 되었으
나 새로 얻은 대통력통궤가 수시력과 약간의 차이가 있고, 이들이 모두 중
국의 역법이므로 절기(節氣)와 일출입 시각 등이 조선과 달라 조선의 위치
에 알맞은 새로운 역법을 만들고자 하였다. 이에 세종은 수시력과 후에 새
로 얻은 대통력통궤를 이순지(李純之)와 김담(金淡)으로 하여금 다시 정리
교정하여 『칠정산 내편』으로 편찬하게 하였던 바, 『칠정산 내편』은 실제
관측에 의거하여 한양을 기준으로 제작한 한국 최초의 역법이었다. 그러나
원에서는 수시력의 일월식 추보가 완전하지 않아 이슬람의 역법인 회회력
(回回曆)을 병용하면서 그 결점을 보완하였고,[34] 수시력과 거의 다를 바
없는 대통력을 사용하던 명나라에서도 회회과(回回科)를 따로 설치하여 이
슬람의 회회력을 번역하는 한편 대통력과 별개로 회회력에 의한 일월식 예
보를 하고 있었다. 따라서 약간의 수정이 가해지긴 하였지만『칠정산 내편』
의 일월식 계산 역시 수시력이나 대통력의 범주를 완전히 벗어난 것은 아
니었기 때문에 일월식의 추보에 회회력을 참고해야 했고 그러기 위해서는
조선에서도 회회력의 연구가 필요하였다. 그러나 명나라 역관(曆官)들의
주관하에 한역(漢譯)한 회회력법에 약간의 오류가 있음을 알게 됨에 따라
세종은 이순지와 김담에게 명하여 회회력을 다시 교정하여 『칠정산 외편』

---

34) 藪內淸著, 兪景老 譯編, 『中國의 天文學』(電波科學社: 서울), p.168, 1985.

을 편찬하게 하였던 바[35] 『칠정산 내·외편』의 완성으로 정밀하지 못했던 조선의 역법이 바로 잡히게 된 것이다.

『칠정산 내편』에 관한 연구는 1973년에 유경로, 이은성, 현정준이 역주하여 번역한 세종대왕 기념사업회 발행의 『칠정산 내편』[36]이 있고, 내편의 편찬 과 관련하여 이순지(李純之)와 김담(金淡)이 교정한 6『통궤본』에 관한 이 면우의 연구[37]가 있다. 그리고 서지학적 입장에서 『칠정산 내편』을 간행한 판본(版本)의 종류와 이들의 비교로부터 오자(誤字)와 탈자(脫字) 등을 밝 혀낸 배현숙의 연구[38]가 있는데, 이 연구에 따르면 현재 내편은 세종대의 갑인자본(甲寅字本)을 비롯하여 성종대의 을해자본(乙亥字本) 그리고 영조 대에 간행된 현종실록자본(顯宗實錄字本) 등, 총 6종(활자본 5종, 목판본 1 종)의 판본이 전하는 것으로 밝혀졌다.

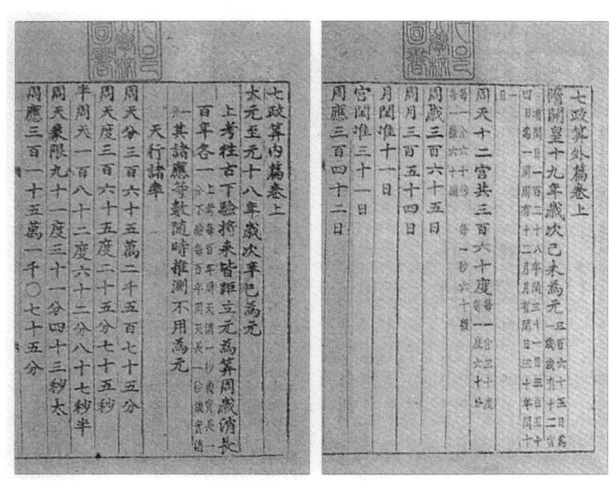

그림 1. 칠정산 내편과 칠정산 외편

---

35) 『世宗實錄』 卷156: 1a(七政算內篇, 序).

36) 유경로, 이은성, 현정준, 『칠정산내편』(세종대왕기념사업회: 서울), 1973.

37) 李勉雨, "李純之·金淡 撰 大統曆日通軌等 6篇의 通軌本에 대한 硏究", 석사논 문, 1987.

38) 裵賢淑, "七政算內外篇의 字句異同" 『書誌學硏究』 第3輯, (書誌學會: 서울), 1988.

이 연구는 제1장의 서론에서 삼국시대로부터 세종이 『칠정산 내편』을 편찬하기까지의 역법 전반에 관한 사정과 오랫동안의 역법 교정 끝에 새로운 역법을 편찬하게 된 배경과 과정 등을 살펴보았다. 이어서 제2장에서 『칠정산 내·외편』의 편찬 과정 중, 가장 중요하게 다루어졌던 역법서들의 조사와 연구에 대하여 알아보았다. 이 조사에는 『칠정산 내편』의 편찬과 직접적으로 관련된 수시력과 대통력 그리고 세종 시대에 새로 얻은 원통(元統)의 『대통력법통궤』를 비롯하여 『칠정산 내편』을 제작하는 과정에서 수시력과 대통력통궤를 교정하여 만든 『대통역일통궤(大統曆日通軌)』, 『태양통궤(太陽通軌)』, 『태음통궤(太陰通軌)』, 『교식통궤(交食通軌)』, 『오성통궤(五星通軌)』, 『사여전도통궤(四餘纏度通軌)』 등 6편의 통궤본과 중수대명력과 경오원력에 대한 교정서 그리고 『칠정산 외편』의 배경이 되었던 회회력과 『칠정산 내·외편』의 정묘년 교식 가령, 중수 대명력 정묘년 일식과 월식 가령 등의 내용과 특징에 대해 알아보았다.

『칠정산 내편』의 내용을 다룬 제3장은 세종대왕 기념사업회가 발행한 『칠정산 내편』의 번역본을 참고로 하였다. 이 번역본은 용어와 계산법의 설명을 도해(圖解)와 함께 하였고 가령을 참고로 하여 계산법의 실예(實例)를 들어 설명만으로는 알기 어려운 복잡한 계산 과정을 이해하기 쉽도록 풀이한 것이다. 이 번역본을 기초로 하여 각 추보의 항목에서 설명하고 있는 계산법의 내용을 원문 그대로 해석하기보다 원문의 용어와 당시의 계산법이 가지는 생소함을 덜기 위하여 계산법이 의미하는 바를 현대 천문학적으로 해석하고자 노력하였다. 내편의 상권에 있는 역서 계산에 사용된 천문 상수들, 즉 천행제율(天行諸率), 일행제율(日行諸率), 월행제율(月行諸率) 및 일월식(日月食)의 수치와 뒤이어 천정동지일(天正冬至日)과 천정동지 바로 전의 삭일(朔日) 및 24절기와 달의 합삭현망 등의 일진(日辰)과 시각(時刻)을 추산하는 방법을 알아보았고, 중권에 있는 태양과 달의 운행 및 일출입의 시각과 혼효(昏曉, 새벽과 황혼) 시각에 남중하는 중성을 구하는 법 등에 대하여 알아보았다. 그리고 하권에 있는 일식과 월식의 교식(交食)과 오행성의 운행에 대한 오성(五星), 그리고 가상적 천체인 자기

(紫氣), 월패(月孛), 나후(羅睺), 계도(計都)의 운행에 대하여 알아보았다.

　제4장은『칠정산 내편』에 사용된 계산법을 이해하고자 고대 중국의 천문과 수학 계산 방법 등을 알아보았다. 특히 계산법 중 회귀년의 길이 변화를 고려한 세실소장법(歲實消長法)을 비롯하여 태양과 오성의 영축(盈縮) 운동과 달의 지질(遲疾) 운동 계산에 사용한 초차법(招差法) 그리고 좌표 변환에 관한 계산으로 황도·적도의 변환과 적도·백도의 변환 및 구면 삼각법과 비교되는 호시할원술(弧矢割圓術)의 방법이 사용된 황도적도내외도(黃道赤道內外度, 태양의 적위)의 계산과 이와 관련된 일출입(日出入)의 계산 방법을 알아보았다. 그리고『칠정산 내편』의 일월식 계산 방법을 알아보기 위하여 계산의 실예를 기록한『칠정산 내편 정묘년 교식 가령』과『교식추보법』의 계산 방법을 조사하였으며 이들에 의한 계산 결과와 기록으로 전하는 내편의 일월식 추보 시각을 현대적 계산 결과로 점검해 보았다.

　제5장은『칠정산 내편』의 참고 역법인 수시력과 대통력에 대한 조사와 더불어『칠정산 내편』의 특징과 참고 역법과의 차이점 등을 알아보기 위하여 내용의 항목과 천문 상수 그리고 입성과 계산법 등에 대하여 조사하여 보았다. 이들의 비교를 위하여 수시력은『원사(元史)』의 역지(曆志)와 세종대에 간행된 왕순(王恂)의『수시력입성(授時曆立成)』을 참고로 하였고, 대통력과 대통력통궤는『명사(明史)』의 역지와 이순지(李純之)와 김담(金淡)이 편찬한 6권의 통궤본을 참고로 하였다.

　제6장의 결론과 논의에는『칠정산 내편』의 편찬이 가지는 의의와 중요성 그리고 실제적으로 편찬에 참여한 인물 및『칠정산 내편』이 가지는 특징과 그 배경이 된 수시력의 계산법과 그 결과에 대하여 논의 하였다.

제2장 철정산 내편의 편찬

1. 역법서의 연구

『칠정산 내외편(七政算內外篇)』을 편찬하는 과정에서 우선적으로 옛 역법들의 조사와 연구가 진행되었다. 수시력(授時曆)과 대통력(大統曆)은 물론이고 당(唐)의 선명력(宣明曆)과 일행력(一行曆, 大衍曆) 그리고 보교회보중성력요(步交會步中星曆要)와 중수대명력(重修大明曆), 경오원력(庚午元曆), 회회력(回回曆) 등의 역법들을 연구하고, 이들에 대한 교정본과 가령을 편찬하였다.[39]

수시력과 후에 명(明)으로부터 새로 얻은 대통력통궤의 연구 결과는『대통역일통궤』,『태양통궤』,『태음통궤』,『교식통궤』,『오성통궤』,『사여전도통궤』 등 6편의 통궤본(通軌本)으로 완성되었다. 이순지(李純之)와 김담(金淡)에 의해 완성된 이 6편 통궤본의 각각은 내용에 있어서『칠정산 내편』의 각 장(各章)인 역일(曆日), 태양(太陽), 태음(太陰), 교식(交食), 오성(五星), 사여성(四餘星)과 대응되는데 이로 미루어 이들은『칠정산 내편』을 편찬하는 과정에서 교정한 역서라고 보고 있다.[40]

금(金)의 역법인 중수대명력을 연구하여서는 같은 이름의 중수대명력이라는 교정본이 이순지와 김담에 의해 편찬 되었으며, 작자 미상의『중수대명력 정묘년 일식가령(丁卯年日食假令)』과『정묘년 월식가령(丁卯年月食假令)』도 편찬되었다. 이순지와 김담은 이외에도 원(元)나라 초기의 역법인

---

39) 『世宗實錄』卷19: 55b;『世宗實錄』卷50: 29b-30a;『四餘纏度通軌』跋文.

40) 李勉雨, "李純之・金淡 撰 大統曆日通軌等 6篇의 通軌本에 대한 硏究",『한국과학사학회지』, 제10권 1호, pp.76-87, 1988.

경오원력을 교정하여 경오원력이라는 같은 이름의 교정본을 편찬하였고 이슬람의 역법인 회회력을 연구·교정하여 『칠정산 외편』을 편찬하였던 바, 역서를 교정하고 편찬하는 일은 이순지와 김담이 전담하여 맡은 듯 하다.

이와 같이 『칠정산 내편』을 편찬하는 데 있어서 수시력과 대통력뿐만 아니라 중수대명력과 경오원력을 연구하여서도 그 각각에 대해 교정을 가하게 된 것은 수시력이 중수대명력과 경오원력의 영향을 받아 제작되었기 때문으로 수시력을 이해하기 위하여 수시력이 기초하게 된 역법까지 함께 연구한 것이라고 생각한다.

앞서 말한 바와 같이 수시력은 일월식의 추보가 완전하지 않아 이를 시행하였던 원나라에서는 회회력(回回曆)을 참고로 하여 그 결점을 보완하였고[41] 수시력과 크게 다를 바 없던 대통력 역시 일월식의 예보가 정확하지 않아 이를 시행하던 명나라에서도 회회력을 함께 참용하였다. 따라서 일월식의 계산에서 수시력이나 대통력의 범주를 완전히 벗어나지 못한 『칠정산 내편』 역시 일월식의 추보에 회회력을 참고해야 했고 그러기 위해서는 회회력의 연구가 필요하였던 것이다.

『칠정산 내편』의 편찬과 관련하여 연구·교정된 역법들과 함께 외편의 배경이 되었던 회회력에 대하여 알아보면 다음과 같다.

1) 수시력

지원 (至元) 13년(1276), 원(元)이 송(宋)의 서울 임안(臨安, 현재 절강 杭州)을 정복하고 중국을 통일한 후 세조는 왕순(王恂)과 곽수경(郭守敬) 등에게 명하여 태사국(太史局)을 설립하고 남북의 역관들을 소집하여 새로운 역(曆)을 제정하도록 하였다. 어사중승(御史中丞) 장문겸(張文謙)과 추밀부사(樞密副使) 장역(張易)의 주관하에 진행된 이 역법 사업은 의기 제

---

41) 藪內淸著, 兪景老 譯編, 『中國의 天文學』(電波科學社: 서울), p.168, 1985.

작과 천체 관측 그리고 전국 27개 지점의 거리측량(즉 북극고도 측정) 등
이 수반된 대 사업으로 4년의 노력 끝에 완성되었다. 새로 제작된 이 역법
의 역명은 『서경(書經)』의 "경수민시(敬授民時)"로부터 수시력이라 이름
하였으며 至元 18년(1281)부터 시행되었다.[42]

이 역법에 참여한 사람으로는 전중서좌승(前中書左丞) 허형(許衡)과 태
자자선(太子資善) 왕순(王恂) 그리고 도수소감(都水少監) 곽수경(郭守敬)
등이나 수시력이 시행된 지 불과 1년 후, 역법의 문자와 수표의 정교(定
稿)가 완성되지 못한 채 왕순이 병고로 죽자 곽수경이 『추보(推步)』 7권,
『입성(立成)』 2권, 『역의의고(曆議擬稿)』 3권 등을 저술하였다. 이로 인하
여 곽수경이 통상 수시력의 제작자로 전해지게 되었으나 왕순의 노고 역시
인정하지 않을 수 없다고 한다.[43]

수시력은 중국의 역법 중에서 가장 우수한 것으로 평가되어지나 이도 역
시 종래 역법의 지식을 기반으로 하여 그 위에 개량을 첨가했던 것으로 알
려진다. 역대 역법의 선진 경험을 살려 천문 상수는 역법 사상 최선진의
것을 취하였다. 삭망월(朔望月)과 근점월(近点月) 그리고 교점월(交点月)
의 수는 금(金)의 중수대명력(重修大明曆)을 따랐고 오행성에 대한 운동
주기의 상수 값은 원(元)의 경오원력(庚午元曆)을 따랐다. 이와 더불어 회
귀년(回歸年)의 길이와 그 길이 변화를 고려하는 세실소장지법(歲實消長之
法)의 채택과 적년일법(積年日法)을 폐지하고 응수(應數)를 취하는 점 등
은 남송(南宋)의 통천력(統天曆)을 따랐으며, 분수(分數)에 의한 표기법을
버리고 만분법(萬分法)에 의한 소수기수법(小數記數法)을 사용한 점은 후
진(後晉)의 조원력(調元曆)을 따랐다. 이와 관련하여 수시력의 편찬에 영
향을 준 역법과 수시력의 영향을 받아 편찬된 역법들의 천문 상수[44]들을
알아보고, 더불어 수시력에서 정한 천문 상수들의 정확성을 현대 계산법의

---

42) 中國天文學史整理研究小組編著, 『中國天文學史』 (科學出版社: 北京), pp.86-87,
   1987.

43) 『元史』 卷164, 郭守敬傳; 崔振華, 李東生, 『中國古代曆法』 (中國文化書院: 北
   京), pp.66-74, 1982.

44) 陳遵嬀, 『中國天文學史』 5冊, (明文書局: 臺北), pp.84-92, 95-104, 1988.

결과와 비교하여 보면 다음과 같다.

표 2-1. 수시력과 관계된 역법의 천문 상수

曆　名	時　代	治曆家	周天度	回歸年	朔亡月	近点月	交点月
大明曆	宋 (510-589)	祖沖之	일 365.2646	일 365.2428	일 29.53059	일 27.55468	일 27.21223
調元曆	後晋 (939-994)	馬重績		365.	29.	27.	27.
大明曆	遼 (995-1136)	賈　俊		365.	29.	27.	27.
紀元曆	北宋(後周) (1106-1166)	姚舞輔	365.2572	365.2436	29.53059	27.55460	27.21232
重修大明曆	金 (1137-1181)	楊　級		365.2436	29.53059	27.	27.
重修大明曆	金 (1182-1280)	趙知徹	365.2568	365.2436	29.53059	27.55460	27.21222
統天曆	南宋 (1199-1207)	楊忠輔	365.2575	365.2425	29.53059	27.55458	27.21222
庚午元曆	元 (1210-)	耶律楚材	365.2567	365.2436	29.53059	27.55460	27.212229
授時曆	원 (1281-1367)	郭守敬	365.2575	365.2425	29.53059	27.55460	27.21222
大統曆	明 (1368-1383)	劉　基	365.2575	365.2425	29.53059	27.55460	27.21222
大統曆通軌	明 (1384-1644)	元　統	365.2575	365.2425	29.53059	27.55460	27.21222
七政算內篇	朝鮮 (1444-1653)	李純之 金　淡	365.2575	365.2425	29.53059	27.55460	27.21222

　수시력에서 정한 위의 천문 상수 중 회귀년의 길이를 비롯하여 삭망월과 근점월 그리고 교점월 길이를 다음의 식으로 주어지는 현대의 계산 방법으로[45] 검토하여 보면 표 2-2와 같다.

---

45) Allen, C. W., Astrophysical Quantities, (The Athlone Press; London), p.19.

1) 회귀년(回歸年)

1 회귀년(1900) = 365.242199일 − 0.00000013T(T: 1900년으로부터 경과 년수)

1 회귀년(1281) = 365.242199일 + 0.00000013 × (1900 − 1281)

= 365.2422795일

2) 삭망월(朔望月)

1 朔亡月(1900) = 29.53305882일 + 0.0000000016T(T: 1900년으로부터 경과 년수)

1 朔亡月(1281) = 29.53305882일 − 0.0000000016 × (1900 − 1281)

= 29.53058721일

3) 근점월(近点月)

1 近点月(1900) = 27.5545505일 − 0.000000004T(T: 1900년으로부터 경과 년수)

1 近点月(1281) = 27.5545505일 + 0.000000004×(1900 − 1281)

= 27.55455298일.

4) 교점월(交点月)

1 交点月 = 27.212220일

표 2-2. 수시력에서 정한 천문 상수의 정확도

	授時曆	현대의 계산 결과	오 차
回歸年	365.2425 일	365.2422795일	$2.205×10^{-4}$일(19.0512초)
朔亡月	29.530593일	29.53068721일	$5.790×10^{-6}$일(0.50029초)
近点月	27.55460 일	27.55455298일	$4.702×10^{-5}$일(4.06253초)
交点月	27.212224일	27.21222 일	0일

충렬왕 7년(1281) 원(元) 나라는 왕통(王通) 등의 사신을 파견하여 수시력을 고려에 보내면서 그 조서(詔書)에 이르기를[46)]

"진(秦)나라가 선대 성인의 술법을 없애고 연말마다 윤월(閏月)을 두어 옛 법이 무너졌으나, 한(漢)나라로부터 이후는 적년적일법(積年積日法)을

p.147, 1973.

46)『高麗史』卷29, 忠烈王 7年.

세워서 추보의 기준으로 삼아 지금까지 답습하여 왔다. 대저 천운(天運)은
유행하여 쉬지 않는데, 일정한 법으로 잡아 가두려 하더라도 오래도록 차
가 나지 않는 이치가 없으며, 차가 나면 반드시 고쳐야 하는 것은 어쩔 수
없는 형세이다. 이제 태사원(太史院)에 명하여 영대(靈臺)를 짓고, 의상을
만들어 날마다 관측하고 달마다 증험하여 참된 도수를 살피게 하고 적년적
일법은 모두 취하지 않았으니, 아마도 천운에 잘 맞아서 오래도록 폐단이
없을 것이다. 그 이름을 수시력이라 하고 지원 18년 정월 1일부터 실시할
것을 천하에 널리 포고하니 모두 다 듣고 알게 할 것이다."

라고 하였다. 즉 수시력이 옛 역법들과 달리 적년일법(積年日法)을 취하지
않고 있으며 정확한 관측 값을 토대로 하기 때문에 오래 사용할 수 있는
역법이라는 것을 말하고 있다. 수시력의 우수성은 정밀한 천문 관측과 새
로 고안된 계산법에 있었다. 『원사(元史)』 164권의 곽수경전(郭守敬傳)에
는 수시력의 특징을 "其測實數所考正者凡七事及 所創法凡五事" 즉 관측에
의해 새로운 상수를 결정하여 종래의 값을 바꾼 것이 7조항이며 새로운 추
산 방법의 창시가 무릇 5조항이다.[47] 라고 하였다. 여기서 관측에 의해 새
로 정한 7조항의 천문 상수는 다음과 같다.

1. 지원 17년 동지의 정확한 시각을 새로이 결정하였다.
   (至元十七年冬至的確定時刻)
2. 각 역지에 기록된 동지 시각을 결합하여 1태양년을 365.2425일로 정하였다.
   (結合各史曆志所記錄的冬至時刻. 議定一太陽年等于三百六十五点二四二五日)
3. 지원 17년 동지의 태양의 위치는 적도 수도상으로 기(箕) 10도, 황도상으
   로 기(箕) 9도 여(餘)분이 된다.
   (至元十七年冬至日躔赤道箕宿十度, 黃道箕宿上九度多)
4. 지원 17년 동지 근처에서 근점월의 시각
   (至元十七年冬至附近月球到月道上最近点的時刻)
5. 지원 17년 동지 근처에서 달이 황도와의 교점에 이르게 될 때의 시각

---

47) 『元史』 卷164, 列傳 51, 9a-11a: 中國天文學史整理研究小組編著, 『中國天文學史』
    (科學出版社: 北京), pp.86-87, 1987.

（至元十七年冬至附近月球到黃道上交点的時刻）

6. 28수 거성간의 적도 경도 도수

　（二十八宿距星相赤距的赤道度數）

7. 24절기에 있어서 북경의 일출입시각

　（二十四節氣北京的日出入時刻）

　즉 역원이 되는 해의 동지 시각과 1태양년의 길이, 동지 때 태양의 위치, 달의 근지점과 황백 교점이 동지로부터 떨어진 거리, 28宿의 각 거성간의 각도 및 북경의 일출입 시각 등 7개 항목의 천문 상수를 관측에 의하여 새로 정하였다. 역법의 정밀도는 동지 시각과 1회귀년의 길이를 얼마나 정확하게 정하느냐에 달려있다. 즉 규표에 의한 해 그림자 길이의 변화를 얼마나 정확하게 측정하느냐와 관계가 있다. 수시력을 제작할 당시 사용한 규표(圭表)의 높이는 40척(尺)으로, 새로 고안된 경부(景符)의 원리를 응용하여 관측의 정밀도를 높였다. 여기서 경부는 태양이 점이 아니고 일정한 크기를 가진 광원이므로 그림자의 상(象)이 선명하지 못하여 생기는 관측상의 오차를 없애기 위하여 새로 고안된 관측 보조 장치였다. 수시력의 제작자들은 정확한 동지 시각을 측정하기 위하여 지원 14년(1277)에서 16년(1279) 사이 98회에 걸쳐 태양의 그림자를 관측하였다. 그 결과 수시력의 역원으로 정한 지원 17년(1280) 11월의 동지 시각은 현재의 방법으로 계산한 결과와 일각(一刻)의 오차도 없는 정확한 값이었다.[48] 동지의 시각을 정확히 측정하면 절기의 시각을 정확하게 예보할 수 있을 뿐만 아니라 회

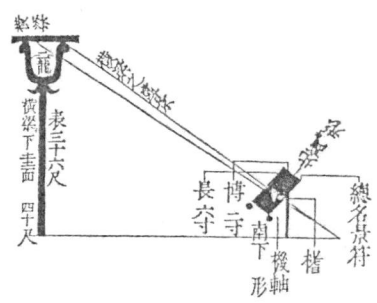

그림 2-1. 수시력의 제작에 사용한 40척의 규표와 경부

48) 陳美東, 『古曆新探』 (遼寧敎育出版社: 遼寧), pp.64-79. 1995.

귀년의 길이도 정확하게 정할 수 있다. 따라서 매년 쌓이는 계산상의 오차를 줄이고 후대에 오랫동안 사용할 수 있는 좋은 역법을 만들 수 있는 것이다. 후세의 사가(史家)들이 수시력을 중국의 역법 중 가장 좋은 역법이라고 칭하는 이유는 바로 수시력이 정확한 관측에 기초하고 있는 사실 때문이다.

이어서 5조항에 이르는 새로운 계산법의 창시는 다음과 같다.

1. 황도상에 있는 태양의 운행속도를 구하다 – 태양영축(태양 운행의 빠르고 느림)
   (求出太陽在黃道上的運行速度 – 太陽盈縮)
2. 백도상에 있는 달의 운행속도 구하다 – 월행지질(달 운행의 빠르고 느림)
   (計算太陰在白道上的運行速度 – 月行遲疾)
3. 태양의 황도적도로부터 적도적도를 계산하다 – 황적도차(황도와 적도의 변환)
   (從太陽的黃道積度計算赤道積度 – 黃赤道差)
4. 태양의 황도적도로부터 거극도를 계산하다 – 황적도내외도(태양의 적위)
   (從太陽的黃道積度計算去極度 – 黃赤道內外度)
5. 백도와 적도 교점의 위치 계산하다. – 백도교주
   (計算白道與赤道交点的位置 – 白道交周)

위의 5조항 중, 태양과 달이 황도와 백도상에서 부등속 운동을 하는 문제는 3차 내삽공식의 초차법(招差法)을 고안하여 해결하였고 태양의 황도상의 위치로부터 적도도수(赤道度數)와 그에 대응하는 태양의 적위를 구하는 문제는 현대의 구면 삼각법과 통하는 호시할원법(弧矢割圓法)을 이용하여 계산하였다.

수시력은 정밀한 관측 기기를 사용하여 모든 값들을 실측하였고, 적년일법(積年日法)을 폐지하고 만분법(萬分法)을 사용하는 등 옛 역법의 관습을 과감하게 타파하고 새로운 역법의 근본을 열었으며, 중국 역법 사상 가장 오랫동안 시행된 역법으로 고대 역법을 집대성한 것으로 평가되고 있다.

2) 대통력과 대통력통궤

1364년 주원장(朱元璋)은 새로 나라를 세우고 1368년에 원(元)이 멸망하자 나라의 이름을 명(明)이라 칭하였다. 이해가 홍무(洪武) 원년(元年)으로 전년(前年: 戊申年) 11월 동지에 유기(劉基)가 만들어 바친『대통력』이 명에서 시행되었다. 이것이 무신(戊申) 대통력이다. 그러나 이는 응수(應數)의 일부 값을 고친 것을 제외하고는 수시력과 거의 다를 바가 없는 것이었다. 홍무 17년(1384)에 누각박사(漏刻博士) 원통(元統)은 새로『대통력법통궤(大統曆法通軌)』4권을 만들어 받치면서 다음과 같이 상언(上言)하였다.[49]

"역명은 대통력이나 적분은 여전히 수시의 수를 따라 지원 신사년을 역원으로 하니 홍무 갑자년에는 104년이나 되었다. 해는 멀어지고 천도(天度)는 점차로 차이가 났다……이에 세실소장하는 법을 없애고 홍무 갑자를 역원으로 하여 대통력법통궤라 이름하였다."
(曆以大統爲名 而積分猶踵授時之數 授時以至元辛巳爲元 至洪武甲子積一百四年 年遠數盈 漸差天度……乃去歲實消長之法 洪武甲子爲元 名曰大統曆法通軌)

원통의 대통력법통궤는 무신년에 만든 대통력을 약간 개정한 것으로 세실소장법(歲實消長法)을 삭제하고 역원을 홍무(洪武) 17년 갑자(甲子)로 고친 것을 제외하고는 이도 역시 수시력을 그대로 답습한 것이었다. 홍무 26년(1393)에 흠천감(欽天監) 감부(監副)였던 이덕방(李德芳)은 세실소장의 고려 없이 대통력의 역원을 바꾼 것이 잘못이라는 지적을 하면서 소장법의 철폐를 반대하였으나[50] 그의 건의가 받아들여지지는 않았다. 위의 내용으로 명나라 초기에는 1281년의 지원(至元) 신사(辛巳)를 역원으로 하는

---

49)『明史』卷31: 3a.
50)『明史』卷31: 3b.

무신 대통력과 1384년의 홍무 갑자(甲子)를 역원으로 하여 개정한 대통력법통궤의 두 가지가 있었음을 알 수 있다.

『증보문헌비고』에는 수시력을 기본으로 하는 대통력의 내용을 다음과 같이 설명하고 있다.[51]

> "수시력은 지원(至元) 18년 신사(辛巳)년을 시원(始元)으로 하였으며, 측험(測驗)과 산술(算術)을 기본으로 하고 율려(律呂)와 괘효(卦爻)에 억지로 맞추지는 않았다. 법원(法原)의 항목이 7가지인데, 구고측망(句股測望), 호시할원(弧矢割圓), 황적도차(黃赤道差), 황적도내외도(黃赤道內外度), 백도교주(白道交周), 일월오성평립정삼차(日月五星平立正三差), 이차(里差)이며, 각루입성의 항목이 4가지인데, 태양영축(太陽盈縮), 신혼분(晨昏分), 태음지질(太陰遲疾), 오성영축(五星盈縮)이며, 추보의 항목이 7가지인데 기삭(氣朔), 일전(日躔), 월리(月離), 중성(中星), 교식(交食), 오성(五星), 사여(四餘)이다"

위의 설명은 『명사(明史)』 역지(曆志)에 실린 대통력의 내용을 요약한 것이다. 대통력은 『원사(元史)』의 수시력에서 빠진 입성의 부분과 추보의 항목 중 사여(四餘)를 첨가하였다. 대통력의 내용을 소개하면서 수시력을 설명한 것은 대통력의 내용이 근본적으로 수시력과 크게 다를 바가 없었기 때문이라고 생각된다.

『칠정산 내편』의 서문[52]에 "태양통궤(太陽通軌)와 태음통궤(太陰通軌)를 중국으로부터 얻었다"라는 내용이 있다. 이는 태양통궤와 태음통궤 등 원통이 편찬한 대통력법통궤가 세종대에 와서야 조선에 들어온 것을 의미한다. 따라서 고려에 전해진 역법은 무신 대통력뿐이었음을 짐작할 수 있다. 이순지와 김담은 새로 얻은 대통력법통궤와 수시력를 교정하여 태양과 태음, 교식과 오성 및 사여의 각각에 대한 통궤본을 편찬하였다. 이들이 교정하여 편찬한 각 통궤본의 이름과 역원은 다음과 같다.

---

51) 『增補文獻備考』 卷1: 2b

52) 『世宗實錄』 卷156: 1a(七政算內篇, 序).

표 2-3. 통궤본의 이름과 역원

통궤본의 내용	역 원
대통력일통궤(大統曆日通軌)	1281년
태양통궤(太陽通軌)	1384년
태음통궤(太陰通軌)	1384년
교식통궤(交食通軌)	1384년
오성통궤(五星通軌)	1281년
사여전도통궤(四餘纏度通軌)	1384년

위의 표에서 『대통력일통궤』와 『오성통궤』의 역원은 1281년이나 나머지 4통궤본의 역원은 1384년으로 교정된 통궤본의 역원이 서로 일치하지 않음을 볼 수 있다. 그러나 여기서 1384년을 역원으로 하는 통궤본이 4권이라는 점과 원통이 역원을 바꾸어 편찬한 대통력법통궤가 4권이라는 점에서 이들이 서로 밀접한 관련이 있는 것이라고 본다면 『대통력일통궤』와 『오성통궤』만이 왜 다른 통궤본들과 달리 수시력의 역원을 취하고 있는지 이해할 수 있다. 이들은 우선 1384년을 역원으로 하는 4권의 통궤법에 대해 역원을 바꾸지 않고 교정을 한 후, 수시력의 역원을 따르는 『칠정산 내편』을 편찬할 때에는 이들의 역원을 다시 1281년으로 바꾸어 계산한 듯하다. 원통의 대통력법통궤는 현재 중국에 남아 있지 않으며 세종 때 조선에 전해진 것으로 알려진 대통력법통궤 역시 국내에서 찾아볼 수가 없다. 따라서 대통력법통궤의 내용 전반을 자세히 알기 위해서는 원본과 크게 다르지 않을 것으로 보이는 이 교정본의 연구가 필요하다고 생각한다.

『명사』 역지에 전하는 대통력은 『원사』 역지의 수시력에 없는 입성(立成)이 첨가되어 있고 도해(圖解)와 함께 계산법이 설명되어 있어 계산의 결과 값들만 수록하고 있는 입성으로는 알기 어려운 계산의 중간 과정들을 쉽게 알아볼 수 있으므로 수시력 연구에 없어서는 안 될 중요한 자료라고 생각한다. 수시력은 일월식의 추보가 완전하지 않아 이를 시행하였던 원나라에서는 회회력(回回曆)을 참고로 하여 그 결점을 보완하였다. 수시력과 크게 다를 바 없던 대통력도 일월식의 예보가 정확하지 않아 명나라 역시 회회력을 함께 참용하였으나 명나라 말기에 이르러 그 오차가 더욱 심해져 교식(交食)과 오성능범(五星凌犯)은 전적으로 회회력에 의지하게 되었다. 여러 차례 개력(改曆)에 대한 논의가 있었으나 순치(順治) 원년(1644) 8월 삭(朔)에 있었던 일식의 예보 때에 대통력과 회회력 모두가 틀리고 서양의 역법만이 적중한 것이 개력의 직접적인 동기가 되었다.[53] 이러한 이유로 1645년에는 옛날부터 사용해 오던 중국 고유의 역법을 폐하고 서양의 역법인 시헌력(時憲曆)으로 개력하게 되었다.

3) 중수대명력과 경오원력

수시력은 기원력(紀元曆)에 바탕을 둔 중수대명력(重修大明曆)과, 중수대명력에 보정을 가하여 만든 경오원력(庚午元曆)의 장점을 채용하였으며 동시에 적년(積年)과 일법(日法)을 폐지하고 1년의 길이에도 변화가 있음을 계산하는 소장법(消長法)은 통천력(統天曆)을 따랐다. 따라서 『칠정산 내편』의 편찬자들은 수시력과 대통력뿐만 아니라 수시력이 기초하게 된 중수대명력과 경오원력까지 연구하여 그 각각에 대해 교정을 가하게 되었다. 이순지와 김담에 의해 편찬된 중수 대명력과 경오원력의 교정본은 현재 규장각본으로 전한다.

① 중수 대명력(重修大明曆)

중수대명력은 1281년 수시력이 시행되기 전까지 원(元)나라에서 사용된 금(金)의 역법으로 수시력의 편찬에 많은 영향을 주었다. 금은 1127년에

---

53) 藪內淸著, 兪景老 譯編, 『中國의 天文學』(電波科學社: 서울), p.180, 1985.

있었던 정강(靖康)의 변(變) 때에 북송(北宋)의 수도를 공략하여 그곳에 있던 역서와 천문 의기들을 모두 몰수하여 가져갔다. 금의 학자들은 이 천문 의기들을 사용하여 천문 관측을 하였고 북송으로부터 얻은 기원력(紀元曆)을 바탕으로 하여 금의 역법을 정비하였다. 이 역법이 1127년 양급(楊級)에 의해 편찬되었던 대명력(大明曆)이며 그 후 이에 다시 보수를 가하여 새로이 역을 제정하게 되었는데 이것이 금사(金史)에서 전하는 중수대명력(重修大明曆)으로 조지미(趙知微)에 의해 편찬되었다. 이 두 역법은 일법(日法)이 같고 조지미의 역(曆)을 중수대명력이라고 부르는 사실로부터 중수대명력은 양급의 역을 보수한 것으로 여겨지고 있다.54)

대명력은 유송(劉宋)의 조충지(祖沖之)와 요(遼)의 가준(賈俊)에 의해 편찬되었던 역의 이름과도 일치하므로 제작된 나라와 연대를 구분하기 위해 보통 제작자의 이름과 함께 불리워진다. 금에서는 1137년 양급의 대명력을 시행하기 전까지 요의 역법인 가준의 대명력을 사용하고 있었고, 『원사(元史)』의 유병충전(劉秉忠傳)에 금나라에서 제작된 두 종류의 대명력이 가준의 법으로부터 나온 것이라고 논(論)하고 있는 사실로 미루어 양급의 대명력이 기원력뿐만 아니라 가준에 의한 대명력의 영향도 받은 것으로 보고 있다.55)

중수대명력과 기원력과의 관계에 대하여는 『요사(遼史)』와 『금사(金史)』의 역지(曆志)에 기술된 두 역법의 비교로부터 이들이 아주 유사하다는 결론과 함께 중수대명력과 기원력은 천문 상수에서 약간의 상이한 점이 있으나 대부분의 수치와 계산법이 같아 기원력의 주요한 부분이 모두 중수대명력에 채용되었다고 본다. 기원력은 북송(北宋)의 선력(善曆)으로 중수대명력의 내용이 거의 이 기원력에 의한 것이라는 점과 더불어 남송(南宋)의 치하에서 다시 시행된 점 등은 그 우수성을 입증하는 것이라 한다. 수시력

54) 中國天文學史整理硏究小組編著. 『中國天文學史』 (科學出版社: 北京), pp.86-87, 1987.
55) 藪內淸編, 『宋元時代の 科學技術史』 (京都大學人文科學硏究所刊: 京都), pp.89-110, 1967.

은 북송의 기원력과 남송의 통천력의 영향을 무엇보다도 많이 받았으며 기원력의 영향은 바로 이 중수대명력을 매개로 하여 받은 것이라고 전하는데 중수대명력은 원의 경오원력과 수시력뿐만 아니라 서역의 역법인 위구르역에까지 그 영향을 미쳤다. 『금사(金史)』[56]에 전하는 중수대명력의 내용과 내용의 각 항목은 다음과 같다.

1. 步氣朔 ……… 1)求天正冬至 2)求次氣 3)求天正經朔 4)求弦望及次朔 5)求沒日 6)求滅日

2. 步卦侯 ……… 1)求七十二候 2)求六十四卦 3)求土王用事 4)求發斂 5)求六十四卦侯

3. 步日纏術 …… 1)二十四氣日積度盈縮 2)求六十四卦 3)求二十四氣中積及朓朒 3)求每日盈縮朓朒 4)求經朔弦望入氣 5)求每日損益盈縮朓朒 6)求經朔弦望入氣朓朒定數 7)赤道宿度 8)求四正赤道宿積度 9)求赤道宿積度入初末限 10)求二十八宿黃道度 11)黃道宿度 12)求天正冬至加時黃道日度 13)求二十四氣加時黃道日度 14)求二十四氣及每日晨前夜半黃道日度 15)求每日午中黃道日度 16)求每日午中黃道積度 17)求每日午中黃道入初末限 18)求每日午中赤道日度 19)太陽黃道十二次入宮宿度 20)求入宮時刻

4. 步晷漏術 …… 1)求午中入氣中積 2)求二至後午中入初末限 3)求午晷影定數 4)求四方所在午晷影 5) 求每日午中黃道入初末限 6)二十四氣陟降及日出分 7)二分前後陟降率 8)求每日日出入晨昏半晝分 9)求日出入辰刻 10)求晝夜刻 11)求更點率 12)求更點率所在辰刻 13)求四方所在漏刻 14)求黃道內外度 15)求距中度及更差度 16)求昏明五更中星

5. 步月離術 …… 1)求經朔弦望入轉 2)求轉定分及積度朓朒 3)求中朔弦望入轉朓朒定數 4)求朔弦望中日 5)求定朔弦望定日 6)求定朔弦望中積 7)求定朔弦望加時日度 8)求定朔弦望加時月度 9)求夜半午中入轉 10)求加時及夜半月度 11)求晨昏月度 12)求朔弦望晨昏定度 13)求每日轉定度 14)求平交日辰 15)求平

56) 『金史』卷21, 卷22.

交入轉朓朒定數 16)求正交日辰 17)求中朔加時中積 18） 求正交加時月度 19)求黃道宿積度 20)求黃道宿積度入初末限 21)求月行九道宿度 22)求正交加時月離九道宿度 23)求定朔弦望加時月所在度 24)求定朔弦望加時九道月度

6. 步交會術 ……
1)求定朔入交 2)求定朔及每日夜半入交 3)求定朔望加時入交 4)求朔望加時入交積度及陰陽曆 5)求月去黃道度 6)求定朔望加時入交常日及定日 7)求入交陰陽曆交前後分 8)求日月食甚定餘 9)求日月食甚日行積度 10)求氣差 11)求刻差 12)求日食去交前後定分 13)求日食分 14)求月食分 15)求日食分定用分 16)求月食分定用分 17)求月食入更點 18)求日食所起 19)求月食所起 20)求日月出入帶所見分數 21)求日月食甚宿次求入交陰陽曆前後分

7. 步五星術 ……
1)木星 2)火星 3)土星 4)金星 5)水星 6)求五星天正冬至後平合及諸段中積中星 7)求五星平合及諸段入曆 8)求五星平合及諸段定積 9)求五星平合及諸段加時定星 10)求五星諸段初日晨前夜半定星 11)求五星諸段日率度率 12)求諸段平行分 13)求諸段總差及日差 14)求前後伏遲退段增減差 15)求每日晨前夜半星行宿次 16)求五星平合及見伏入曆 17)求五星平合及見伏汎積 18)求五星定合定積定星 19)木火土三星定見伏定日 20)求金水二星定見伏定日

② 경오원력(庚午元曆)

원(元)나라는 초기에 금(金)의 문화를 계승해서 금의 중수대명력을 채용하였다. 그 후 요(遼)의 일족으로 천문역법에 능했던 야율초재(耶律楚材)가 "서정경오원력(西征庚午元曆)"을 편찬하여 태조 成吉思汗(징기스칸)에게 받쳤는데 이는 당시 사마르칸드에 주재하던 태조가 중수대명력에 의한 월식의 추산이 잘못되어 예보가 맞지 않자 새로운 역을 제작하도록 하였기 때문이었다. 경오원력의 명칭은 경오(庚午)년에 원의 태조(太祖)가 금(金)을 토벌하였던 까닭도 있고 더욱이 그 해를 역원(曆元)으로 채용하였기 때문이라고 전한다. 경오원력은 중수대명력과 주요상수와 추산법이 같고 대명력의 오류를 정정함과 동시에 그 지역에 적합한 역법으로 편찬한 것으로서 원에서는 극히 잠정적으로 시행되었다.[57]

야율초재는 경오원력의 편찬자이자 초기의 명신(名臣)으로도 유명하다. 그의 아버지는 금에서 역법의 편수를 행하던 역산가(曆算家)였다. 그가 어렸을 때 아버지가 세상을 떠났으나 역대로 그의 가계가 역산을 맡아 보았던 까닭에 그가 역법을 제작할 수 있었던 것이라 전한다. 금은 요를 멸하고 요의 역법이었던 가준의 대명력을 채용하여 쓰다가 양급의 대명력과 조지미의 중수대명력을 편찬하게 되었고, 다시 금을 멸한 원은 금의 역법을 이어 쓰다가 이 역법에 수정을 가하여 다시 요의 일족이던 야율초재가 경오원력을 제작한 것이다.

경오원력의 주목할 만한 점은 이차법(里差法)을 사용한 것이다. 이는 동일한 천문 현상이 지방에 따라 나타나는 시각이 같지 않고 시간차가 생기는 것을 알고 이를 이 역법에 도입한 것이다. 여기서 이차(里差)란 곧 경도차를 의미한다. 그는 또 서역의 역법이, 특히 오성(五星)의 계산에서 중국의 것보다 우수하다는 점을 주목하여 마답파력(麻答把曆)을 만들었다고도 하는데 이는 위구르력의 이름으로 이슬람계의 지식에 의하여 만들어진 것으로 보고 있다.

원의 지원 4년(1267)에는 서역인인 Jamal al Din(札馬魯丁)이 만년력(萬年曆)을 만들어 세조가 잠시 사용하였으나 종래의 대명력을 대신해서 쓴 것은 아니고 다만 참고의 정도에 지나지 않았으며, 원에서 수시력이 시행되기 바로 전까지 중수대명력을 사용한 것으로 보아 경오원력도 중수대명력을 사용하는 데 있어 참고가 된 역법이라고 전한다.[58] 『원사(元史)』[59]에 전하는 경오원력의 내용은 다음과 같다.

---

57) 藪內淸編, 『宋元時代の 科學技術史』(京都大學人文科學硏究所刊: 京都), pp.89-110, 1967.

58) 藪內淸編, 앞의 책, pp.89-110, 1967.

59) 『元史』 卷56, 卷57.

44

　　　　　　　　8)求日月食甚定餘 9)求日月食甚日行積度 10)求氣差 11)
　　　　　　　　求刻差 12)求日食去交前後定分 13)求日食分 14)求月食
　　　　　　　　分 15)求日食分定用分 16)求月食分定用分 17)求月食入
　　　　　　　　更點 18)求日食所起 19)求月食所起 20)求日月出入帶所
　　　　　　　　見分數 21)求日月食甚宿次
　　　7. 步五星術 ………1)木星 2)火星 3)土星 4)金星 5)水星 6)求五星天正冬至
　　　　　　　　後平合及諸段中積中星 7)求五星平合及諸段入曆 8)求五
　　　　　　　　星平合及諸段定積 9)求五星平合及諸段加時定星 10)求五
　　　　　　　　星諸段初日晨前夜半定星 11)求五星諸段日率度率 12)求
　　　　　　　　諸段平行分 13)求諸段總差及日差 14)求前後伏遲退段增
　　　　　　　　減差 15)求每日晨前夜半星行宿次 16)求五星平合及見伏
　　　　　　　　入曆 17)求五星平合及見伏汎積 18)求五星定合定積定星
　　　　　　　　19)木火土三星定見伏定日 20)求金水二星定見伏定日

4) 회회력

　『칠정산 외편』은 명나라에서 편찬된 이슬람의 회회력(回回曆)을 연구·교정하여 편찬한 역법으로 내편과 함께 세종 24년(1442)에 완성되었다. 회회력은 본시 몽고의 서방 침략으로 얻어온 것으로 고대 그리스의 알마게스트(Almagest)를 기본으로 하고 있다.[60] 원대(元代)에는 멀리 이슬람 제국으로부터 회회(回回, Islam) 천문학자들이 초빙되어 한족(漢族)과는 달리 따로 설치된 회회사천감(回回司天監)에 봉직하였다. 이들은 특별한 대우를 받으면서 독립된 관서에서 회회력법에 따른 추산을 하였다. 원나라에 이어 명나라에도 홍무 원년(1368)이래 회회사천감이 설치되었고 이어서 홍무 3년(1370)에는 흠천감(欽天監: 명나라 천문대)의 한 과(科)로서 대통력과(大統曆科)와 병립하는 지위를 차지하였다.[61] 회회력은 홍무 15년(1382)에

60) 유경로, 이은성, 현정준,『칠정산외편』(세종대왕기념사업회: 서울), p1, 1974.
61) 藪內淸著, 俞景老 譯編,『中國의 天文學』(電波科學社: 서울), pp.154-156, 170-171, 1985.

이충(李翀), 오백종(吳伯宗) 등에게 명하여 서역의 아랍력(阿喇曆)을 번역하게 한 것으로 그 실제의 번역과 편찬은 아라비아 천문학자인 마사역흑(馬沙亦黑, Mashayihei)에 의해 홍무 17년(1384)에 이루어졌다. 이에 대한 자세한 내용은 『명사』 역지[62]에 다음과 같이 전한다.

"회회력법은 서역(西域)의 무치나(默狄納, Modina) 국왕 마하마(馬哈麻, Mahomed)가 만든 것이다. 그곳의 북극은 24.5도이며 경도는 서쪽으로 107도 치우쳐 있다. 대략 운남 지방의 서쪽 8천여 리 떨어진 곳에 있는 것 같다. 그 역법의 원년은 수(隋)의 개황 기미로 하니, 바로 그 나라가 건국된 해이다. 홍무 15년 가을에 태조가 이르기를 서역은 하늘을 관측하여 오성의 위도를 아주 정밀하게 계산하는데 중국에는 그 계산 방법이 없으니 한림 이충과 오백종 그리고 같은 회회대사인 마사역흑(馬沙亦黑, Mashayihei) 등에게 명하여 번역하게 하였다……서역의 아라비년(수 개황 기미)을 시작으로 홍무 갑자년에 이르러 786년째가 된다."
(回回曆法 西域默狄納國王馬哈麻所作 其地北極高二十四度半 經度偏西一百七度 約在雲南之西八千餘里 其曆元用 隋開皇己未 卽其建國之年也 洪武初其書於元都十五年秋 太祖謂 西域推測天象最精其五星緯度又中國所無命翰林李翀吳伯宗同回回大師馬沙亦黑等譯……西域阿喇必(隋開皇己未) 下洪武甲子七百八十六年)

위의 기록에 대하여 진준규(陳遵嬀)는 그의 저서 『중국천문학사(中國天文學史)』[63]에서 주문흠(朱文鑫)의 『역법통지(曆法通志)』의 내용을 인용하면서 다음과 같이 논평하였다.

"명사 역지에 전하는 마하마는 모하메드, 아라비는 아랍, 서역의 모디나는 사우디아라비아의 매디나를 말한다. 회회력의 기원 원년을 조사하면 서기 622년 7월 16일(당 무덕 5년 임오 6월 3일)에 해당하여 회족(回族)의 건국을 개황 기미년(599년)으로 전하는 명사(明史)의 기록은 실제와 다르

---

62) 『明史』 曆志.
63) 陳遵嬀 『中國天文學史』 5冊, (明文書局, 臺北), pp.194-195, 1988.

다. 622년에 메카에서 메디나로 천도하였으니 그곳의 위도는 북위 약 24.5도, 동경은 약 40도이고 북경의 서쪽 약 80도에 있으나 명지(明志)는 107도로 잘못 기록했다. 또한 운남의 서쪽 약 1만 5천 리의 거리에 위치하고 있으나 명지는 8천여 리라고 잘못 기록했다."

그러나 『칠정산 외편』의 역주[64]에 의하면 회회력의 역원은 수(隋) 나라 개황 19년(599) 춘분이며 회회력의 주응(周應)[65] 값으로 계산해보면 회회력의 연시(年始)는 헤지라(Hegira) 원년(622)과 달리 개황 18년(598) 4월 13일이 된다고 밝히고 있다. 그리고 문제가 대두된 이 역원에 대하여 회회력과 같이 『칠정산 외편』의 『교식 가령』에서도 개황 19년을 역원으로 모든 계산을 하고 있고 실제의 일월식 예보가 틀리지 않았을 뿐만 아니라 회회력에 의한 일월식 예보가 오히려 수시력에 의한 예보보다 정확했다는 기록으로부터 개황 19년의 역원은 틀리지 않은 것이라고 설명하고 있다. 따라서 『명사』 역지에서 전하는 개황 19년(599)이 회족의 건국 원년은 아닐지라도 회회력과 『칠정산 외편』의 역원이 되는 해임은 틀림이 없다고 본다.

Chen Jiujin[66]은 1986년에 발견된 취진당마씨종보(聚眞堂馬氏宗譜)라는 기록으로부터 마사역흑은 그의 아버지와 두 동생과 함께 홍무 2년(1369), 노밀(魯密, Rum in Asia Minor)로부터 중국에 들어왔으며 그들은 흠천감에 함께 종사하면서 회회력과 『명역천문서(明譯天文書, Astronomical Book translated by Imperial Order of the Ming)』의 번역과 편찬을 담당하였다는 사실을 밝혔다. 마사역흑은 회회력을 편찬할 당시에 그의 아버지와 함께 남경(南京, Nanjing)에서 관측한 최신의 데이터를 사용한 것으로 알려졌다. Chen Jiujin은 그의 논문에서 회회력의 입성표(立成表: 계산표) 중

---

64) 유경로, 이은성, 현정준, 『칠정산외편』 (세종대왕기념사업회: 서울), p11-13, 1974.

65) 주응(周應)이란 회회력의 역원이 되는 해(599년)의 춘분으로부터 거슬러 올라가서 회회력의 연시(年始)가 되는 날까지의 일수(日數)를 말한다.

66) Chen Jiujin, eds. Nha il-seong and Richard F. Stephenson, "The Comparative Between Hui Hui Calendar, Qi Zhen Suan Wai, and Qi Zhen Tui Bu", *Oriental Astronomy from Guo Shoujing to King Sejng*, (in press)

경위가감입성표(經緯加減立成表)와 서역주야시입성표(西域晝夜時立成表)를 이용하여 입성표를 작성한 관측 지점의 위도를 계산한 결과 32도에서 32도 4분에 이른다는 결과를 얻어냈고, 이 위도가 남경의 위도와 일치한다는 사실로부터 회회력의 계산에 사용한 자료가 마사역흑이 남경에서 실제 관측한 값임을 확인하였다. 그는 또 위도를 보정해 주어야 하는 이 두 입성표가 후에 북경에서 편찬된『칠정추보(七政推步)』와 조선에서 편찬된『칠정산 외편』에서 모두 위도의 보정없이 그 계산 결과를 그대로 사용한 점을 지적하면서 각각 북경과 조선에서 편찬에 참여했던 역관들이 이 입성표를 제대로 연구하지 않은 것 같다고 언급하였다.

따라서『칠정산 외편』은 바로 마사역흑 일가(一家)에 의해 명나라에서 편찬된 회회력을 연구하고 정리하여 편찬한 역법서라고 할 수 있다. 회회력의 계산 방법은 근본적으로 재래의 중국 역법과 다른 것이 많으며 기하학적인 방법과 방대한 관측 자료에 의한 수표를 사용하고 있는 것이 특징이다. 또한 일월식과 오행성의 운동에 대한 계산에서 기하학적인 모형과 삼각 함수를 이용한 점은 수시력보다 훨씬 수학적으로 앞섰고 바로 이러한 점이 회회력을 수시력에 의한 일월식 예보에 참고한 이유가 되었다.

2. 역법서의 교정본과 가령의 발행

1) 역법서의 교정본

수시력과 후에 명(明)으로부터 새로 얻은 대통력통궤의 교정본으로『대통역일통궤(大統曆日通軌)』,『태양통궤(太陽通軌)』,『태음통궤(太陰通軌)』,『교식통궤(交食通軌)』,『오성통궤(五星通軌)』,『사여전도통궤(四餘纏度通軌)』등 6편의 통궤본(通軌本)이 편찬되었다. 이순지(李純之)와 김담(金

淡)에 의해 완성된 이 6편의 통궤본은 각각 내용에 있어서『칠정산 내편』의 각 장(各章)인 역일(曆日), 태양(太陽), 태음(太陰), 교식(交食), 오성(五星), 사여성(四餘星)과 대응되며 각 장의 세부 항목 또한 6통궤본의 항목과 거의 일치한다. 따라서 이들은『칠정산 내편』을 편찬하는 과정에서 교정한 역서라고 보고 있다.[67]

이 6편 통궤본의 간행 년도는『사여전도통궤』의 발문(跋文)에 보이는 정통 9년의 기록과,『교식통궤』중 마지막의 월식 기록이 정통 9년인 점 등으로 미루어『칠정산 내편』의 간행 년도와 같은 1444년으로 추정하고 있다.[68] 6편의 통궤본과『칠정산 내편』을 역원(曆元)과 내용에 있어 비교해 보면『칠정산 내편』과 6편의 통궤본 중『대통역일통궤』와『오성통궤』는 수시력의 역원을 따랐으나 나머지 통궤본은 대통력의 역원을 따랐으며, 내용 면에 있어서는 모두 대통력과 비슷한 점 등을 알 수 있다.[69]『사여전도통궤』의 발문에는『중성통궤』가 다른 통궤본들과 함께 편찬 되지 않은 이유에 대해 "통궤중 중성(中星)을 계산하는 한편(一篇)만은 전적으로 수시력경(授時曆經)의 구문(舊文)에 따라 증손한 바가 없으므로 인쇄하는 데에서 빠졌다."라고 설명하고 있다. 또한 1395년 석각천문도를 새길 때 중성에 대한 관측을 하여 중성기(中星記)를 새로 만들었던 바 있으므로 이를 따로 편찬하지 않은 것으로도 여겨지는데 현재 이 중성기는 전하여지지 않고 있다. 다만 이때 관측했던 24절기에 대한 혼효중성(昏曉中星) 값이 태조시대의 석각 천문도 상에 전해지고 있다. 이 6편의 통궤본 중『사여전도통궤』는 수시력에는 없고 대통력에서 첨가하게 된 "보사여(步四餘)"에 대한 교정본으로,『칠정산 내편』에는 "사여성(四餘星)"의 이름으로 편찬되었다.

『칠정산 내편』이 교정본인 이 6편 통궤본의 역원을 그대로 따르지 않고 수시력의 역원을 채택한 것은 홍무(洪武) 26년(1393)에 이덕방(李德芳)이

67) 李純之, "李純之·金淡 撰 大統曆日通軌等 6篇의 通軌本에 대한 硏究",『한국과학사학회지』제10권 1호, pp.76-87, 1988.

68) 李純之, "李純之·金淡 撰 大統曆日通軌等 6篇의 通軌本에 대한 硏究", 석사논문, pp.44-46, 1987.

69) 李純之, 앞의 학회지, pp.76-87, 1988.

세실(歲實)의 백년소장지법(百年消長之法)을 폐한 것은 잘못이라고 지적한 바 있으므로 대통력이 세실소장을 고려하지 않고 역원을 지원(至元) 신사년(辛巳年, 1281)에서 홍무(洪武) 갑자년(甲子年, 1384)으로 바꾸어 계산한 것은 옳지 않은 것이라고 판단하였기 때문이다. 그리고 명의 정삭(正朔)을 받는 입장에서 대통력의 역원을 따르지 않고 수시력의 역원을 취한 점과 대통력에서는 폐했던 세실소장지법을 다시 채택하였으나 내용면에서는 오히려 대통력과 유사한 점 등은 『칠정산 내편』의 편찬자(編纂者)가 수시력과 대통력을 완전히 소화하였으며, 두 역법의 장점을 취하여 매우 편리한 형태로 편찬한 것이라고 말하고 있다.[70] 6 통궤본에 대한 각각의 내용은 다음과 같다.

① 대통력일통궤(大統曆日通軌)

『대통력일통궤』[71]는 『칠정산』 내편의 상권(上卷)에 해당하며 대통력일통궤(大統曆日通軌)와 대통입성상권(大統立成上卷) 그리고 태음지질도입성(太陰遲疾度立成)의 세 부분으로 나누어져 있다. 그 내용과 세부 항목은 다음과 같다.

> 大統曆日通軌 …… 1)天文常數 2)求各年前十一月中積法 3)求通積法 4)求閏餘分 5)求冬至分 6)求經判分 7)求盈縮曆分 8)求遲疾分 9)求遲疾太陰限數 10)求交汎分 11)求盈縮差分 12)求遲疾差分 13)求加減差分 14)求定朔弦望分 15)求四季土王用事 16)求沒日卽盈(在恒氣) 17)求滅日卽虛(在經朔)
>
> 大統立成卷上 …… 1) 太陽冬至前後二象盈初縮末限積日(0日-89日) 2)太陽夏至前後二象縮初盈末限積日(0日-94日)
>
> 太陰遲疾度立成 …… 1)限數(初限－168限)

---

70) 兪景老, 朝鮮時代의 中國曆法 導入에 關하여, 『傳統科學 第2輯』(漢陽大學校 出版院: 서울), pp.31-37, 1981.

71) 李純之, 金淡, 『大統曆日通軌』奎章閣本.

대통력일통궤는 『칠정산 내편』 상권의 천행제율(天行諸率), 일행제율(日行諸率)과 월행제율(月行諸率) 그리고 일월식(日月食) 편과 같이 역(曆)에 관한 기본적인 천문상수(天文常數) 값들과, 내편 상권의 제1장인 역일(曆日)에서와 같이 역일을 추산하는 방법들을 제시하고 있다.

대통입성상권은 다시 태양동지전후이상 영초축말한(太陽冬至前後二象盈初縮末限)과 태양하지전후이상 축초영말한(太陽夏至前後二象縮初盈末限)의 두 부분으로 나뉜다. 여기서는 Kepler 운동을 의미하는 추분과 동지 그리고 동지와 춘분간의 길이가 춘분과 하지 그리고 하지와 춘분간의 길이와 같지 않은 태양의 영축(盈縮)운동을 설명하면서 동지 후 초일(初日)에서 89일까지와 하지 후 초일(初日)에서 94일까지 매일 매일의 태양의 영축가분(盈縮加分)과 영축적(盈縮積)의 값을 제시하고 있다.

태음지질도입성은 태양과 같이 부등(不等)운동을 하는 달의 지질(遲疾)운동에 대한 입성이다. 달의 궤도인 백도(白道)를 336등분하여 336한(限)으로 정한 다음, 반으로 나누어 근지점인 초한(初限)으로부터 원지점인 168한(限)까지 각 한수(限數)에 대하여 달의 지질 운동 값을 제시하고 있다. 즉 근지점에서 원지점까지의 168한은 질력(疾曆)에 해당하고 원지점에서 근지점까지의 168한은 질력(遲曆)에 해당한다.

② 태양통궤(太陽通軌)

『태양통궤』[72]는 태양 행도의 입성 값과 태양의 위치를 추산하는 방법 등을 싣고 있다. 재태양교궁(載太陽交宮)과 태양통궤의 두 부분으로 나뉘어져 있으며 그 세부 항목은 다음과 같다.

---

72) 李純之, 金淡, 『太陽通軌』奎章閣本.

載太陽交宮 ………… 1)損減原數分(正月~十二月) 2)冬至－秋分, 夏至－春分：
(太陽의 行度)
太陽通軌 ………… 1)推第一格四正定氣 2)推第二格相距日 3)推第三格四正加
時黃道赤道法 4)推第四格加時感分法 5)推第五格夜半積
度法 6)推第六格黃道宿次法 7)黃道各宿次積度鈴 8)推第
七格相距度法 9)推第八格日差法 10)行定度幷相距日鈴
11)推格月太陽每日夜半日度法 12)黃道各宿本度法分 13)
冬夏二至太陽行度 14)推太陽交宮時刻法 15)黃道十二次
交宮分宿度如在各宿次數已下者爲有交宮也 15)推行定度原
流法 16)推定象度分來源法 17)推黃道積度法 18)推赤道
法 19)推四正赤道日度 20)推黃道日度法

재태양교궁은 태양이 매월 궁(宮)에 들어서는 분수(分數)와 10일을 간격
으로 태양이 움직이는 행도가 계산된 입성이다. 원수(原數)를 52575분(分)
으로 하여 1월에서 12월까지, 원수에서 감해주어야 하는 손감원수분(損減
原數分)과 다음 차(次)의 차분(差分)인 차차분(次差分)의 값을 계산하였
다. 뒤이어 동지와 동지 전 추분까지 그리고 하지와 하지 전 춘분까지를
각각 10일간의 간격으로 하여 태양이 움직이는 행도를 계산하였다.

태양통궤에는 태양의 위치를 추산하는 방법과 태양의 매일 행도에 대한
입성 그리고 28수(宿)의 황도수도(黃道宿度) 값과 황도 12차의 수도 값 등
이 실려 있다. 천구상에서 태양의 위치는 28수의 수도로 표현된 각 별자리
의 도수로 나타내며 계산의 기점은 천정 동지 때 태양의 적도수도 값이 된
다. 천구상의 각 지점에서 태양이 운행하는 속도와, 계산하고자 하는 해의
동지일에 태양이 있는 위치가 알려지면 구하고자 하는 날의 태양의 위치가
계산된다.

③ 태음통궤(太陽通軌)

『태음통궤』[73]는 달의 운행과 위치에 대한 계산 방법 그리고 계산에 필

요한 입성 등을 그 내용으로 하고 있다. 달은 위상 변화에 따른 삭망 운동
과 황백 교점에 대한 주기 운동 그리고 근지점과 원지점에 대해 지질(遲
疾) 운동을 한다. 따라서 정삭(定朔)과 황백 교점 그리고 달의 근지점의
위치와 이들의 위치 간격을 계산의 기점으로 하여 달의 위치와 운동에 대
한 계산을 하였다. 태음통궤는 이들의 관계를 6부분으로 나누어 추보 방법
과 입성을 싣고 있다. 그 내용과 세부 항목을 보면 다음과 같다.

1. …… 1)推第一格朔後平交日法 2)推第二格平交距後度法 3)推第三格平交入
轉遲疾曆日法 4)推第四格限數幷平交入限遲疾度法 5)推第五格平交加
減定差法 6)推第六格經朔加時中積日法 7)推第七格正交距冬至加時黃
道積度法 8)推第八格正交月離黃道宿次度分法 9)周天分鈴 10)前赤道
宿次積度鈴 11)推第九格平交日辰法 12)推第十格平交日辰時刻法

2. …… 1)推第一格定限日法 2)推第二格黃道正交在二至後初末限度分法 3)推
第三格定差度分法 4)推第四格距差度分法 5)推第五格定限度分法 6)
推第六格月與赤道正交宿度法 7)赤道各宿次本度全分

3. …… 1)推第一格月與赤道正交宿次積度分法 2)推第二格初末限度分法 3)推
第三格定差度分法 4)推第四格月道積度分法 5)推月道宿次度分法 6)
推月道各月下活象限度分法

4. …… 1)推第一格定朔弦望日及定甲子與相距法 2)推第二格定盈縮曆日幷二
至後初末限日法 3)推第三格定朔弦望加時中積度及盈縮定差度法 4)推
第四格黃道加時定積度分法 5)推第五格赤道加時積度分幷赤道加時宿
次度分法 6)推赤道加時積度捷法入成鈴 7)推赤道宿次積度鈴 8)推第
六格正牛中交後積度分幷初末限度與月道赤道定差度分法 9)推第七恪
正交中交加時積度分幷定朔弦望月道宿次度分法 10)推第八格夜半入轉
日分遲疾轉定度分與加時入轉度分法 11)推遲疾轉定度立成鈴 12)推第
九格夜半入轉積度分幷夜半月道宿次度分法 13)推第十格晨入轉日幷晨
分及晨轉度分法 14)推第十一格晨入轉積度分幷晨宿次度分法 15)推第
十二格昏入轉日幷昏分及昏轉度分法 16)推第十三格昏入轉積度分幷昏
宿次度分法 17)冬夏二至日晨昏分立成鈴 18)推第十四格相距度分幷轉

73) 李純之, 金淡, 『太陰通軌』 奎章閣本

積分法 19）先推加減定差法 20）晨昏相距日轉積度分立成鈴
　5. ……1）推太陰宮界各用月圓式 2）推第一格赤道正交後積度分法 3）推第二格
　　　初末限度分法 4）推十二次宮界赤道宿次度分鈴 5）推第三格定差度分法
　　　6）推第四格月道積度分法 7）推第五格宮界宿次度分法
　6. ……1）推離宿次行度交宮各月細行程式　2）推第一格各月大小盡幷朔弦望日
　　　某甲子法 3）推第二格盈縮若干日分法 4）推第三格加減差分法 5）推第
　　　四格晨昏日幷每日太陰行度分法　6）推第五格朔弦望下晨昏宿次度分幷
　　　每日太陰離晨昏宿次度分法 7）推第六格每月各日下交宮時刻法

④ 교식통궤(交食通軌)

『교식통궤』[74]는 상수 값인 용수목록(用數目錄)과 변일월식한수(辨日月
食限數) 그리고 일식통궤(日食通軌)와 월식통궤(月食通軌) 및 수시력각년
교식(授時曆各年交食)의 4부분으로 나뉜다. 일월식의 계산에 필요한 상수
와 일식과 월식의 계산법 그리고 실제 일어났던 일월식의 계산을 싣고 있
다. 그 내용과 내용의 항목은 다음과 같다.

用數目錄
辨日月食限數 …… 1）陽食入交 2）陰食入交
日食通軌 ………… 1）錄各月有食之朔日下等數 2）求交常度第一 3）求交定度第
　　　　　　　　二 4）求日食在正交中交限度第三 5）求中前中後分第四 6）
　　　　　　　　求時差分第五 7）求食甚分第六 8）求距年定分第七 9）求食
　　　　　　　　甚入盈縮曆定度分第八 10）求食甚入盈縮曆度分九 11）求
　　　　　　　　食甚入盈縮曆行定度分第十 12）求南北汎差度分第十一 13）
　　　　　　　　求南北定差度限南北加減差分第十二 14）求東西汎差度分第
　　　　　　　　十三 15）求東西定差度分限東西加減差分第十四 16）求日食
　　　　　　　　在正交中交定限度分第十五 17）推日食入陰陽曆去交前後度
　　　　　　　　第十六 18）推日食分秒第十七 19）推日食定用分十八 20）求
　　　　　　　　初虧分第十九 21）2求食甚分第二十　22）求得圓分第二十一

---

74) 李純之, 金淡, 『交食通軌』 奎章閣本.

⑤ 오성통궤(五星通軌)

오성(五星)은 태양 주위를 공전하는 수성, 금성, 화성, 목성, 토성의 다섯
행성을 말한다. 오성의 운동과 위치의 계산에는 다음의 두 가지가 고려된
다. 첫째, 관측자가 있는 지구도 태양 주위를 도는 행성이므로 관측자는 오
성의 절대 운동이 아닌 시운동(視運動)을 관측하게 되며, 이 시운동으로부
터 절대 운동의 속도와 주기 등을 계산한다. 둘째, 오성은 지구와 마찬가지

로 타원궤도 운동을 하므로 Kepler의 법칙에 따라 영축 운동을 한다. 따라서 영축운동을 고려하여 실제의 운행도수와 위치 등을 계산한다. 이에 대해 『오성통궤』[75]는 시운동의 단계를 나타내는 오성단목(五星段目)과 유효수를 정하는 제수소지(諸數所止) 그리고 오성의 운행에 대한 계산법과 계산 값 등을 다음과 같이 싣고 있다.

五性段目 ············ 1)木星十六段 2)火星二十段 3)土星十四段 4)金星二十二段 5)水星三十五段

諸數所止

1)求中積分法(辛巳爲元) 2)求閏餘分法 3)求冬至分法 4)求冬至赤道度法 5)赤道宿次積度 6)求冬至黃道度法 7)求前合後合分法 8)求盈縮曆分法 9)求中積法 10)求中星度法 11)求諸段下盈縮曆法 12)求盈縮次法 13)五星盈縮立成鈴: ①木星 ②火星 ③土星 ④金星 ⑤水星 14)求五星合伏幷諸段下定積日法 15)求五星合伏幷諸段下加時日分法 16)求五星合伏幷諸段下在何月日法朔策鈴 17)求五星定星度幷加時定星度法 18)求五星夜半定星及夜半宿次法 19)求五星諸段下日率法 20)求五星度率法 21)求五星各段下平行分法 22)求五星泛差及增減總差日差法 23)求五星各段下初日行分末日行分法 24)求五星無泛差增減總日等差及初末日行分法 25)求金火不倫法 26)求五星各段目逐日細行法 27)黃道各宿鈴 28)求五星順逆交宮法 29)求五星伏見 30)求五星捷法

⑥ 사어전도통궤(四餘纏度通軌)

사여는 천구상에서 순행을 하는 자기(紫氣)와 월패(月孛) 그리고 역행을 하는 나후(羅睺)와 계도(計都)를 일컫는다. 사여의 추산은 원래 중국 고유의 역법에서 다루어지지 않던 것으로 바라문(婆羅門) 승려들에 의해 불교 경전과 함께 중국에 소개되면서 소력(小曆)이라 불리우던 민간력에서 사용되어졌고 복술가(卜術家)들이 하는 추산의 근거가 되기도 하였다.[76] 사여

---

75) 李純之, 金淡,『五星通軌』奎章閣本.

76) 『古今律曆考』卷64.

는 대통력에서 새로 첨가한 추보의 항목으로 수시력에는 사여의 추보가 없다. 그러나 『사여전도통궤』에는 사여의 역원을 나타내는 지후책의 값이 수시력의 역원인 지원(至元) 신사(辛巳)와 대통력의 역원인 홍무(洪武) 갑자(甲子)에 대하여 계산되어 있다. 지후책(至後策)이란 사여성이 동지점을 통과한 후 원동지까지의 시간을 분(分)의 단위로 나타낸 값으로 사여전도통궤에 계산된 신사위원과 홍무갑자의 지후책은 각각 칠정산 내편과 대통력의 지후책 값과 일치한다. 『사여전도통궤』[77]에 실린 사여에 대한 추산 방법과 그 계산 값들의 항목은 다음과 같다.

1)推中積分第一 2)推冬至分第二 3)推閏餘分第三 4)推四餘至後策第四 5)推四餘周後策第五 6)推四餘入宮各宿次初末度積日及分法第六 7)推四餘入初末度積日在何月日幷入月巳來日數第七 8)命月數鈴 9)推四餘立成鈴 10)推四餘入宮各宿次逐度積日及分法第八 11)推各餘交十二宮次在何月日辰其時刻法

2) 가령(假令)의 발행

가령(假令)이란 어떤 해의 일식이나 월식 등 실제의 계산을 예로 하여, 역법에 따른 계산 과정과 그 결과 값을 체계적으로 기록한 책(冊)이다. 세종대에 편찬된 가령으로는 『칠정산 내편 정묘년(丁卯年) 교식 가령』과 『칠정산 외편 정묘년 교식 가령』 그리고 중수대명력 정묘년 일식과 월식의 가령이 있다. 가령의 정묘년은 세종 29년(1447)으로 이 해 8월의 일식과 월식을 각각 『칠정산』 내편과 외편 그리고 중수 대명력법에 따라 계산한 것이다. 이는 같은 해의 일월식을 예로 계산함으로써 『칠정산 내편』의 계산이 『칠정산 외편』과 중수 대명력에 의한 결과와 어떠한 차이가 있는지 비교하기 위하여 함께 편찬된 것이라고 생각된다.

---

77) 李純之, 金淡, 『四餘纏度通軌』 奎章閣本.

① 칠정산 내편 정묘년 교식 가령

정묘년(1447) 8월의 일식과 월식을 『칠정산 내편』 법에 따라 계산한 예이다. 『칠정산 내편』은 수시력을 따라 지원(至元) 18년(1281)을 역원으로 하고 있으나, 이 가령은 세종 26년(1444)인 갑자년(甲子年)을 역원으로 옮겨 계산하였다. 이것은 역원이 계산하고자 하는 해와 멀어짐으로서 계산에 사용되는 수치가 공연이 커짐을 피하기 위해서 역원을 옮기는 작업을 선행한 것이라고 보고 있다.[78] 『규장각본』으로 전하는 『칠정산 내편 정묘년 교식 가령』[79]의 내용과 그 항목은 다음과 같다.

1. 求定朔望及每日入交
2. 求定朔望加時每日入交
3. 日食
  1) 求定限行度 2)求交常交度 3)求食在正交中交限度 3)求中前中後分 4)求時差食甚及距午定分 5)求食甚入盈縮曆及定度 6)求南北汎差 7)求半晝分 8)求南北定差 9)求東西汎差 10)求東西定差 11)求食在正交中交定限度 12)求食入陰陽曆去交前後度 13)求日食分初 14)求定用分及三限辰刻 15)求日食所起 16)求日出入食帶所見分 17)求日出入未復光分 18)求食甚宿次
4. 月食
  1)求定限行度 2)求交常交定度 3)求卯酉前後分 4)求時差及食甚定分 5)求食甚入盈縮曆及定度 6)求食入陰陽曆去交前後度 7)求月食分初 8)求定分及三限五限辰刻 9)求食入更點 10)2求月食所起 15)求月出入食帶所見分 16)求月出入未復光分 17)求食甚宿次

② 칠정산 외편 정묘년 교식 가령

정묘년(1447) 8월의 일식과 월식을 『칠정산 외편』 법에 따라 계산한 예

78) 兪景老, 『韓國科學技術史資料大系』 天文學篇 3, 七政算內篇 解題, (麗江出版祉: 서울), 1985.
79) 李純之, 金淡, 『七政算內篇 丁卯年 交食假令』 奎章閣本.

이다. 외편법은 명나라에서 편찬된 회회력을 참고로 하여 편찬한 역법서로 그 계산 방법이 재래의 중국 역법과 근본적으로 달랐다.[80] 『칠정산 외편』의 교식 가령은 회회력(回回曆)을 따라 수(隋)의 개황(開皇) 19년(599)을 역원(曆元)으로 하고 있다. 회회력은 일월식과 오행성의 운동에 대한 계산에서 중국의 역법보다 앞섰으므로 중국에서는 일월식의 예보에 회회력을 참고로 하였다. 『규장각본』으로 전하는 『칠정산 외편 정묘년 교식 가령』[81]의 내용과 그 항목은 다음과 같다.

(七政算外篇丁卯年日食假令)

1. 求宮開日

2. 求總年零年及各宮月日

3. 太陽

　1) 求最高總度 2)求最高行度 3)求中心行度 4)求徑度

4. 太陰

　1)求中心行度 2)求加倍相離度 3)求本輪行度 4)求第一加減差 5)求比敷分 6)求本輪行定度 7)求第二加減差 8)求遠近度 9)求汎差 10)求加減定差 11)求徑度 12)求計都中心行度 13)求計都行度 14)求食甚汎時 15)求合朔時太陽經度 16)求加減分 17)求子正至合朔時分秒 18)求第一東西差 19)求第二東西差 20)求合朔時東西差 21)求第一南北差 22)求第二南北差 23)求合朔時南北差 24)求第一時差 25)求第二時差 26)求合朔時時差 27)求合朔時本輪行度 28)求比敷分 29)求東西定差 30)求南北定差 31)求食甚定時 32)求食甚時太陰經度 33)求合朔時計都行度 34)求合朔時太陰緯度 35)求食甚太陰緯度 36)求合朔時太陽自行度 37)求太陽經度 38)求太陰經度 39)求二經折半分 40)求太陽食限分 41)求太陽食甚定分 42)求時差 43) 求初虧時刻 44)求復圓時刻 45)求日食方位 46)求日出入時 47)求日出入帶食所見分 48)求日出入後未復光分

(七政算外篇丁卯年月食假令)

1. 求宮閏日

80) 유경로, 이은성, 현정준, 『칠정산외편』(세종대왕기념사업회: 서울), pp.1-2. 1973.

81) 李純之, 金淡, 『七政算外篇 丁卯年 交食假令』奎章閣本.

2. 求總年零年及各宮月日

3. 太陽

　1)求最高經度 2)求最高行度 3)求中心行度 4)求自行度 5)求加減定差 6)求經度

4. 太陰

　1)求中心行度 2)求加倍相離度 3)求本輪行度 4)求第一加減差 5)求比敷分 6)求本輪行定度 7)求第二加減差 8)求遠近度 9)求汎差 10)求加減定差 11)求徑度 12)求計都中心行度 13)求食甚汎時 14)求食甚月離黃道宮道 15)求加減分 16)求食甚定時 17)求望時計都行度 18)求望時太陰緯度 19)求望時本輪行度 20)求太陰影經分 21)求太陰經分 22)求望時太陰自行度 23)求太陰影經減差 24)求太陰影經定分 25)求二經折羊分 26)求太陽食限分 27)求太陰食甚定分 28)求太陰逐時行過太陽分 29)求時差 30)求初虧時刻 31)求復圓時刻 32)求食旣至食甚加減時差 33)求食旣生光時刻 34)求月食方位 35)求日出入時 36)求月食更點 37)求月出入帶食所見分 38)求月出入後未復光分 39)求食甚日躔黃道宿次者依求月犯五星術

③ 중수대명력 정묘년 일식과 월식의 가령

정묘년(1447) 8월의 일식과 월식을 중수대명력법에 따라 계산한 예이다. 중수대명력은 원(元)나라 초기에 사용된 금(金)의 역법으로[82] 수시력 편찬에 많은 영향을 주었다. 『조선왕조 실록』의 기록에 따르면 중수대명력에 의한 일월식의 예보는 『칠정산 내편』과 『칠정산 외편』에 의한 일월식 예보와 함께 시헌력의 도입 이후에도 계속 되었던 사실을 알 수 있다. 『규장각 본』으로 전하는 『중수대명력 정묘년 일식과 월식 가령』[83]의 내용과 그 항목은 다음과 같다.

---

82) 『元史』 卷52: 1b.

83) 李純之, 金淡, 『重修大明曆 丁卯年 日食假令』, 『重修大明曆 丁卯年 月食假令』 奎章閣本.

(重修大明曆 丁卯年 日食假令)

　　1)求天正冬至 2)求天正經朔 3)求弦望及次朔 4)求經朔弦望入氣 5)求每日損益盈縮朓朒 6)求經朔弦望入氣朓朒定數 7)求每日出入晨昏半晝分 8)求經朔弦望入轉 9)求朔望定日 10)求朔望入交 11)求朔望加時入交常日及定日 12)求入交陰陽曆交前後分 13)求日月食甚定餘 14)求日月食甚日行積度 15)求氣差 16)求刻差 17)求日食去交前後定分 18)求日食分 19)求日食定用分 20)求發斂 21)求日食所起 22)求日月出入帶食所見分數 23)求冬至赤道日度 24)求天正冬至加時黃道日度 25)求日月食甚宿次

(重修大明曆 丁卯年 月食假令)

　　1)求天正冬至 2)求天正經朔 3)求弦望及次朔 4)求經朔弦望入氣 5)求每日損益盈縮朓朒 6)求經朔弦望入氣朓朒定數 7)求每日出入晨昏半晝分 8)求經朔弦望入轉 9)求經朔弦望入轉朓朒定數 10)求朔望定日 11)求朔望入交 12)求朔望加時入交常日及定日 13)求入交陰陽曆交前後分 14)求日月食甚定餘 15)求日月食甚日行積度 16)求月食分 17)求月食定用分 18)求發斂 19)求月食入更點 20)求月食所起 21)求日月出入帶食所見分數 22)求冬至赤道日度 23)求天正冬至加時黃道日度 25)求日月食甚宿次

① 가령의 계산 결과 비교

　　일식과 월식의 가령은 해와 달이 얼마나 가리웠는가를 나타내는 식분(食分)과 식이 일어나는 시각과 진행되는 시간 그리고 천구상에서 식이 일어나는 위치의 계산을 그 내용으로 하고 있다. 일월식의 계산법은 역법에 따라 조금씩 다르다. 수시력을 기본으로 하고 있는 『칠정산 내편』은 시차(視差)의 계산 방법을 제외하고는 그 기본적인 계산 방법이 중수대명력과 거의 같으나 회회력을 기본으로 하고 있는 『칠정산 외편』은 각도법(角度法)과 시각법(時刻法) 그리고 계산법 등이 중국의 재래 역법과 근본적으로 다르다.[84] 가령에 기록된 정묘년 8월의 일식과 월식의 계산 결과를 비교하여

---

84) 유경로, 이은성, 현정준, 『칠정산외편』 (세종대왕기념사업회: 서울), pp.1-2, 1973.

보면 다음과 같다.

표 2-4. 가령에 기록된 정묘년 8월의 일식의 계산 결과

	七政算 內篇	七政算 外篇	重修大明曆	현재의 계산법
食甚宿次	冀宿 18度 05分 2244	左執法星(冀宿內星)	冀宿 18度 52分 6808	
日食分初	7分 64秒 45	6分 21秒	8分 21秒	
初虧時刻	申正 0刻 556分 48	申正 3刻 50秒	申正 1刻 141分	酉初 0刻(17:10)
食甚時刻	酉初 1刻 1219分 72	酉初 3刻 69秒	酉初 3刻 259分	酉正 1刻(18:20)
復圓時刻	酉正 3刻 642分 96	酉正 3刻 88秒	戌初 2刻 11分	戌初 0刻(19:14)

표 2-5. 가령에 기록된 정묘년 8월의 월식의 계산 결과

	七政算 內篇	七政算 外篇	重修大明曆	현재의 계산법
食甚宿次	奎宿 3度 58分 0579	進賢星(軫宿內星)	奎宿 4度 38分 9909	
日食分初	11分 01秒 10	13分 05秒	12分 52秒	
初虧時刻	未正 2刻 424分 16	申初 2刻 41秒	未正 3刻 281分	未正 1刻(14:21)
食旣時刻	申初 3刻 259分 08	申正 3刻 31秒	申初 2刻 86分	
食甚時刻	申正 0刻 980分 32	酉初 2刻 08秒	申正 3刻 148分	申正 0刻(17:10)
生光時刻	申正 2刻 701分 56	酉正 0刻 84秒	酉初 0刻 158分	
復圓時刻	酉初 3刻 536分 48	戌初 1刻 74秒	酉正 3刻 15分	戌初 4刻(19:58)

위의 표로부터 가령에 계산된 일월식의 계산 결과가 역법에 따라 각각 다르다는 사실을 알 수 있다. 특히 『칠정산 외편』의 계산 결과는 내편이나 중수대명력의 결과와 그 표현 방법에서도 차이가 있다는 것을 볼 수 있다. 그 첫째는 식이 일어나는 위치를 28수(宿)의 도수로 나타내지 않고 직접 항성의 이름으로 나타내고 있는 점이며, 둘째는 시각법이 달라 각(刻)과 분(分)이 아닌 각과 초(秒)로 나타내고 있는 점이다. 『칠정산 내편』과 중수대명력은 1일을 100각법과 10000분으로 나누고 있으나 회회력과 『칠정산 외편』은 1일을 86400초로 나누고 있어 외편의 1각은 100초가 아닌 864초이므로 그 표현 방법에 차이가 있다.

3. 칠정산 내편의 시행과 역서의 간행

조선조 초기에는 중국의 대통력법에 따른 역서를 간행하고 있었다. 그러나 앞서 언급한 대로 일월식과 오성의 추보는 수시력 이후 그 방법을 완전히 이해하지 못하여 선명력의 옛 방법을 사용하고 있었으므로 그 예보가 정확하지 않았다. 『칠정산 내편』이 편찬되기 이전, 일월식의 예보와 관련하여 일어난 기록들을[85] 조사해 보면 다음과 같다.

태조 7년(1398년) 4월 15일(辛卯)
"겸서운 주부(兼書雲注簿) 김서(金恕)가 월식을 아뢰었는데 끝내 먹히지 않았다."

태종 7년(1407년) 10월 1일(辛巳)
"서운(書雲) 부정 윤돈지(尹敦智)를 순금사(巡禁司)에 가두었다. 이 앞서 윤돈지가 술자(術者)가 되어 아뢰기를 '이달 초하룻날 사시(巳時)에 일식을 할 것입니다' 하였으므로 임금이 시신(侍臣)을 거느리고 소복 차림으로 인정전 월대(月臺) 위에 나가서 진시(辰時)부터 오시(午時)까지 기다렸으나 일식하지 않았다. 임금이 이에 소복을 벗고 들어와서 윤돈지를 옥에 가두었다."

세종 4년(1422년) 1월 1일(己未)
"일식이 있으므로 임금이 소복을 입고 인정전의 월대 위에 나아가 일식을 구하다. 시신이 시위하기를 의식대로하다. 백관들도 또한 소복을 입고 조방(朝房)에 모여서 일식을 구하니 해가 다시 빛이 나다. 임금이 섬돌로 내려와서 세를 향하여 네 번 절하다. 추보하면서 1각(刻, 약 14.4분)을 앞당긴 이유로 술자 이천봉(李天奉)에게 곤장을 치다."

---

85) 『太祖實錄』 卷13: 12b(7年 4月 辛卯); 『太宗實錄』 卷14: 31a(7年 10月 辛巳); 『世宗實錄』 卷15: 1a(4年 1月 己未), 卷49: 10b-11a(12年 8月 辛未), 卷58: 10b(14年 10月 乙卯)

세종 12년(1430년) 8월 3일(辛未)

　"임금이 좌우 신하들에게 이르기를 '천문을 추산하는 일이란 전심전력 해야만 그 묘리를 구할 수 있는 것이다. 일월식과 성변(星變)은 그 운행의 도수가 본시 차착(差錯)이 있을 것인데 앞서 다만 선명력법만을 썼기 때문에 차오가 꽤 많았던 것을, 정초(鄭招)가 수시력법을 연구하여 밝혀낸 뒤로는 책력 만드는 법이 좀 바로 잡혔다. 그러나 이번 일식의 휴복시각(虧復時刻)이 모두 차이가 있었으니 이는 정밀하게 살피지 못한 까닭이다. …… 옛날에는 책력을 만들되 차오가 있으면 반드시 죽이고 용서하지 않는 법이 있었다. 내가 일식을 당하여 모두 새로 추산하도록 하였는데도 서운 관에서 일식과 월식 때마다 그 시각과 휴복의 분수를 모두 기록지 않아서 뒤에 상고할 길이 없으니 이제부터 일식과 월식의 시각과 분수가 비록 추 보한 숫자와 맞지 않더라도 서운관으로 하여금 모두 기록하여 바치게 하여 뒷날 고찰에 대비하도록 하라' 하셨다"

세종 14년(1432년) 10월 30일(乙卯)

　"임금이 말하기를 '일력(日曆)의 계산하는 법은 예로부터 신중히 여기지 않는 제왕이 없었다. 이 앞서 우리나라가 추보하는 법이 정밀하지 못하더니 역법(曆法)을 교정한 이후로는 털끝만큼도 틀리지 아니하매 내 매우 기뻐하였노라 이제 만일 교정하는 일을 그만두게 된다면 20년 동안 강구한 공적이 중도에 폐지하게 되므로 다시 정력을 더하여 책을 이루어 후세로 하여금 오늘날 조선이 전에 없었던 일을 건립하였음을 알게 하고자 하노니 그 역법 다스리는 사람들 가운데 역술에 정밀한 자는 자급을 뛰어올려 관직을 주어 권면하게 하라' 하다"

　위의 내용은 일월식의 추보가 잘 못되어 일어난 일들과 세종이 역법을 교정하면서 있었던 일들을 기록한 것이다. 위의 세종 14년의 기록은 역법을 교정한 후에 추보하는 법이 정밀해졌음을 알리고 있다. 사실 이 이후의 기록들에서 일월식의 추보가 잘 못되었다는 기록은 한 동안 보이지 않는다. 더구나 『칠정산 내편』이 완성된 이후로는 중국의 대통력을 그대로 사용한 것이 아니라 내편에서 정한 한양의 일출입 시각에 따라 역일(曆日)과 일월식의 추보를 하고 있었다. 그리고 내편에 의한 일월식의 추보는 항상 외편과 중수 대명력에 의한 계산 결과와 비교하였다. 다음의 기록[86]들은 당시 조선에서 만든 역서가 내편에 따라 제작되고 있었음을 보여주고 있다.

세종 25년(1443) 7월 6일(己未)

"예조(禮曹)에서 서운관의 첩정(牒呈)에 의거하여 아뢰기를" 금후에는 일월식에 내·외편법과 수시(授時) 원사법(元史法)과 입성법(立成法)과 대명력(大明曆)으로 추산하는데 내편법에 식분이 있으면 경외관(京外官)에게 알려주고, 기타의 역법은 곧 아뢰게 하며 만약 내편법에 식분(食分)이 없는데 다른 역법 중에 비록 한 역법에라도 식분이 있으면 외관(外官)은 제외하고 경중(京中) 각 아문(衙門)에만 알려 주게 하고, 수시력과 회회력법은 이미 내·외편에 갖추어 있으니 반드시 다시 추산할 것이 없고 경오원력(庚午元曆)은 이차(里差)의 법이 실로 빙고하기 어렵사오니 예전 네 가지 역법은 취재(取才)할 때에 쓰지 말도록 하시고, 칠정산 내·외편과 대명력(大明曆)으로써 취재하는데…… 이제 내편의 법으로 추산하여 전과 같이 성책(成册)하여 올리게 하소서 하니 그대로 따르다."

세종 30년(1448) 1월 12일(己亥)

"서운관에서 아뢰기를 '지금 무진년(戊辰年, 1448)의 정월과 10월의 상현(上弦)이 명나라 역서에는 초 8일이고 본국 역서에는 초 7일로 되었는데, 명나라 역서는 통궤(通軌)의 해돋는 시각을 기준으로 한 것이고 본국의 역서는 내편의 해돋는 시각을 기준으로 한 것이오니, 명하시어 다시 미루어 계산하도록 하옵소서'하다"

위의 기록으로 보아 조선에서 시헌력에 의한 역서가 간행되기 이전까지는 내편에 의한 역서가 사용되어졌을 것으로 보인다. 그러나 『칠정산 내편』이라는 표지명의 역서는 아직 발견되지 않고 있다. 현재까지 전하여오는 조선 전기의 역서 중 가장 오래된 것은 경북 안동의 풍산유씨(豊山柳氏) 종가(宗家)에 보관되어 있는 선조 27년(1594)에서 40년(1607)에 이르는 8권의 대통력이다. 이 역서들의 간행년도와 표지명 그리고 편찬자와 간행소

---

86) 『世宗實錄』 卷101: 4a(25年 7月 己未), 卷119: 2b(30年 1月 己亥).

등을 알아보면 다음과 같다.[87)]

표 2-6. 선조 시대의 역서, 대통력(大統曆)

시대	서력	표지명	권두서명(卷頭書名)	권말 (卷末)	간행소	1년 일수
宣祖 27년	1594	大統曆甲午	大歲在甲午		觀象監編	354
宣祖 29년	1596	大統曆丙申	大歲在丙申	安士諄 等	觀象監編	
宣祖 30년	1597	大統曆丁酉	大歲在丁酉			
宣祖 31년	1598	大統曆戊戌	大歲在戊戌		觀象監編	355
宣祖 37년	1604	大統曆甲辰	大明萬曆三十二年歲次甲辰大統曆	鄭心仁 等	觀象監編	384
宣祖 38년	1605	大統曆乙巳	大明萬曆三十三年歲次乙巳大統曆		觀象監編	354
宣祖 39년	1606	大統曆丙午	大明萬曆三十四年歲次丙午大統曆		觀象監編	355
宣祖 40년	1607	大統曆丁未	大明萬曆三十五年歲次丁未大統曆	沈日邁 等	觀象監編	384

그림 2-2. 선조 27년
(1594)의 대통력 역서.

위에 조사된 역서들의 표지명은 모두 대통력으로 되어 있다. 그러나 권말(卷末)에 보이는 관상감 관원의 이름은 이것이 조선에서 간행된 역서임을 알려준다. 조선의 역서가 『칠정산 내편』이 아닌 대통력의 이름으로 간행된 이유는 정확히 알 수 없다. 『칠정산 내편』의 추보가 사실상 대통력과 크게 다를 바 없는 이유도 있었겠지만 제후국으로서 명(明)의 정삭(正朔)을 받고 있는 조선의 입장이 반영된 듯도 하다. 이러한 입장과 관련하여 선조실 록[88)]에는 다음과 같은 기록을 전한다.

---

87) 國學振興硏究事業運營委員會編著, "河回 豊山柳氏篇", 『古文書集成』 卷18, (韓國精神文化硏究院: 서울), pp.473-728, 1994.

88) 『宣祖實錄』 卷107: 31b-32a(31年 12月 癸酉)

선조 31년(1598년) 12월 22일(癸酉)

　"관상감의 계사(啓辭) 내용은 이전에 인출한 역서를 사용하자는 데에 불과한데, 이는 잘 생각해 보지 못한 말인 듯싶다. 중국 조정에서 정삭을 팔방에 반포하는데, 제후의 나라에 어찌 두 가지 역서가 있을 수 있겠는가. 우리나라에서 개별적으로 역서를 만드는 것은 매우 떳떳하지 못한 일이다. 중국 조정에서 알고 힐문하여 죄를 가한다면 답변할 말이 없을 것이다……지금 정응태(丁應泰, 중국의 사신)가 국내에 있는데 그는 우리와 사이가 좋지 않아 사소한 흠이라도 찾아내려고 두리번거리며 엿보고 있다. 만일 그가 이 역서를 구해 올려 참핵하기를 '조선이 천조(天朝)의 정삭을 받들고 대명력(大明曆, 大明의 曆 즉 大統曆)을 사용한다고 하면서 이러한 개별적인 역서를 갖고 있으니 신이 황상을 기망하는 것입니까, 조선이 천조를 기망하는 것입니까? 원컨대 폐하께서 이 역서를 조선에 내려 힐문해보도록 하소서.' 한다면 모르긴 해도 이런 경우에 관상감 제조가 책임을 지고 대답할 수 있겠으며, 관상감 구임자(久任者)가 경사에 달려가 변명할 수 있겠습니까? 어디 그뿐이겠는가. 정응태가 지난해의 역서를 구해 자신을 내세우고 남을 무함하는 자료로 삼을까 염려스러워 나는 지금도 섬뜩해지는데 새 역서까지 만들어서야 되겠는가. 역서는 없어도 괜찮지만 화단은 예측할 수 없는 것이다. 내 생각에는 우리나라에서 만든 역서를 결코 사용해서는 안 된다고 생각한다. 대신들에게 문의하도록 하라."

위의 내용은 명나라가 임진왜란 때에 명군(明軍)을 파병한 이후 조선에 대한 내정 간섭이 심해진 상황하에서 임금이 역서의 편찬과 관련하여 우려하는 내용을 기록한 것이다. 풍산유씨 집안에 내려오는 역서 중 위의 기록이 쓰여진 선조 31년(1598)의 다음 해부터 선조 36년(1603)까지의 역서는 전하지 않는다. 그러나 선조 31년 이전에 간행된 역서와 달리 선조 37년(1604)부터의 역서에는 그 권두(卷頭)에 중국의 국호 대명(大明)과 연호 만력(萬曆)을 그 해의 간지와 함께 기록하고 있다. 조선은 1598년을 경계로 하여 그 이전까지는 중국의 연호를 쓰지 않았고 그 다음 해부터 중국의 연호를 썼다고 전한다.[89] 위의 역서들을 조사하여 보면 명의 연호가 기록

---

89) 이은성, 曆法의 原理分析(정음사: 서울). p.341, 1985.

된 역서와 그 이전의 역서 사이에는 크게 두 가지의 차이점이 보인다. 그 첫째는 권두서명(卷頭書名)이 다른 점이고 둘째는 기록되지 않던 중국의 기년표(紀年表)가 역서의 마지막 장에 첨가된 점이다. 기년표를 역서에 기록하는 것은 중국에서 발행하는 역서의 양식으로 후에 조선에서 발행된 시헌력서(時憲曆書)에도 기년표의 기록은 보이지 않는다. 이러한 사실과 관련하여 위의 기록과 같은 달인 12월 병자일의 기록[90]을 보면 당시에 역서의 간행과 관련하여 다음과 같은 사정이 있었음을 알 수 있다.

> 선조 31년(1598년) 12월 15일(丙子)
> "비변사가 아뢰기를 '우리나라에서 편찬한 역서를 정응태의 표하인(標下人) 가져다가 보게 된다면 필시 난처한 일이 있을 것입니다…… 지금 우리나라의 역서를 그대로 사용하면서 지울 것은 지우고 덧붙일 것은 덧붙여서 첫 장과 마지막 장만을 고쳐 인출하여 반포하는 것은 성상께서 하교하신 대로 사체에 온당치 못한 일입니다. 하지만 역서란 일상생활에 관계되는 것이니 형편상 난처하다고 반포하지 않는다면 온 나라 사람들이 구하여 볼 수 없을 것입니다…… 혹자가 말하기를 '정응태가 2월 이전에 필시 돌아갈 것이니 그 뒤로는 관상감이 아뢴 말과 같이 전에 인출한 역서를 첫 장과 마지막 장만을 고쳐 사용하는 것도 무방하다.'하기에 감히 아울러 취품합니다 하니 전교하기를 '목판(木板)을 시급히 개간하도록 하고, 우리나라에서 인출한 역서는 중국 장수(將帥)들이 철수하여 들어간 뒤에 형세를 보아 요량하여 처리하도록 하라'하였다."

즉 조선에서 역서를 따로 만드는 것이 알려질까 두려워, 중국에서 반포한 대통력에 따라 간행한 것처럼 조선에서 만든 역서의 첫 장과 마지막 장을 고치는 일이 벌어졌던 것이다. 그리하여 역서의 첫 장이 중국의 국호 대명과 연호 만력으로 시작하고, 마지막 장에는 중국의 기년표가 들어가게 된 것이다. 위의 기록들로 미루어 이러한 양식을 따르는 역서는 선조 32년 (1599)부터 간행되었을 것으로 보인다. 그러나 실제, 역서 안의 내용은 내

---

90) 『宣祖實錄』 卷107: 25b-26a(31年 12月 丙子).

편에 따라 계산한 것으로 역서의 주된 내용은 한양의 24절기 시각과 12개월의 역일(曆日) 및 그 해의 연신방위도(年神方位圖) 등이었으며 그 편찬과 간행은 관상감에서 주관하였다. 명의 연호를 사용하기 전인 선조 29년과 후인 선조 37년의 역서를 예로 하여 역서의 내용과 그 차이점을 살펴보면 다음과 같다.

표 2-7. 선조 29년과 37년의 역서

	宣祖 29년(1596)	宣祖 37년(1604)
表紙名	大統曆 丙申	大統曆 申辰
卷頭書名	太歲在丙申 歲德在丙合在辛	大明萬曆三十二年歲次甲辰大統曆
張　數	14張	16張
內 用	1) 1 p. 　a. 卷頭書名 　b. 月의 大小와 初日의 干支 　c. 漢陽의 節氣時刻 　d. 1년의 총일수 2) 2 p.: 年神方位圖 3) 3-26 p. 　a. 12달의 曆日 　b. 朔弦望의 時刻 4) 27-28 p. 　a. 吉凶神과 吉凶日 　b. 周堂圖 　c. 觀象監人員表	1) 1-2 p. 　a. 卷頭書名 　b. 月의 大小와 初日의 干支 　c. 漢陽의 節氣時刻 　d. 1년의 총일수 2) 3-4 p.: 年神方位圖 3) 5-28 p. 　a. 12달의 曆日 　b. 朔弦望의 時刻 4) 29-32 p. 　a. 紀年表 　b. 周堂圖 　c. 觀象監人員表

　내편에 의한 역서는 조선에서 시헌력(時憲曆)으로 바뀌어 시행되기 전까지 사용되었을 것으로 보인다. 중국에서 시헌력이 시행된 것은 1645년부터였으나 그것은 서양의 방법을 따르는 새로운 역법이었을 뿐만 아니라 배워오기가 쉽지 않았으므로 내편에 의한 역서를 시헌력으로 바꾸는 과정은 그리 순탄치 않았다. 시헌력은 평기법(平氣法)을 사용하던 종래의 역법과는 달리 정기법(定氣法)을 사용하고 있었고, 96각법(刻法)에 따르는 새로운

시각제를 채택하고 있었으므로 내편에서 추보한 절기(節氣)의 시각과 윤월의 위치 등이 시헌력과 맞지 않는 일이 종종 일어났다. 시헌력을 도입하기 전인 인조(仁祖)와 효종(孝宗) 연간에 전하는 다음의 기록[91]들은 이러한 상황을 잘 알리고 있다.

인조 26년(1648년) 2월 27일(壬辰)

"사온사 홍주원(洪柱元)이 북경에서 돌아왔다. 청인(淸人)이 자문을 보내면서 역서도 보냈는데, 이른바 시헌력(時憲曆)이다. 그 역법은 우리나라의 것과 같지 않은 것으로 곧 서양에서 새로 만든 것이었는데, 절기(節氣)에 조금 앞서거나 뒤진 것이 있었다. 그리고 우리나라는 3월을 윤달로 삼는데 이른바 시헌력에는 4월이 윤달이다."

효종 즉위년(1650년) 11월 23일(戊寅)

"청(淸) 나라에서 인출한 역서에 윤월(閏月)이 없는데 우리나라 역서에는 윤 11월이 있으며 기타 절일(節日) 역시 모두 같지 않습니다. 지난번 일관(日官)을 청나라에 보내 서양의 역법을 전수하여 오도록 하였는데 이제 이와 같습니다. 그렇게 되면 사시(四時)가 차례를 잃음을 면치 못하게 되니, 조사한 일관을 추고하소서 하니 상이 이르기를 '만약 제대로 따지지 못해 어긋나게 되었다면 어찌 추고만하고 그치겠는가. 관상감으로 하여금 바로잡게 하라' 하였다."

효종 3년(1652년) 9월 4일(癸酉)

"시헌력(時憲曆)을 내년부터 써야겠읍니다마는 칠정산(七政算) 역법(曆法)을 미처 전수해 배우지 못하였으므로 일과(日課)는 신법(新法)을 쓰고 칠정산을 예전대로 하면 상충되는 일이 있을 것입니다. 또 월식을 측후할 때에 수성, 목성을 아울러 측후 하였더니 구법에는 어그러지고 신법에는 맞았으니, 이미 그 그른 것을 알고서 그대로 쓸 수 없습니다. 동지사가 갈 때에 또 일관(日官)을 보내어 전수해 배워오게 하여 한꺼번에 고치소서 하니 그대로 따랐다.

---

91) 『仁祖實錄』卷49: 6a-b(26年 2月 壬辰): 『孝宗實錄』卷9: 11b(3年 9月 癸酉), 卷2: 36b(卽位年 11月 戊寅).

위에 전하는 기록의 다음 해인 효종 4년(1653)부터 드디어 시헌력이 시행
되었다. 이때 사용하게 된 시헌력은 탕약망(湯若望)의 『서양신법역서』에
의한 것으로, 시헌력의 시행을 앞두고 그 방법을 터득하기 위해 여러 차례
에 걸쳐 역관들을 중국에 파견하여 관련 서적을 사오고 또 배우게 하였다.
그러나 시헌력의 시행 이후에도 오성(五星)의 계산표는 얻지 못하여 내편
의 법을 그대로 따르고 있었다. 이러한 이유로 효종 6년(1655)에는 김상범
(金尙范)을 다시 북경에 보내었으나 도중에서 죽게 되므로 시헌력에 의한
오성 추보를 할 수 없었고 해와 달의 운행에 대한 계산법도 미진한 채로
추보되어 역일이 여러 차례 중국과 차이가 나게 되었다.[92] 그 후 숙종 31
년(1705)에 관상감 관원인 허원(許遠)을 중국의 흠천감에 보내어 『시헌법
칠정표(時憲法七政表)』의 계산 방법을 배우고 또 그 표를 사가지고 돌아오
게 함에 따라 숙종 34년(1708)부터 비로소 시헌력에 의한 오성법을 사용하
게 되었다.[93]

따라서 시헌력이 비록 효종 4년부터 시행이 되었지만 오성에 대한 계산
표를 얻지 못한 관계로 오행성의 추보는 숙종대까지도 내편을 따랐고, 내
편에 의한 일월식의 예보는 영조대까지 계속되고 있었으므로 내편은 실제
조선에서 300년 이상 사용되었다고 할 수 있다.

---

92) 『增補文獻備考』 卷1: 5a-6a.

93) 全相運, 『韓國科學技術史』(정음사: 서울), pp.104-105. 1979.

제3장 칠정산 내편의 내용

1. 천문 상수

1) 천행제율

항성을 기준으로 하였을 때 얻어지는 천문상수로서, 태양이 하루 동안 황도상을 움직인 각거리를 1도 또는 1태양일로 하여 1항성년을 나타내는 기본 상수들을 천행제율(天行諸率)이라 한다.

주천분(周天分)   365만 2575분
주천도(周天度)   365도   25분 75초
반주천(半周天)   182도   62분 87초 5(半)
주천상한(周天象限)   91도   31분 43초 75(太)
주응(周應)   315만 1075분

주천분(周天分)은 1일을 10000분으로 하였을 때 1항성년 365.2575일을 분으로 표시한 값이며 주천도(周天度)는 1태양일을 1도로 하여 1항성년을 나타낸 값이다. 반주천(半周天)은 주천도의 1/2, 그리고 주천상한(周天象限)은 주천도의 1/4에 해당하는 값이다. 주응(周應)은 역원이 되는 해의 동지점, 즉 원동지(元冬至)의 적경이다. 이는 적도 경도의 기점으로부터 원동지까지의 적도 경도차로 내편은 적도 경도의 기점을 동지 때 태양의 위치가 허수(虛宿) 6도(度)일 때로 정하였다. 이는 기원전 약 2000년의 동지점 위치로 위의 주응 값은 기점 허수(虛宿) 6도(度)로부터 내편의 역원인

1281년 당시의 동지점 기수(箕宿) 10도(度)까지의 적도 경도차, 50도 15분을 주천도 365도 25분 75초에서 감한 315도 10분 75초를 도(度)의 표기에서 만의 표기로 고쳐 나타낸 값이다.

2) 일행제율

천구상을 움직이는 태양의 운동으로부터 1태양일과 1태양년, 그리고 삭망월과 태양년의 관계 및 절기(節氣)의 길이와 분점(分点)과 지점(至点)간의 길이 등을 나타내는 천문상수를 일행제율(日行諸率)이라 한다.

일주(日周)　　　　　1만
반일주(半日周)　　　　　5000분
세실(歲實)　　　365만 2425분
세주(歲周)　　　365일 2425분
반세주(半歲周)　　182일 6212분 5
세상한(歲象限)　　91도　31분 06초 25
세차(歲差)　　　　　　1분 50초
세여(歲餘)　　　5만 2425분
월윤(月閏)　　　　　9062분 82초
통윤(通閏)　　　10만 8753분 84초
기응(氣應)　　　55만 0600분
윤응(閏應)　　　20만 2050분
기책(氣策)　　　15일 2184분 37초 5
몰한(沒限)　　　　　7815분 62초 5
기영(氣盈)　　　　　2184분 37초 5
삭허(朔虛)　　　　　4694분 07초
순주(旬周)　　　60만
기법(紀法)　　　60

토왕책(土旺策)	3일 0436분 87초 5
진법(辰法)	1만
반진법(半辰法)	5000
각법(刻法)	1200
혼명(昏明)	250분
영초 축말한(盈初縮末限)	88일 9092분 25
축초 영말한(縮初盈末限)	93일 7120분 25

일주(日周)란 태양의 운동을 기준으로 측정한 하루의 길이이다. 태양이 남중하였다가 다시 한번 남중할 때까지의 길이, 즉 1태양일을 의미한다. 내편에서는 수시력을 따라 일주를 10000분, 반일주를 5000분으로 하였다.

세실(歲實)이란 태양이 천구상을 완전히 한바퀴 도는데 걸리는 시간으로 1태양년의 길이를 일주의 단위로 나타낸 것이며, 세주(歲周)는 일단위로 표시한 것이다. 반세주는 세주의 1/2를, 그리고 세상한은 세주의 1/4를 도(度), 분(分), 초(初)의 단위로 바꾸어 나타낸 값이다.

세차(歲差)는 1항성년과 1태양년 길이의 차를 의미한다. 1항성년의 주천도 365도 25분 75초에서 1태양년을 도, 분, 초로 나타낸 365도 24분 25초를 감한 1분 50초(= 0.0150도 = 360° / 365.25 × 0.0150 = 53".2)가 내편이 정한 세차 값이다. 춘분점은 세차운동에 의하여 1년에 1분 50초씩 서쪽으로 이동한다고 보았으며 이 값은 현재의 53".2에 해당한다.

세여(歲餘)는 세실 365만 2425분에서 360만을 감한 나머지 5만 2425분을 말한다. 이는 60간지로 표현되는 역일(曆日)의 계산을 쉽게 하기 위해서 정한 값으로 60의 배수가 되는 360을 세실에서 감하여 그 나머지 값으로부터 구하고자 하는 해의 절기나 날의 간지를 정하는데 사용된다.

월윤(月閏)은 세실을 12로 나눈 값과 1삭망월 간의 길이 차로서 1태양년을 12로 나누어 정한 1달의 길이(1태양월)와 달의 위상 변화로부터 정한 1달(1삭망월 = 1태음월) 간의 길이 차를 의미한다.(세실 / 12 - 삭망월)

통윤(通閏)은 1태양년인 세실과 1태음년인 12삭망월과의 차로서 월윤을

12배한 값과 같다.(통윤 = 세실 - 12삭망월 = 월윤 × 12)

기응(氣應)는 역원이 되는 해의 동지 즉 원동지와 그 바로 직전 갑자일(甲子日) 자정(子正) 간의 길이를, 그리고 윤응은 원동지와 그 바로 직전 삭(朔) 사이의 길이를 의미한다.

기책(氣策)은 24절기의 각 절기 간의 평균 길이를 나타내며 이는 세주 365일 2425분을 24등분한 값과 같다.(기책 = 365.2425일 / 24 = 15일 2184분 37초 5)

몰한(沒限)은 기책의 일 이하의 분, 즉 기책에서 15일을 뺀 나머지인 기영(氣盈)을 다시 1일인 10000분에서 감한 값이다.(기영 = 기책 -15일, 몰한 = 10000분 - 기영)

삭허(朔虛)는 삭실 즉 삭망월을 30일에서 감한 값이며 삭여는 삭실의 일이하의 분으로 삭허와 삭여의 합은 1일이 된다.(삭허 = 30일 - 삭실 = 30일 - 29일 5305분 93초 = 4694분 07초, 삭여 = 5305분 93초, 삭여 + 삭허 = 1일)

순주(旬周)는 1일을 1만으로 하여 간지 주기 60일을 60만으로 나타낸 것이며 기법(紀法)은 간지의 주기인 60을 나타낸다.

토왕책(土旺策)은 세주 365.25일을 120등분한 값 즉, 한 절기를 다시 5등분한 값으로 3일 0436분 87초 5이다.

진법(辰法)은 1일을 1만으로, 그리고 반진법은 그의 반인 5000으로 나타낸 값이며 시각을 계산할 때 사용된다.

각법(刻法) 1200은 1일 100각법과는 다른 의미로, 1일을 12지로 구분하는 12진(辰)과 진 사이의 시간을 각(刻)으로 세분하여 나타낼 때 쓰인다. 즉 일(日)이하의 분초를 진과 각의 시간으로 환산할 때 각의 값을 얻기 위해 사용되는 상수로, 일 이하의 분초에 12를 곱하고 진법 1만으로 나눌 때 그 몫은 진수(辰數)가 되고 나머지는 다시 각법 1200으로 나누어 각(刻)으로 한다.

혼명(昏明)은 일출(日出) 전과 일입(日入) 후의 2.5각(刻), 즉 250분의 시간으로 현재의 박명시간에 해당하나 이보다는 짧다. 후에 사용된 시헌력에서는 절기에 따라 혼명의 시각을 달리 정하여 사용하였다.

영초 축말한(盈初縮末限)과 축초 영말한(縮初盈末限)은 지구가 태양의 둘레를 타원 궤도로 운동하므로 천구상에서의 태양의 운동에 영축(盈縮, 빠르고 느림)이 생기는 현상이다. 역원이 되는 1281년 당시 동지점은 근일점과 거의 일치하였고, 하지점은 원일점과 거의 일치하여 동지와 하지를 전후로 하여 영축 운동에 대칭 현상이 있었다. 따라서 Kepler 제2법칙에 따라 운동 속도가 최대가 되는 근일점을 전후로 하여서는 영초 축말이 되고, 최소가 되는 원일점을 전후로 하여서는 축초 영말이 되었다. 다시 말하면 근일점인 동지점을 전후로 한 추분에서 동지 그리고 동지에서 춘분 사이는 운동속도가 빠르게 되어 이때의 길이는 88일 9092분 25초가 되고 원일점인 하지점을 전후로 한 춘분에서 하지 그리고 하지에서 추분 사이에서는 운동속도가 느리게 되어 이때의 길이는 93일 7120분 25초나 되었다.

3) 월행제율

달의 삭망에 대한 주기와 근지점에 대한 주기 그리고 교점에 대한 주기를 나타내는 상수와 이때 이들 주기와 관련하여 천구상을 운행하는 달의 운동을 나타내는 천문상수들을 월행제율(月行諸率)이라 한다.

삭실(朔實)	29만	5305분 93초
삭책(朔策)	29일	5305분 93초
현책(弦策)	7일	3826분 48초 25
망책(望策)	14일	7652분 96초 5
월평행(月平行)	13도	36분 87초 5
상현도(上弦度)	91도	31분 43초 75
망도(望度)	182도	62분 87초 5
하현도(下弦度)	273도	94분 31초 25
전응(轉應)	13만	0205분

전종분(轉終分)	27만	5546분
전종일(轉終日)	27일	5546분
전중일(轉中日)	13일	7773분
전차(轉差)	1일	9759분 93초
초한(初限)	84	
중한(中限)	168	
주한(周限)	336	
태양한행분(太陽限行分)	820분	
교응(交應)	26만	0388분
교종분(交終分)	27만	2122분 24초
교종일(交終日)	27일	2122분 24초
교중일(交中日)	13일	6061분 12초
교차(交差)	2일	3183분
교망(交望)	14일	7652분 96초 5
교종도(交終度)	363도	79분 34초
교중도(交中度)	181도	89분 67초
정교도(正交度)	357도	64분
중교도(中交度)	188도	05분
전준(前準)	166도	39분 68초
후준(後準)	15도	50분

삭실(朔實)은 달의 삭망 주기를 기준으로 하여 1달의 길이를 일주의 단위로 나타낸 것이며, 삭책(朔策)은 일 단위로 표시한 것이다. 현책(弦策)은 삭책의 1/4을 그리고 망책(望策)은 삭책의 1/2을 의미한다.

월평행(月平行)은 달이 천구상을 하루 동안 움직이는 평균행도 즉 평균 각 속도를 의미하며 이는 주천도 365도 2575분을 항성월인 27일 3217로 나눈 값으로 나타낸다.

상현도(上弦度)는 주천도의 1/4, 망도(望度)는 주천도의 1/2 그리고 하현도(下弦度)는 주천도의 3/4으로 달의 위상이 각각 상현과 망 그리고 하현일 때 천구상에서 삭으로부터의 각거리를 나타낸다.

전응(轉應)은 원동지와 그 직전 달의 근지점 사이의 날 수를 일주로 나타낸 값이다. 전종분(轉終分)은 달의 근지점에 대한 주기를 일주로 나타낸 값이며 전종일(轉終日)은 그 값을 일 단위로 표시한 것으로 근점월을 뜻한다. 전중일(轉中日)은 전종일의 1/2을 그리고 전차(轉差)는 삭책과 전종일과의 차를 나타내는 값으로 이는 삭망월과 근점월과의 차를 의미한다.

초한(初限)은 주한(周限)의 1/4 그리고 중한(中限)은 주한의 1/2로 나타낸다. 여기서 주한은 근점월을 336구간으로 나눈 것으로 각 구간에서의 달의 운행의 빠르고 느림을 기술하게 한 것이다. 따라서 태양의 한행분(太陽限行分)인 820분은 근점월을 336한으로 나눈 값, 즉 태양이 한행을 움직이는데 걸리는 시간을 1일을 1만분으로 했을 때의 값이다.

교응(交應)은 원동지와 그 직전에 위치한 황도와 백도의 교점 간의 거리를 일주로 표현한 값이다. 교종분은 달의 교점에 대한 주기를 일주로 나타낸 값이며 교종일을 그 값을 일 단위로 표시한 것으로 교점월을 뜻한다. 교중일은 교종일의 1/2을 그리고 교차(交差)는 삭책과 교종일과의 차를 나타내는 값으로 즉 삭망월과 교점월과의 차를 의미한다. 교망(交望)은 삭책의 1/2, 즉 삭망월의 1/2을 나타내는 것으로 망책과 그 의미가 같다.

교종도(交終度)는 1교점월 동안 달이 천구상을 운행하는 도수를 말하는 것으로 이는 항성월에 대한 교점월의 주천도수 값으로 나타낸다. 교중도(交中度)는 교종도의 1/2, 즉 1/2 교점월 동안 달이 운행하는 도수를 말한다.

정교도(正交度)와 중교도(中交度)는 달이 황도의 북쪽에서 남쪽으로 지나갈 때와 황도의 남쪽에서 북쪽으로 지나갈 때 만나는 황도와 백도의 교점을 각각 정교점과 중교점이라 할 때 이들 교점이 위치한 천구상에서의 도수를 말한다. 그러나 관측자가 북위 약 40도 상에 있으므로 시차에 의해 천구상의 백도는 실제의 위치보다 남쪽에 나타나며 정교점은 실제보다 서쪽에, 중교점은 동쪽에서 관측이 된다. 이때 달의 시차에 의한 황도상에서의 황경차는 북경을 기준으로 하여 6도 15분 34초가 된다. 따라서 이 시차를 고려하였을 때 정교도는 실제보다 서쪽에서 관측되므로 교종도 363도 79분 34초에서 시차 값 6도 15분 34초를 감한 357도 64분이 정교도 값이 되고 중교도는 실제보다 동쪽의 위치에서 관측되므로 교중도 181도 89분 67초에서 이 시차 값을 더한 188도 5분 1초가 중교도 값이 된다.

　전준(前準)은 삭이 교점에서 있었을 때 망에서 다음 교점까지의 거리를 천구상의 도수로 나타낸 값이다. 이는 교점월과 반삭망월과의 차이를 하루 동안 움직이는 달의 평균행도 즉, 월평행의 값으로 곱하여 정한 값이다. 후준(後準)은 이때 반교점월에서 반삭망월까지의 거리를 천구상의 도수로 나타낸 값으로 이는 반삭망월에서 반교점월과의 차이를 월평행으로 곱하여 정한 도수이다. 결국 전준과 후준의 합은 반 교점월동안 달이 운행한 도수 즉, 교중도의 값이 된다.

4) 일월식

　교식(交食)의 계산에 필요한 기본 상수로서, 천구상에서 일식과 월식이 일어나는 한계 도수와 일정한 식분(食分) 값을 만들기 위하여 사용되는 정법(定法) 그리고 일식과 월식의 최대 진행 시간 등을 제시하고 있다.

일식 양력한(日食陽曆限)	6도	정법(定法) 60
음력한(陰曆限)	8도	정법(定法) 80
월식한(月食限)	13도 05분	정법(定法) 87
일식분(日食分)	20분	
월식분(月食分)	30분	

　일식의 경우 북반구의 관측자에게는 백도가 남쪽으로 편이되어 관측됨에 따라 실제 일식은 황도와 시백도(視白道)의 교점 부근에서 관측된다. 따라서 백도는 사실상 황도와 5.9도의 경사각을 갖고 황도의 북쪽과 남쪽으로 똑같이 양분되어 위치하나 북반구의 관측자에게는 백도의 황도 이남 영역인 양력이 황도 이북의 음력보다 더 크게 보이게 되고 일식 한계는 오히려

음력에서 더 큰 값을 갖게 된다.

일식의 양력한(日食陽曆限)이란 달이 황도 이남의 백도상에 있을 때 일식이 일어날 수 있는 천구상에서의 한계 도수이며 음력한이란 달이 황도 이북의 백도상에 있을 때 일식이 일어나는 한계 도수이다. 식이 일어나는 정도를 나타내는 식분은 시태양(視太陽)과 시태음(視太陰)의 지름을 10분으로 놓고 가려지는 비율로 나타낸다. 정확히 교점에서 정삭(定朔)이 되어 식이 일어나면 10분식이 되고 삭이 점점 교점에서 멀어지면 식분도 따라 줄어들어 식한에서의 식분은 0이 된다. 여기서 정법은 양력한 6도와 음력한 8도에서의 최대 식분이 10분이 되도록 하기 위한 상수로서 양력과 음력에서 각각 60과 80을 사용하였다.

월식한(月食限)은 월식이 일어나는 한계 도수이다. 달의 직경을 10분으로 놓으면 지구 그림자의 직경은 그 2배인 20분이 되고 달과 지구의 그림자가 접하는 순간 두 중심 간의 거리는 15분이 된다. 달이 가려지는 정도를 나타내는 식분은 변화하는 두 중심 간의 거리로 표현할 수 있는데 이 방법에 따르면 두 중심 간의 거리가 15분으로 초휴가 되는 때의 식분은 0이 되고 두 중심이 일치하여 그 거리가 0이 되는 식심의 식분은 15로 최대가 된다. 따라서 교점과 정망(定望)이 일치되어 식이 일어날 때의 식분은 최대로 15분이 되고 교점에서 정망이 멀어질수록 식분은 줄어들어 13도 05분의 식한에서는 0분식이 된다. 정법 87은 정망의 교점과의 거리와 월식분의 관계에서 월식의 최대 식분을 15분이 되도록 정한 상수이다.

일식분(日食分)은 일식이 진행되는 최대 시간을 나타낸다. 시태양과 시태음의 지름을 각각 10분으로 잡았으므로 식이 시작되는 초휴와 식이 완전히 끝나는 복원의 순간에서 태양과 달의 두 중심 간의 거리는 각각 10분이 된다. 따라서 식이 진행되는 최대의 시간은 20분이 된다.

월식분(月食分)은 월식이 진행되는 최대의 시간으로 달이 지구 그림자에 들어가기 시작하여 완전히 나올 때까지의 시간이다. 지구의 그림자는 20분이고 시태음의 지름은 10분이므로 두 중심 간의 거리는 15분이 되고 따라서 식의 최대 진행 시간은 30분이 된다.

2. 역일(曆日)

역일은 계산을 하고자 하는 해의 동지인 천정 동지일과 천정동지 바로 전의 삭인 천정 경삭일을 구하고, 다시 천정 경삭일의 황·백교점으로부터 경과한 시각인 입교일을 구하여 계산의 기점으로 한다. 천정 동지를 기점으로 하여 그 해 24절기의 시각을 추산하고 천정 경삭을 기점으로 하여 매월의 경삭과 경망의 시각을 추산한 후, 태양과 달의 부등 운동으로 생기는 영축차와 지질차를 가감하여 정삭과 정망의 시각을 계산한다. 그리고 천정 경삭의 입교일을 기점으로 하여 매월 경삭과 경망의 입교일을 구하고 다시 영축차와 지질차를 고려하여 일월식 계산에 필요한 정삭과 정망의 입교일을 구한다. 역일 계산에 필요한 용어와 계산방법은 다음과 같다.

원동지(元冬至)   : 역원이 되는 해의 동지.
천정동지(天正冬至) : 역일을 계산하고자 하는 해의 동지.
천정경삭(天正經朔) : 천정 동지 직전의 경삭.
거산(距算)   : 역원으로부터의 경과 연수.
중적(中積)   : 원동지에서 천정 동지까지의 일수.
                   (거산 × 세실 = 중적).
기응(氣應)   : 원동지 전의 갑자일 자정에서 원동지까지의 일수.
통적(通積)   : 원동지 전의 갑자일 자정에서 천정동지까지의 일수.
                   (중적 × 기응 = 통적).
윤응(閨應)   : 원동지 직전의 삭에서 원동지까지의 일수.
윤적(閨積)   : 원동지 직전의 삭에서 천정동지까지의 일수.
                   (윤응 + 중적 = 윤적).
윤여(閨餘)   : 천정 경삭에서 천정 동지까지의 일수.
                   (윤적 - 삭망월 × n = 윤여).
입전일(入轉日)   : 달이 근지점을 경과한 일수.
전응(轉應)   : 원동지 직전의 달의 근지점으로부터 원동지까지의 일수.

입교일(入交日)　　　 : 황도와 백도의 교점으로부터 경과한 일수.
교응(交應)　　　　　 : 원동지 직전의 달의 황백 교점으로부터 원동지까지의 일수.

1) 절기의 시각

① 천정동지의 계산(推天正冬至)

천정동지(天正冬至)는 역일을 계산하고자 하는 해의 동지이다. 어떤 해의 역일을 계산하려면 그 해의 역일을 계산하는 기점을 정하여야 하며 이때 계산의 기점이 동지가 된다. 역원이 되는 해의 동지인 원동지(元冬至) 바로 직전의 갑자일(甲子日) 자정으로부터 천정동지일 자정까지의 길이를 간지(干支) 주기인 기법(紀法) 60의 최대 배수(n)로 곱하여 감할 때 그 남는 일수와 분초가 천정동지일의 일진(日辰)과 일 이하의 분초가 된다.

천정 동지(天正冬至) = 통적(通積) － 60×n

```
←                      통적 = 기응 + 중적                      →
←  기응  →←              중적 = 거산×세실                      →
├────────┼──────────────────∬──────────────────┤
갑자일    원동지                                        천정동지
```

② 절기의 시각 계산(推節氣)

매 절기(節氣)의 일진(日辰)과 분초(分秒)는 천정 동지일의 일진과 분초에 절기 사이의 평균 일수인 기책(氣策)을 누가한 후, 기법 60으로 나누어 얻는다. 이때 나누어 남는 나머지의 일수와 분초가 매 절기의 일진과 분초가 된다.

기책(氣策) = 365.2425일 ÷ 24 = 15.218437일

(천정 동지의 일진과 분초 + Σ 기책) ÷ 60 = 몫 + 나머지

매 절기의 일진(日辰)과 분초(分秒) = 나머지

2) 영축차와 지질차

① 영축력의 계산법(推盈縮曆)

영축력(盈縮曆)은 지구가 태양의 둘레를 타원 궤도로 운동하므로 천구상에서 태양의 운동에 영축(盈縮, 빠르고 느림)이 생기는 현상이다. 수시력 제정 당시 동지와 하지점은 근일점과 원일점에 거의 일치하였다. 따라서 동지와 하지에서 실제 태양과 평균 태양이 동시에 출발할 때 동지에서 하지까지는 실태양이 평균 태양을 앞서 운행하다가 하지에 와서 일치하고, 하지에서 동지까지는 평균 태양이 앞서 운행하다가 동지에 와서 일치하였다. 여기서 실태양이 평균 태양보다 앞서는 동지에서 하지까지의 반세주는 영력(盈曆), 그리고 뒤에 있게 되는 하지에서 동지까지의 반세주는 축력(縮曆)이라고 한다. 삭(朔)과 현(弦)·망(望)의 영축력 계산은 천정 경삭의 입축력을 구하여 여기에 현책(= 1/4삭망월)을 누가하면 상현(上弦)·망(望)·하현(下弦)과 다음의 삭의 입영력과 입축력의 일분초를 얻는다. 천정 경삭의 입축력은 반세주에서 윤여를 감하여 얻으며 반세주로 채워지는 천정 동지 이후는 영력이 되므로 계산된 일분초가 반세주 이상이면 반세주를 감하여 그 나머지를 입영력으로 한다. 천정 경삭의 입축력을 A, 다음 현·망일의 입영축력을 B 그리고 다음 현·망일의 지점을 각각 천정동지 전과 후의 p와 q의 경우를 고려할 때 입영축력의 계산은 다음과 같다.

1) 천정 경삭의 입축력 A = 반세주 - 윤여
2) 다음 현·망삭일의 입영축력 B = A + Σ현책

B < 반세주 : B = 입축력

B > 반세주 : B − 반세주 = 입영력 = B′

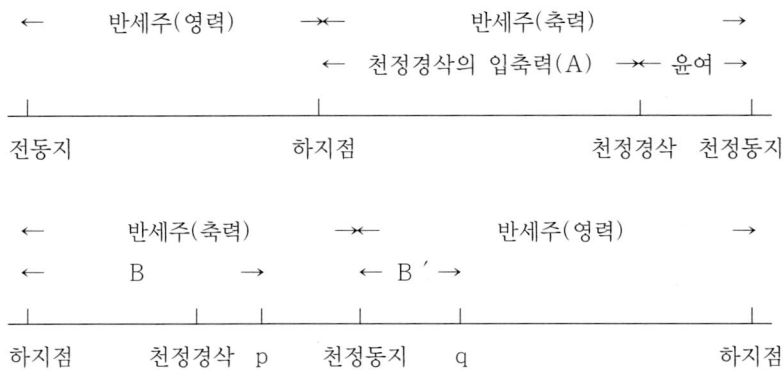

② 영축초말한의 계산법(推盈縮初末限)

영력과 축력의 초한(初限)과 말한(末限)을 구하는 것으로 영력으로 들어
선 일수와 축력으로 들어선 일수를 보아 결정한다. 영력의 경우, 영력으로
들어선 일수가 88.91일 이하이면 영초한(盈初限)으로 하고 그 이상이면 반
세주에서 감하여 말한으로 한다. 축력의 경우는 축력으로 들어선 일수가
93.71일 이하이면 축초한(縮初限)으로 하고 그 이상이면 반세주에서 감하
여 말한으로 한다.

입영력<88.91일 : 입영력 = 초한
입영력>88.91일 : 반세주 − 입영력 = 말한
입축력<93.71일 : 입축력 = 초한
입축력>93.71일 : 반세주 − 입축력 = 말한

③ 영축차를 계산하는 법(求盈縮差)

근일점이 동지점과 거의 일치하였던 수시력의 제정 당시에는 동지와 하지를 전후로 태양의 영축운동에 대칭 현상이 있었으므로 태양의 운동은 동지와 하지의 전과 후 각 1상한에 대해서만 계산하였다. 태양 운행의 표에는 동지와 하지의 전과 후 매일 매일, 태양이 하루 동안 움직인 실제 행도와 평균 행도간의 차인 영축가분과 영축가분의 누가분이 계산되었다. 태양의 영축운동은 하루사이에도 그 변화가 있으므로 구하고자 하는 시각의 입한일(入限日 : 동지와 하지로부터 경과 일수)이 t일과 $(t + 1)$일 사이의 $(t + \Delta t)$일이 될 때, 영축차는 영축적을 일(日) 사이에서 보간하여 계산한다. 즉 $(t + \Delta t)$일의 영축적을 구하는 계산이다. 따라서 영축차의 계산은 영력과 축력을 동지와 하지로부터 경과한 일수인 입한일(入限日)로 나타낼 때 입한일의 일(日) 이하분 Δt를 그 날의 영축가분 δx로 곱하고 10000으로 나누어 분의 값으로 고친 다음 그 날 아래의 영축적 $x(t)$을 더하고 다시 10000으로 나누어 도(度)와 분(分)의 값으로 계산한다. t는 입한일(入限日), $x(t)$는 t일의 영축적(盈縮積), Δt는 일하분(日下分), 그리고 δx는 영축가분(盈縮加分)을 나타낼 때 영축차 $x(t + \Delta t)$는 다음과 같이 계산된다.

영축차 $= x(t + \Delta t) = x(t) + \delta x \cdot \Delta t / 10000$

$\leftarrow \qquad (t + 1)$일의 영축적: $x(t + 1) = x(t) + \delta x \qquad \rightarrow$

$\leftarrow$ 영축차: $x(t + \Delta t) = x(t) + \delta x \cdot \Delta t / 10000 \rightarrow$

$\leftarrow \qquad t$일의 영축적: $x(t) \qquad \rightarrow\!\!\leftarrow \quad \delta x \quad \rightarrow$

동지(하지) $\qquad\qquad\qquad\qquad t$일 $(t + \Delta t)$일 $(t + 1)$일

④ 지질차를 구하는 법(求遲疾差)

지구 주위를 타원궤도로 움직이는 달의 운동은 태양과 같이 천구상에서 부등 운동을 한다. 따라서 달의 운행 속도는 Kepler 제2법칙에 따라 근지점에서 최대가 되고 원지점에서 최소가 된다. 칠정산 내편의 태음 입성인 태음한수지질도(太陰限數遲疾度)에는 달의 궤도인 백도(白道)를 근지점을 기준으로 336등분하여 336한(限)으로 정하고, 다시 반으로 나누어 근지점과 원지점을 각각 초한(初限)으로 시작하여 168한(限)까지, 각 한수(限數)마다 달의 지질(遲疾) 운행속도를 계산해 놓았다.

지질차(遲疾差)는 구하고자 하는 시각에 달이 한수(限數)로 n한과 (n + 1)한의 사이인 (n + △n)한에 위치할 때 지질력의 일분초를 구하는 것이다. 즉 고찰 시각인 (n + △n)한에서 실제의 달과 평균 달의 위치 차를 구하는 것으로 n한 이하의 분 △n에서 생기는 달의 지질차를 한(限) 사이에서 보간하여 얻은 다음 도수로 환산하여 n한의 지질도에 가감하여 계산한다. 계산에는 각 한수마다 달의 운행속도를 계산한 태음한수지질도의 지질력 일율(日率)과 손익분(損益分) 그리고 지질도(遲疾度)의 값을 이용한다. n한의 지질도를 f(n), △n를 한 이하분(限下分)이라 할 때 지질차 f(n + △n)은 다음과 같이 계산된다.

지질차(遲疾差) = f(n + △n) = f(n) + (지질력 − 지질력 일율) × 손익분 / 820분

←　　(n + 1)한의 지질도: f(n + 1) = f(n) + n한의 한행도　　→

←f(n + △n) = f(n) + (지질력 − 지질력일율) × 손익분 / 820 →

←　　　　　n한의 지질도: f(n),　　　　　→←　n한의 한행도　→

───────────∬───────────┃──────┃──────┃

근지점　　　　　　　　　　　　　　　　　n한 (n + △n)한 (n + 1)한

⑤ 가감차를 구하는 법(求加減差)

평균 삭현망에서 태양과 달의 각거리를 분(分)의 시간으로 구하는 것으로 가감차(加減差)는 평균 삭·현·망으로부터 정삭·현·망을 구하고자 할 때 그 가감하여야 하는 시간을 말한다. 경삭과 경현·망에서의 영축차와 지질차를 보아서 영(盈)과 지(遲) 그리고 축(縮)과 질(疾)일 때에는 서로 합하고 영과 질 그리고 축과 지일 때에는 서로 감하여 이것에 820을 곱하고 해당하는 달의 지질 행도로 나누면 가감차가 계산된다.

가감차(加減差) = (영축차 ± 지질차) × 820분 / 지질한행도
영축차(盈縮差) = 고찰 시각에서 시태양과 평균 태양의 황경차
지질차(遲疾差) = 고찰 시각에서 시태음과 평균 태음의 황경차
820분 = 1한 동안의 태양의 평균 행도
지질한행도 = 고찰 시각에서 1한 동안의 달의 행도

3) 삭과 현·망의 시각

① 천정경삭을 계산하는 법(推天正經朔)

천정경삭(天正經朔)이란 천정동지 바로 전의 경삭이다. 경삭은 부등 운동을 하는 달의 실제 운동에 따라 삭을 정하는 정삭(定朔)과는 달리 삭망월을 주기로 하는 달의 평균 운동으로 삭을 정하는 평균삭(平均朔)을 뜻한다. 원동지 직전의 삭으로부터 천정동지까지의 길이인 윤적(閏積)을 삭망월의 최대 배수(m)로 곱하여 감하면 천정 경삭과 천정 동지 사이의 길이인 윤여(閏餘)가 된다. 따라서 천정동지에서 윤여를 감하면 천정 경삭의 일진(日辰)과 일 이하의 분초를 얻는다. 천정 경삭의 일진과 일이하의 분초에 현책(弦策)을 누가하여 간지 주기 60으로 나누면 상현(上弦)·망

(望)·하현(下弦)과 다음 삭(朔)의 일진과 분초를 얻는다.

천정 경삭 일분(天正經朔日分) = 천정 동지 일분 - 윤여

현책(弦策) = 1/4 × 삭실(삭망월)

다음 현·망·삭의 일진과 분초 = (천정 경삭의 일분초 + ∑ 현책) ÷ 60

② 매월의 경삭과 현·망의 시각

천정 경삭의 일분초에 삭실을 누가하여 간지 주기로 나누면 매월의 경삭 일분초를 얻는다. 따라서 매월의 경현·망 일분초는 매월의 경삭 일분초에 현책을 누가한 다음, 간지 주기로 나누어 구한다.

매월 경삭의 일진과 분초 = (천정 경삭의 일분초 + ∑ 삭실) ÷ 60

매월 경현·망의 일진과 분초 = (매월 경삭의 일진과 분초 + ∑ 현책) ÷ 60

③ 매월의 정삭과 현·망의 시각

매월의 경삭과 경현·망의 일분초에 가감차를 가감하면 정삭(定朔)과 정현(定弦) 그리고 정망(定望)의 일분초를 얻는다. 그러나 정현과 정망의 일미만의 분수가 그날의 일출분 이하에 있으면 즉 자정과 일출 사이에서 정현과 정망이 될 때에는 1일을 감하여 그 전날을 정현과 정망일로 한다.

정삭·현·망의 일분초(定朔弦望日分初) = 경삭·현·망의 일분초 ± 가감차

4) 삭과 망의 입전일과 입교일

① 천정 경삭의 입전일 계산(推天正經朔入轉)

천정 경삭의 입전일(入轉日) 계산은 천정 경삭 직전 달의 근지점으로부터 천정 경삭까지의 경과한 일수를 구하는 것이다. 원동지 직전 달의 근지점으로부터 천정 경삭까지의 일수를 근점월의 최대 배수 n으로 나누어 남은 나머지가 곧 천정 경삭일의 입전일과 분초가 된다.

원동지 직전 달의 근지점에서 천정 경삭까지의 일수 = 전응 + 중적 - 윤여
천정 경삭의 입전일 = (전응 + 중적 - 윤여) - (근점월 × n)

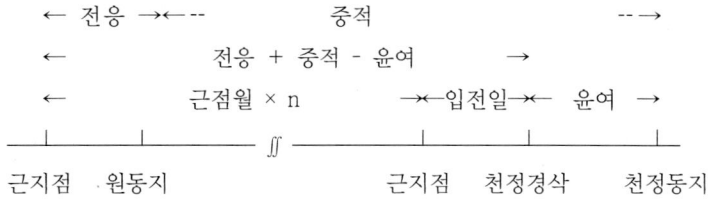

② 경삭·현·망의 입지질력과 한수를 구하는 법
(求經朔弦望入遲疾曆及限數)

달의 운동은 태양의 영축 운동과 마찬가지로 근지점에서 원지점까지는 실제의 달이 평균 달을 앞서 가는 질력(疾曆)이 되고 원지점에서 근지점까지는 평균 달이 실제의 달을 앞서 가는 지력(遲曆)이 된다. 천정 경삭의 입전일로부터 구하고자하는 경삭·현·망일의 입전일을 계산하여 입전일(入轉日)이 전중(轉中) 즉 근점월의 1/2인 13.7773일 이하이면 질력으로 하고 이상이면 전중에서 감하여 지력(遲曆)으로 한다. 한수(限數)는 근점월을 336한(限)으로 나누었을 때의 위치로 336한을 근점월로 나누면 달이

1일 동안 지나는 한수 12한 20분이 계산되므로 지질력일의 일과 분초에 12한 20분을 곱하면 그 날의 한수가 계산된다.

입전일 < 전중(= 13.7773일) : 입전일 = 질력
입전일 > 전중   : 입전일 − 전중 = 지력
한수(限數) = 12한 20분×지질력일 분초

③ 천정경삭의 입교일 계산(推天正經朔入交)

천정경삭의 황백 교점으로부터 떨어진 거리를 계산하는 것으로 원동지 직전의 교점으로부터 천정경삭까지의 길이를 교점월의 최대 배수 n으로 나누어 남은 나머지가 천정 경삭의 입교 범일과 분초가 된다. 원동지 직전의 교점으로부터 천정경삭까지의 길이는 중적에 교응을 더하고 윤여를 감하여 얻으므로 계산은 다음과 같다.

천정 경삭의 입교 범일과 분초 = (교응 + 중적 − 윤여) − 교점월 × n

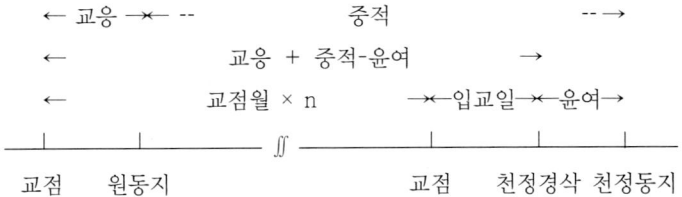

5) 몰일과 멸일

① 몰일을 계산하는 법(推沒日)

평기일(平氣日)과 정기일(定氣日)이 일치되는 날로서 옛날 사람들은 몰
일을 정식일(正式日)로 보지 않았다.[94] 1년 365.2425일을 24절기로 나눌
때 각 절기간의 평균 길이는 15.2184735일이 되며 이 길이를 기책(氣策)이
라고 한다. 다시 이 기책을 15등분하면 기책의 하루 평균길이인 1.0145625
일을 얻게 되는데 이 길이는 1년을 360등분한 길이와 같다. 몰일(沒日)은
동지를 기점으로 1년의 길이를 360등분 하였을 때 그 등분점이 하루 사이
에 전혀 들어있지 않은 날을 뜻한다. 즉 하루 평균 길이의 일 이하분 값인
0.0145625일이 쌓여서 하루가 되는 날을 말한다. 몰일은 1년을 360일로 하
는 사상에서 나온 것으로 1태양년의 일수를 360일에서 감하여 그 나머지를
1태양년의 일수로 나누면 365.2425 ÷ 5.2425 = 69.6695……이 되므로 약
69일이나 70일마다 1일의 여분이 생긴다. 이 여분의 날이 몰일이 되는 것
이다.[95] 몰일은 1년을 360일로 할 때 정식의 날이 되지 못하므로 옛날에는
흉일(凶日)로 보았다.

기책의 일(日) 이하 부분을 기영(氣盈)이라 하고 이 기영의 값을 1일
10000분에서 감하여 그 나머지를 몰한(沒限)이라고 할 때, 계산하고자 하
는 절기인 항기의 일(日) 이하 부분이 몰한 이상이면 유몰지기(有沒之氣)
로 하여 기책의 2하루 평균값에서 이 유몰지기의 값을 감하여 15를 곱하고
다시 기영으로 나누어 그 몫을 평균 절기일인 항기일(恒氣日)과 합하면 몰
일이 된다.

기책(氣策) = 365일 2425분 ÷ 24 = 15일 2184분 73초 5

94) 이은성, 『曆法의 原理分析』(정음사: 서울), pp.420-421, 1985.
95) 永田久著, 沈雨晟譯, 『曆과 占의 과학』(東文選: 서울), p.159, 1992.

기영(氣盈) = 기책 - 15일 = 2184분 37초 5

몰한(沒限) = 10000분 - 2184분 37초 5 = 7815분 62초 5

(1/15 × 기책 - 유몰지기) × 15 ÷ 기영 = n(몫) + 나머지

몰일(沒日) = n + 항기일

② 멸일을 계산하는 법(推滅日)

평삭일(平朔日)과 정삭일(定朔日)이 일치되는 날로서 멸일(滅日)은 1삭망월의 길이를 삭(朔)을 기점으로 30등분 하였을 때 그 등분점이 하루 사이에 두 번 들어있는 날을 뜻한다. 1 삭망월의 일(日) 이하분을 삭여(朔餘)라 하고 삭여를 1일 10000분에서 감한 나머지를 삭허(朔虛)라 할 때 계산하고자 하는 달의 경삭전분의 일이하 부분이 삭허보다 작으면 유멸지삭(有滅之朔)으로 하여 30을 곱하고 삭허로 나누어 그 몫을 평균 삭망월인 경삭일(經朔日)과 합하여 멸일로 한다.

삭여(朔餘) = 1 삭망월 - 29일 = 5305분 93초

삭허(朔虛) = 30일 - 1 삭망월 = 1일 - 삭여 = 4694분 07초

유멸지삭(有滅之朔) × 30 ÷ 삭허 = m(몫) + 나머지

멸일(滅日) = m + 경삭일

6) 오행용사의 계산(推五行用事)

각 계절에 오행(五行)을 배분하는 방법으로 사립지절(四立之節), 즉 입춘(入春), 입하(入夏), 입추(入秋), 입동(入冬)의 날을 봄, 여름, 가을, 겨울이 시작되는 첫날로 하여 봄에는 목(木), 여름에는 화(火), 가을에는 금(金) 그리고 겨울에는 수(水)를 배당하고 토왕책(土旺策)을 네 계절의 마지막 중기(中氣)인 사계중기(四季中氣)에서 감하여 각 계절의 토시용사일(土始用事日)로 한다. 토왕책(土旺策)을 사계중기에서 감한다고 하는 것은

각각 곡우(穀雨), 대서(大暑), 상강(霜降), 대한(大寒)의 3일 전을 구하는 계산으로 이날부터 토(土)의 기운이 왕성하여지는 날로 한다.

토왕책(土旺策) = 세주 ÷ 12 ÷ 10 = 365.2425일 ÷ 120 = 3.0436875일
토시용사일(土始用事日) = 사계중기 전분 − 3.0436875일

7) 윤월의 위치 계산

천정 동지와 그 직전의 천정 경삭 사이의 일수, 즉 천정 윤여를 구하여 월윤(月閏)을 차례로 더하면 각 중기와 그 직전 경삭과의 사이 일수를 얻는다. 월윤은 세실을 12등분한 중기와 1삭망월 길이의 차로, 각 중기마다 경삭 사이의 일수는 월윤 만큼씩 길어지므로 천정 윤여에 월윤을 누가하면 차례로 각 중기와 경삭과의 사이 일수를 얻는다. 만약 중기와 경삭 사이의 일수가 1삭망월보다 길어지면 윤월을 놓는데 정삭과 정삭 사이에 중기가 없는 달을 기다려서 결정한다.

월윤(月閏) = 세실/12 − 1삭망월 = 기책×2 − 삭망월
중기와 경삭 사이의 일수 = 천정 윤여 + Σ 월윤

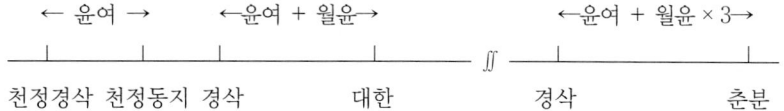

8) 발렴가시의 계산(推發斂加時)

발렴가시(發斂加時)란 일(日) 이하의 시각을 진(辰)과 그 미만의 각(刻)으로 표현하는 방법이다. 진은 하루를 12등분한 시각이고 각은 하루를 100

등분한 시각이므로 발렴가시의 계산은 구한 날의 일(日) 이하 분초를 진법 (辰法) 10000으로 나누고 12로 곱하여 몫을 그 시각의 진수(辰數)로 하고 나머지는 각법(刻法) 1200으로 나누어 각(刻)으로 한다.

일 이하의 분초 × 12/10000 = 진수(辰數) + 나머지 1

나머지 1 ÷ 1200 = 각(刻) + 나머지 2

3. 태양(太陽)

고대 중국에서 태양의 위치는 28수(宿)의 수도(宿度)로 나타냈다. 따라서 태양의 위치를 정확히 계산하려면 좌표로 사용되는 28수의 각 수도 값이 정확해야 한다. 수시력은 28수의 적도수도(赤道宿度) 값을 실측하여 새로이 정하였다. 칠정산 내편은 태양의 추보에서 기준 좌표로 사용되는 28수의 적도수도 값을 제시한 후, 천구상에서 운행하는 태양의 위치를 추산하는 방법 그리고 황적도 변환의 수표와 이 수표로부터 28수의 적도 수도를 황도 수도(黃道宿度)의 값으로 추산하는 방법 등을 설명하였다. 동지때 태양의 위치를 계산의 기점으로 하였으며 추산한 태양의 위치는 28수의 적도 경도 간격인 적도 수도와 황도 경도 간격인 황도 수도로 나타냈다. 춘분점을 기준으로 하여 적경과 황경으로 나타내는 현재의 방법과 표현 방법에 차이가 있지만 적도 좌표와 황도 좌표로 그 위치를 나타낸다는 점에서는 공통점이 있다. 이는 천구상의 일정한 별자리들을 기준으로 하여 그 사이에서 운행하는 태양의 위치를 각 별자리에서의 도수로 나타낸 후, 이 값들로부터 태양이 일정 기간 운행하는 도수 간격이 얼마인지를 계산하여 천구상의 각 지점에서 태양이 운행하는 속도를 구하는 것으로 관측에 의하여 태양의 운행 속도와 그해 동지 시각에 태양의 위치가 정해지게 되면 일정 시점에서 태양의 위치는 쉽게 추산하게 되는 것이다.

천구상에서 1일 평균 1도를 움직이는 태양의 위치는 천정 동지에서의 태양의 적도 수도 값을 계산의 기점으로 한다. 이 기점으로부터 사정(四正)에서의 태양의 적도 수도 값과 사정간의 적도 수도 간격을 계산한 후 적도 경도를 황도 경도로 환산하는 황적도 변환을 거쳐 사정에서의 황도 수도 값과 사정간의 황도 수도 간격을 계산하고 천구상에서 부등 운동을 하는 태양의 영축 운동을 고려하여 사정에서의 정기(定氣)와 사정간의 일수인 상거일을 구한다. 그러나 사정 정기의 시각이 일반적으로 야반이 아니므로 사정의 야반에서 태양의 위치를 구하여 각 사정의 야반을 기점으로 하는 사정간의 도수를 다시 구한다.

(태양 운행의 계산에 필요한 용어와 계산방법)

적도 수도(赤道宿度): 28수(宿) 각 거성(가장 서쪽 끝의 별) 간의 적도 경도차
황도 수도(黃道宿度): 28수(宿) 각 거성 간의 황도 경도차
적도 일도(赤道日度): 태양의 적도 경도.
주응(周應): 원동지 직전의 적도 기점인 허수 6도로부터 원동지까지의 일수.
통적(通積): 원동지 직전의 적도 기점인 허수 6도로부터 천정동지까지의 일수.
사정(四正): 동지, 춘분, 하지, 추분의 4개의 기(氣).

주천분(周天分)	365만 2575분
주천도(周天度)	365도 25분 75초
반주천(半周天)	182도 62분 87초 5(半)
주천상한(周天象限)	91도 31분 43초 75(太)
주응(周應)	315만 1075분
세주(歲周)	365일 2425분
반세주(半歲周)	182일 6212분 5
세상한(歲象限)	91도 31분 06초 25
세차(歲差)	1분 50초
영초 축말한(盈初縮末限)	88일 9092분 25
축초 영말한(縮初盈末限)	93일 7120분 25

1) 적도 수도와 황도 수도

① 적도수도(赤道宿度)

사방(四方)	28수(宿)	적도 수도
東 方 七 舍	각(角)	12도 10분
	항(亢)	9도 20분
	저(氐)	16도 30분
	방(房)	5도 60분
	심(心)	6도 50분
	미(尾)	19도 10분
	기(箕)	10도 40분
		79도 20분
北 方 七 舍	두(斗)	25도 20분
	우(牛)	7도 20분
	여(女)	11도 35분
	허(虛)	8도 95분 태
	위(危)	15도 40분
	실(室)	17도 10분
	벽(壁)	8도 60분
		93도 80분 태(太)
西 方 七 舍	규(奎)	16도 60분
	누(婁)	11도 80분
	위(胃)	15도 60분
	묘(昴)	11도 30분
	필(畢)	17도 40분
	자(紫)	0도 05분
	삼(參)	11도 10분
		83도 85분
南 方 七 舍	정(井)	33도 30분
	귀(鬼)	2도 20분
	유(柳)	13도 30분
	성(星)	6도 30분
	장(張)	17도 25분
	익(翼)	18도 75분
	진(軫)	17도 30분
		108도 40분

적도 수도(赤道宿度)는 적도를 28개의 별자리로 나누었을 때 각 별자리가 적도상에서 차지하는 도수를 의미한다. 즉 28수(宿) 간의 적도 경도 간격으로 한 별자리의 가장 서쪽 끝의 별인 수거성(宿距星)으로부터 동쪽으로 다음 별자리의 수거성까지의 각도를 측정하여 얻는다. 세차 운동으로 시간이 경과함에 따라 적도 수도의 값이 서서히 변화하므로 수시력에서 정한 세차 값 1분 50초를 고려하여 구하고자 하는 해의 수도 값을 계산한다. 수시력은 새로 만든 혼의(渾儀)로 28수의 각 수도 값을 실측하여 상수로 하였다.

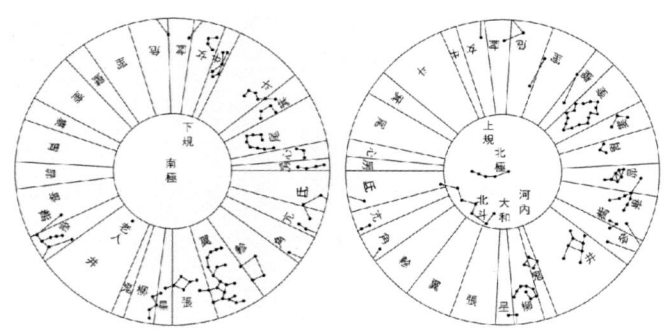

그림 3-1. 수시력에 의한 28수(宿)의 배치

② 황도 수도를 계산하는 법(推黃道宿度)

28수의 적도 수차를 황적도율 표를 이용하여 황도 수차로 환산하는 방법으로 계산의 기점은 사정(四正)이 된다. 황적도율 표에는 사정 후(四正後) 적도 매도마다의 황도 도수와 황도 매도마다의 적도 도수, 그리고 적도와 황도의 각 경도 사이의 환산율 등이 계산되어 있다. 사정 이후에서부터 태양이 위치한 곳까지의 총 각도가 적도 각 수적도와 분초이며 이 값에서 도 미만의 분초를 제하면 적도 적도(赤道積度)가 된다. 적도 적도에 해당하는 황도 도수가 황도 적도(黃道積度)가 되며 이 황도 적도에 적도 수적도의 도 미만의 분초를 황도 도수로 환산하여 더하면 사정에서부터 매 28수까지의 황도 상의 총 각도를 얻는다. 도 미만 분초에 대한 황도 도수는 적도 수적도 분초에서 적도 적도를 제한 나머지 분초를 해당하는 각도의 적도율로 나누고 황도율로 곱하여 환산한다. 계산된 황도 적도 값에서 그 앞 별자리(宿)의 황도 적도와 분초를 감하면 그 별자리의 황도 수도(黃道宿度)와 분초를 얻는다.

사정 후 적도 각 수적도와 분초를 A라 하고 적도 적도를 B 그리고 이때의 황도적도를 B′라 할 때 적도 수적도의 도 미만 분초는 (A - B)가 된다. 따라서 사정 후 매 28수까지의 황도 적도와 분초를 A′라 하면 황도 수적도의 도 미만 분초는 (A′-B′)가 되므로 (A - B) ≡ C. (A′-B′) ≡ C′로 놓으면 A′는 다음으로 계산된다.

$$A′ = B′ + (A - B) × 황도율 / 적도율$$
$$= B′ + C × 황도율 / 적도율$$
$$= B′ + C′$$

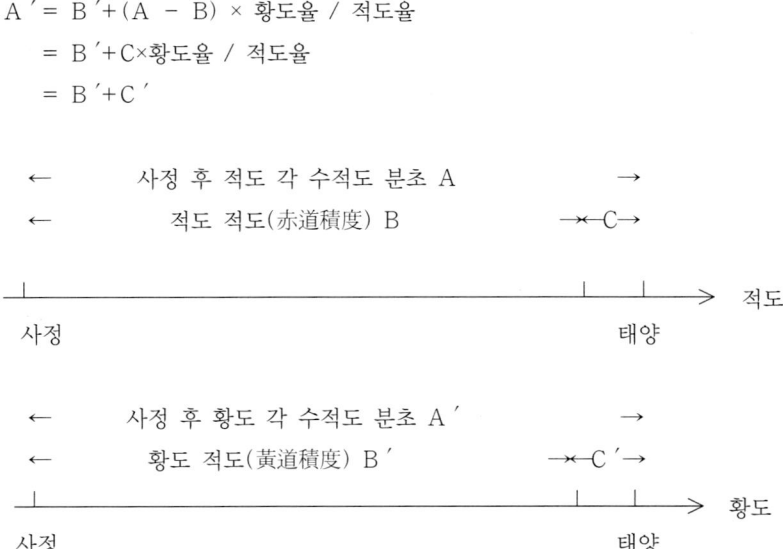

황도수도(黃道宿度)

사방(四方)	28수(宿)	황도 수도
東方七舍	각(角)	12도 87분
	항(亢)	9도 56분
	저(氐)	16도 40분
	방(房)	5도 48분
	심(心)	6도 27분
	미(尾)	17도 95분
	기(箕)	9도 59분
		78도 12분
北方七舍	두(斗)	23도 47분
	우(牛)	6도 90분
	여(女)	11도 12분
	허(虛)	9도 00분 태
	위(危)	15도 95분
	실(室)	18도 32분
	벽(壁)	9도 34분
		94도 10분 태(太)
西方七舍	규(奎)	17도 87분
	누(婁)	12도 36분
	위(胃)	15도 81분
	묘(昴)	11도 08분
	필(畢)	16도 50분
	자(紫)	0도 05분
	삼(參)	10도 28분
		83도 95분
南方七舍	정(井)	31도 03분
	귀(鬼)	2도 11분
	유(柳)	13도 00분
	성(星)	6도 31분
	장(張)	17도 79분
	익(翼)	20도 09분
	진(軫)	18도 75분
		109도 08분

2) 동지 시각의 태양의 위치

① 동지 시각의 태양의 적도 수도 계산(推多至赤道日度)

천정 동지전의 허수 6도로부터 천정 동지까지의 각도가 동지의 적도 일도(赤道日度)가 되고, 동지의 순간에 태양이 속하여 있는 별자리와 그 별자리 안의 시작점에서 태양까지의 각도가 동지의 적도 수도(赤道宿度)가 된다. 천정 동지 전의 허수 6도로부터 천정 동지까지의 각도는 원동지 전의 허수 6도로부터 천정동지까지의 일분(日分)인 통적을 주천으로 나누어서 남은 것을 다시 일주 10000분으로 나누어 도(度)로 환산하여 얻는다. 이 도수를 각 수차로 채워서 감하여 가다가 채워지지 않으면 그 수(宿)와 나머지의 각도가 바로 천정 동지 순간의 태양의 적도 수도와 분초가 된다.

1) 천정 동지의 적도일도(天正冬至赤道日度)
= (통적 − n × 주천) / 10000 = N도
2) 천정 동지의 적도 수도(天正冬至赤道宿度)
= N도 − Σ적도 수차 = T도

```
←--              통적 = 중적 + 주응          --→
←--          n × 주천     --→←    N       →
← 주천    →                ← Σ수차  →←T→
← 주응 →←      중적 = 거산 × 365.2425일    →
─┴──┴──┴──── ∬ ──────────── ∬ ─┴──┴──── 적도
허수6도 원동지          허수6도          천정동지
```

② 동지 시각의 태양의 황도 수도 계산(推多至加時黃道日度)

동지 시각의 적도 일도(赤道日度)와 분초(分初)에서 그 적도 적도(赤道

積度)를 감하여 그 나머지의 분초를 황도 경도로 환산하여 황도 적도(黃道積度)에 더하면 동지가 되는 시각의 황도 일도(黃道日度)와 분초(分初)가 계산된다.

동지 시각의 적도 일도와 분초를 A라하고 적도 적도를 B, 그리고 이에 해당하는 황도 적도를 B´라고 하면 적도 일도의 도 미만 분초는 (A － B)가 된다. 따라서 동지 시각의 황도 일도와 분초를 A´라 하면 황도 일도의 도 미만 분초는 (A´－ B´)가 되므로 (A － B) ≡ C, (A´－ B´) ≡ C´로 놓을 때 A´는 다음으로 계산된다.

$$A´= B´+(A － B) × 황도율 / 적도율$$
$$= B´+C × 황도율 / 적도율$$
$$= B´+C´$$

```
←          천정 동지 가시 적도 일도 분초 A        →
←              적도 적도(赤道積度) B         →←  C →
┠─────────────────────────────────────┸──────┸──→ 적도
허수6도                                      천정동지


←          천정 동지 가시 황도 일도 분초 A´       →
←              황도 적도(黃道積度) B´        →←  C´→
┠─────────────────────────────────────┸──────┸──→ 황도
허수6도                                      천정동지
```

3) 사정 시각의 태양의 위치

① 사정 시각의 태양의 적도 수도 계산(求四正赤道日度)

동지와 춘분 그리고 하지와 추분의 순간에 태양이 위치하고 있는 곳의 적

도 일도와 분초가 사정의 적도 일도이다. 천정 동지의 적도 일도를 기점으로 하여 세상한 91.3143도를 누가하여서 적도 수차로 채워서 감하면 각각 춘정(春正), 하정(夏正), 추정(秋正)의 태양의 적도 수도와 분초를 얻는다.

1) 사정 적도 일도(四正赤道日度) = 동지 적도일도 + ∑세상한 = N′
2) 사정 적도 수도(四正赤道宿度) = 동지 적도일도 + ∑세상한 − ∑적도수차 = T′

```
←    N    →←   세상한  →←   세상한  →←   세상한  →←   세상한  →
←  N′= (N + 세상한) →
←        N′= (N + 세상한 × 2)        →
←                N′= (N + 세상한 × 3)                →
└──── ∬ ──────────────┴──────────────┴──────────────┴──────────────┴──────┘
```

허수6도   천정동지   춘정   하정   추정   다음해 동지

② 사정 후의 적도 수적도를 구하는 법(求四正後赤道宿日度)

사정(四正)의 순간에 태양이 들어있는 별자리를 포함하는 적도 수도의 전 각도와 분초에서 사정의 적도 일도와 분초를 감하면 거후도(距後度: 사정에서 다음 수거성까지의 각도)가 된다. 이 거후도에 수도를 차례로 더하여 가면 사정 후에서 매 28수까지의 적도상의 총각도와 분초인 적도 수적도 분초(赤道宿積度分初)를 얻는다.

1) 사정의 거후도 = 사정의 적도 수전도 분초 − 사정의 적도 일도 분초
2) 사정 후 적도 수적도 분초 = 사정의 거후도 + ∑적도 수도 분초

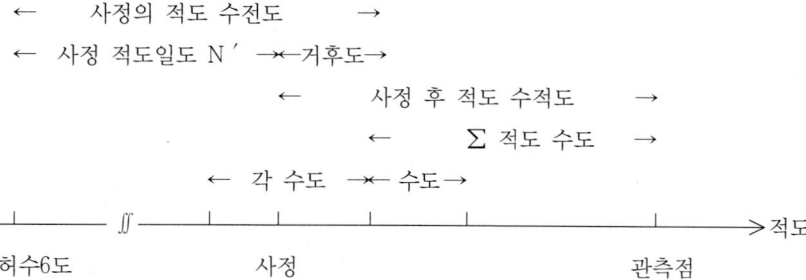

③ 사정 시각의 태양의 황도 수도 계산(求四正加時黃道日度)

천정 동지가 되는 시각의 태양의 황도 수도와 적도 수도의 차를 다음 해 동지의 태양의 황도 수도와 적도 수도의 차에서 감하여 그 감한 나머지의 4분의 1 값을 세상한(歲象限) 91.3143도에 더하면 사정(四正)의 정상도(定象度)가 된다. 사정의 정상도는 1년 동안 세차 운동으로 일어나는 황적도 차의 변화량을 미리 계산에 고려하여 사정 사이의 거리를 세차와 관계없이 계산할 수 있도록 보정한 값이다. 따라서 천정 동지 시각의 황도 일도와 분초에 사정 정상도를 차례로 더하여 가면 각각 사정의 정기가 되는 시각에 태양의 황도 수도와 분초를 얻는다.

천정 동지 시각의 황도 일도와 분초를 A라 하고 천정 동지 시각의 황적도 차와 다음 해 동지 시각의 황적도 차와의 차이를 B라고 하면 각 사정의 정상도 $T(i)$와 정기가 되는 시각의 황도 적도 분초 $C(i)$는 다음과 같이 계산된다.

1) B = 다음해 동지 시각의 황적도 차 − 천정 동지 시각의 황적도 차

2) $T(i) = \sum_{i=0}^{i} (B/4 + 91.3143도)$

3) $C(i) = A + \sum_{i=0}^{i} (B/4 + 91.3143도)$

   $= A + T(i)$

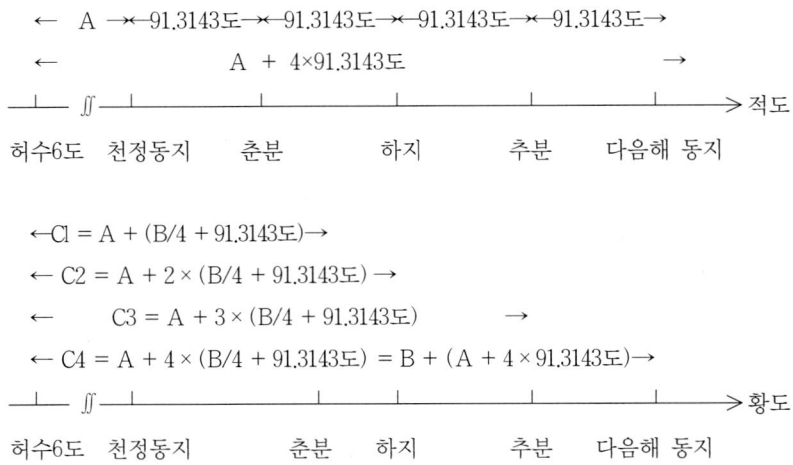

4) 사정의 정기 시각과 정기 사이의 일수와 도수

① 사정의 정기 시각을 구하는 법(求四正定氣)

사정(四正)의 항기(恒氣) 일과 분초에 영축차를 가감하여 사정의 정기 (定氣)를 얻는다. 그러나 동지와 하지는 영력과 축력이 시작되는 곳이므로 영축차의 가감없이 항기가 그대로 정기가 된다. 동지에 영초축말한(盈初縮 末限) 88.91일을 더하고 하지에 축초영말한(縮初盈末限) 93.71일을 더하여 각각 기법(紀法) 60으로 나누어 남은 나머지가 일진으로 나타내는 춘분과 추분의 정기일 분초가 된다.

동지와 하지의 일진과 분초를 A와 B라고 하고, 기법 60으로 나누었을 때의 몫을 각각 n과 m이라 하면 춘분과 추분의 일진과 분초 C와 D는 다음으로 계산된다.

1) $C = (A + 88.91일) - 60 \times n$
2) $D = (B + 93.71일) - 60 \times m$

② 사정 사이의 일수 계산(求四正相距日)

한 사정의 정기날에서 다음 사정의 정기날까지의 일수를 상거일이라 한다. 상거일은 이웃하는 사정의 정기날의 일진 차에 기법 60을 더하여 얻는다. 즉 동지에서 춘분까지의 일수는 춘분의 정기일의 간지에서 동지의 간지를 감하고 60을 더하여 얻으며 다른 사정 사이의 일수도 같은 방법으로 계산한다.

한 사정의 정기날 일진을 n 다음 사정의 정기날의 일진을 m이라고 하면 상거일 S는 다음과 같다.

S = m − n + 60일

③ 사정일 자정의 태양의 황도 적도 계산(求四正晨前夜半日度)

사정의 정기가 드는 날의 일과 분초를 구하여 이 일 이하분에 그날의 태양 행도를 곱하고 일주 10000으로 나누면 정기일의 일 이하분에 대한 태양의 행도가 계산된다. 따라서 이 값을 사정이 되는 시각의 황도 적도의 값에서 감하면 사정 정기일 밤의 황도 적도를 얻는다.

사정의 정기일을 n, 일 이하분을 $\triangle n$이라고 하고 정기일의 태양의 행도를 s, 그리고 정기 시각의 황도 적도를 $(t + \triangle t)$도라고 하면 사정 정기일 밤의 황도 적도 t와 황도 일도 T는 다음으로 계산된다.

1) $t = (t + \triangle t) - \triangle n \times s / 10000$
2) $T = t - \sum 황도수차$

← 　사정 가시 황도 적도 분초 $t + \triangle t$　　→
← 　사정 정기의 야반 황도 적도 t　→←$\triangle n$분→

허수6도　　　　　　　　　　n일　사정정기　n + 1일　　황도

④ 사정 사이의 도수 계산(求四正相距度)

사정의 정기가 드는 날 자정의 황도 적도 분초에서 다음 사정 정기일 자정의 황도 적도 분초까지의 각도를 상거도라고 한다. 즉 상거도는 사정 사이의 황도 경도차로 동지와 춘분 사이의 상거도는 춘분의 황도 적도에서 동지의 황도 적도를 감하여 얻으며 나머지 사정의 상거도도 같은 방법으로 계산한다.

사정의 정기일 자정 황도 적도를 t 다음 사정의 정기일 자정 황도 적도를 p라고 하면 상거도 D는 다음과 같다.

D = p - t

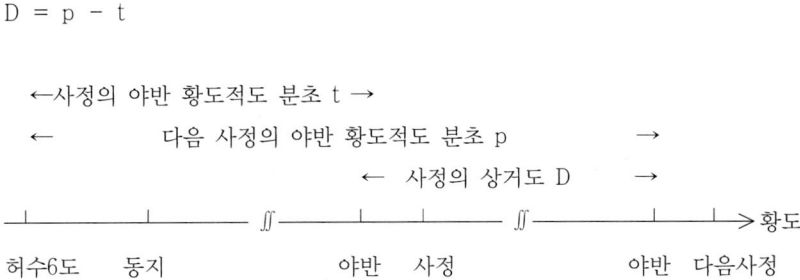

5) 사정 후 매일의 정오와 자정에 태양의 위치를 구하는 법

① 누계도를 구하는 법(求累計度)

누계도는 사정일 사이의 일수에 해당하는 매일의 태양 행도를 차례로 더하여 합한 각도이며 이 누계도는 상거일에 해당하는 영축적을 상거일에서 가감한 값과 같다. 따라서 상거일을 S, 매일의 태양 행도를 $j(x_i)$ 그리고 매일의 영축가분을 $\triangle(x_i)$라고 하면 영축적은 영축가분의 누가분이므로 누계도 N은 다음으로 계산된다.

$$N = \sum_{i=0}^{S} j(x_i)$$

$$= S \pm \sum_{i=0}^{S} \triangle(x_i)$$

$$\leftarrow \quad N = \sum_{i=0}^{3} j(x_i) = S \pm \sum_{i=0}^{S} \triangle(x_i) \quad \rightarrow$$

$$\leftarrow \qquad \text{사정의 상거일 S} \qquad \rightarrow$$

| | | ∬ | | | | | ∬ | | | → 황도

야반 동지　　　　　야반 사정　　　　　　　　　　야반 다음사정

←N = 88 + 2.40 = 90.40도 →← N = 88 + 2.40 = 90.40도→

← 상거일 S = 88일 →← 상거일 S = 88일 →

| | | ∬ | | | ∬ | | | → 황도

야반 동지　　　　　　　야반 춘분　　　　　　야반 하지

←N = 93 − 2.4 = 90.4도 →← N = 93 − 2.4 = 90.4도 →

← 상거일 S = 93일 →← 상거일 S = 93일 →

| | | ∬ | | | ∬ | | | → 황도

야반 하지　　　　　　　야반 추분　　　　　　야반 동지

② 일차를 구하는 법(求日差)

상거일 기간 동안 태양의 행도를 총 합한 각도 즉 누계도와 상거도와의 차를 상거일로 나눈 것을 일차(日差)라 한다. 누계도는 태양의 행도를 상거일에 걸쳐 누계한 각도이고 상거도는 사정 정기일 자정간에 태양의 경도차이므로 이 두 각도 사이에는 약간의 차이가 있다. 이 차를 상거일로 나누어서 일평균으로 한 값이 일차이며 매일의 태양 행도에 이 일차를 보정하여 얻은 값이 행정도(行定度)가 된다.

누계도를 N, 상거도를 D 그리고 상거일을 S라 하고 일차 d와 매일의 태

양 행도를 $j(x_i)$라고 할 때, 매일의 행정도 $m(x_i)$는 다음과 같다.

$$d=| D-N |/S$$
$$m(x_i)= j(x_i)\pm d$$

③ 매일 밤 자정의 태양의 황도 수도 계산(求每日晨前夜半黃道日度)

사정 간의 일차를 구하여 태양의 매일 행도에서 가감하면 매일의 행정도가 된다. 사정일 자정의 황도 일도에 매일의 행정도를 차례로 누가하되 수차(宿差)의 각도를 넘는 것을 제하여 버리면 매일 밤 자정의 황도 일도 및 분초가 된다.

사정일 자정의 황도 일도를 $t(x_o)$라 하고 매일의 행정도를 $m(x_i)$라 할 때 매일 밤 자정의 황도 일도 및 분초 $t(x_i)$는 다음의 식으로 계산된다.

$$t(x_i)=(t(x_o)\pm \sum_{i=0} m(x_i)) - \sum 황도수차$$

④ 매일 낮 정오의 태양의 황도 수도 계산(求每日午中黃道日度)

구하려고 하는 날의 행정도의 1/2에 그날 자정의 황도 일도 분초를 더하면 오중(午中)의 황도 일초 및 분초를 얻는다. 구하려고 하는 날의 행정도를 $m(x_i)$라 하고 자정의 황도 일도 분초를 $t(x_i)$라고 하면 오중의 황도 일초 및 분초 $t(x_{i+1/2})$의 계산은 다음과 같다.

$$t(x_{i+1/2})= t_i+1/2\times m(x_i)$$

⑤ 매일 낮 정오의 태양의 황도 적도 계산(求每日午中黃道積度)

동지와 하지의 이지(二至) 시각의 황도 일도 분초로부터 구하려는 날의 오중 황도 일도 분초까지의 각도가 동지와 하지 후 오중 황도 적도 분초가 된다. 이지 시각의 황도 일도 분초 $T(x_o)$, 구하려는 날의 오중 황도 일도 분초를 $t(x_{i+1/2})$라 하면 동지와 하지 후 매일의 오중 황도 적도 분초 $T(x_{i+1/2})$는 다음으로 계산된다.

$$T(x_{i+1/2}) = t(x_{i+1/2}) - T(x_o)$$

$\leftarrow$ 매일의 오중 황도 일도 분초 $t(x_{i+1/2})$ $\rightarrow$

$\leftarrow$ $T(x_o)$ $\rightarrow$

          $\leftarrow$ 매일의 오중 황도 적도 분초 $T(x_{i+1/2})$ $\rightarrow$

———|————————|— ∬ ————————————————————————|——→ 황도

허수6도   이지 (x_o) $x_{i+1/2}$

⑥ 매일 낮 정오의 태양의 적도 수도 계산(求每日午中赤道日度)

구하려고 하는 날의 오중 황도 적도 분초 $T(x_{i+1/2})$가 주천 상한 91.31도 이하일 때는 그대로 두고 이상일 때는 91.31도로 제하여 남은 나머지를 놓고 황도 적도 T를 감하여 도(度) 이하의 분초를 취한다. 이 도 이하의 분초에 적도율/황도율을 곱하여 황적도 변환을 한 다음 황도 적도 T에 해당하는 적도 적도 TT를 황적도율의 표로부터 구하여 이 값에 더하면 매일의 오중 적도 일도 분초 $TT(x_{i+1/2})$가 계산된다. 그러나 오중 황도 적도 분초가 주천 상한 91.31도 이상일 때는 91.31도로 제하였으므로 다시 이 값을 더하여 오중의 적도 일도 분초로 한다.

i) $T(x_{i+1/2}) < 91.31$도

   $TT(x_{i+1/2}) = (T(x_{i+1/2}) - T) \times$ 적도율/황도율$+ TT$

ii) $T(x_{i+1/2}) < 91.31$도

   $TT(x_{i+1/2}) = (T(x_{i+1/2}) - 91.31$도$- T) \times$ 적도율/황도율$+ TT + 91.31$도

6) 12차에 들어가는 시각을 구하는 법(求入十二次時刻)

12차(十二次)의 각 차(次)에 들어가는 시각을 구하는 계산이다. 각 차에 들어가는 28수의 수도 분초(宿度分初)에서 각 차에 들어가는 날 자정의 황도 일도 분초를 감한 나머지에 일주를 곱하고 그날의 행정도로 나누어 입차(入次)의 시각을 구한다. 이는 각 차에 들어가는 날 자정으로부터 각 차에 들어가는 지점까지의 각도를 구하여 그날 하루 동안 태양이 움직이는 각도인 행정도로 나누어 그 비를 구한 다음 일주를 곱하여 시간으로 환산하는 방법으로, 즉 각 차에 들어가는 날 자정에서 각차에 들어갈 때까지 태양이 운행하는 시간을 구하는 계산이다.

각 차에 들어가는 날인 입차일을 n일이라 하고 n일의 야반 일도 분초를 A, 입차 시의 수도 분초를 B라 할 때 진(辰)과 각(刻)으로 나타내는 입차 시각은 다음과 같다.

$\triangle$n일 = (B － A) × 10000분 / 행정도

입차 시각 = (B － A) × 12 / 행정도 = 몫(辰) + 나머지(나머지 / 1200 = 刻)

```
    ←            입차일 야반 일도 분초 A          →
    ←              입차 수도 분초 B              →
───┴────────∬────────────────────────┴──┴──┴──→ 황도
허수6도                              n일  n + △n일  n + 1일
```

4. 태음 (太陰)

태음은 정삭(定朔)과 달의 근지점 그리고 황백 교점의 위치와 이들의 위치 간격을 계산의 기점으로 하였다. 따라서 정삭과 근지점 그리고 교점의 위치를 계산하여 삭에서 교점까지의 일수(日數)와 도수(度數) 그리고 근지점에서 삭과 교점까지의 일수와 도수를 구하고 이들의 관계를 이용하여 달의 위치와 운동에 대한 계산을 하였다.

우선 정삭이 되는 시각에 달과 태양의 위치를 동지로부터 정삭까지의 각도인 정적도와 기점으로부터 정삭까지의 각도인 황도 수적도 및 적도 수적도로 구하고 근지점으로부터 정삭까지의 일수인 입전일을 구하여 정현(定弦)과 정망(定望) 시각의 정적도와 황도 수적도 그리고 적도 수적도와 입전일을 계산하였다. 정삭과 현·망의 시각과 위치가 이와 같이 계산되면 달의 매일 행정도를 누가하여 매일의 달의 정적도(동지로부터 매일 달이 위치하는 곳까지의 각도)와 정교 후 적도(정교로부터 매일 달이 위치하는 곳까지의 각도)가 계산한다. 이러한 계산은 일식과 월식에서 태양과 달의 정확한 위치와 상호간의 운동으로부터 식의 유무와 식분 및 식의 진행 시간 등을 계산하는 데 사용한다.

다음으로 황도 정교(황·백 교점)와 적도 정교(적·백 교점)의 위치를 동지로부터 일수와 각도를 구하고 적도상에서 두 교점간의 상호 관계를 비례 보간하여 달의 출입 적도 내외도와 거극도, 즉 달의 적위와 북극 거리를 구한다.

1) 정삭·현·망 시각의 태양과 달의 위치

① 정삭·현·망 시각의 태양과 달의 황도 수도 계산
(推定朔弦望加時黃道日月宿度)

정삭이 되는 시각의 태양과 달의 위치는 정삭의 입영력일 분초를 도수로
환산한 다음 이를 동지 시각의 황도 일도에 더하여 구한다. 정삭의 입영력
일 분초 A는 경삭의 입영력일 분초 A′에 가감차를 가감하여 구하며 이를
도수로 환산하면 동지로부터 정삭까지의 각도인 정적도 분초(定積度分初)
B가 된다. 정삭의 정적도 분초는 입영력일 분초의 일수(日數)를 도수(度
數)로 하고 입영력일에 해당하는 영축적을 도수에서 가감하여 구한다. 다
시 정삭의 정적도 분초에 기점 허수(虛宿) 6도로부터 동지까지의 각도인
동지의 황도 일도 분초 S를 더하면 기점으로부터 정삭까지의 각도를 얻게
된다. 태양과 달은 정삭에서 같은 도수(度數)에 있게 되므로 바로 이 각도
가 정삭이 되는 시각의 황도 일도 분초 SS가 됨과 동시에 황도 월도 분초
MS가 된다.

정현과 정망에서 달의 위치 MS′와 MS″는 정삭에서 태양과 달이 같은
위치에 있게 되는 사실을 이용하여 정삭의 황도 월도 분초에 상현도를 차
례로 누가하여 구한다.

$$A = A′ \pm 가감차$$
$$B = A의 일수 + 영축력$$
$$SS = MS = B + S$$
$$MS′ = B + S + 1/4 \times 365.2575$$
$$MS″ = B + S + 1/2 \times 365.2575$$

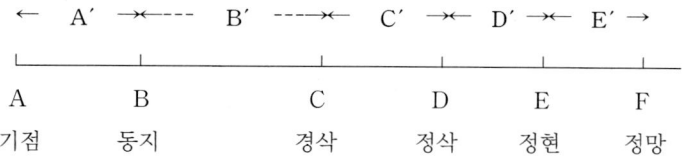

∠A′ = 동지의 황도 일도 분초

B′ = 경삭의 입영력일 분초

C′ = 가감차

D′ = E′ = 상현도

BD=B′±C′(가감차) = 정삭의 입영력일 분초

∠BD=BD±영축적 = 정삭의 입영력일 도수 = 정삭의 정적도 분초

∠AD= ∠A′+ ∠BD = 정삭의 황도 일도 분초 = 정삭의 황도 월도 분초

∠AE= ∠AD+ ∠DE(상현도)= ∠AD+1/4×365.2575

∠AF= ∠AD+ ∠DF(망도)= ∠AD+1/2×365.2575

② 정삭·현·망 시각의 달의 적도 수도 계산
(推定朔弦望加時赤道月度)

정삭·현·망이 되는 시각의 달의 적도 수도는 위에서 구한 황도 수도를 황적도 변환하여 구한다. 계산은 정삭·현·망이 되는 시각의 달의 정적도 분초가 주천 상한 91.31도 이하일 때는 그대로를 취하고 이상일 때는 91.31도로 제하고 남은 나머지에 황도 적도를 감하여 도 이하의 분초를 구한다. 이 도 이하의 분초에 적도율/황도율을 곱하여 황적도 변환을 하고 이 값에 황도 적도에 해당하는 적도 적도를 더하면 정삭·현·망 시각의 적도 정적도 분초를 얻는다. 그러나 정적도 분초가 주천 상한을 넘을 때에는 91.31로 제하였으므로 다시 이 값을 더하여 적도 정적도 분초로 한다. 여기에 다시 동지 시각의 적도 일도를 더하면 정삭·현·망이 되는 시각의 달의 적도 수도가 된다.

2) 평교와 정교의 입전일

① 삭후 평교일과 거후도의 계산(推朔後平交日及距後度)

경삭에서 평교까지의 일수가 삭후 평교일이며, 이 삭후 평교일을 도수로 계산한 것이 거후도이다. 삭후 평교일은 교점월의 일분초에서 경삭의 입교일 분초를 감하여 얻고 거후도는 삭후 평교일에 월평행 값을 곱하여 계산한다. 삭후 평교일을 S일이라 하면 월평행은 달이 하루 평균 천구상을 움직이는 속도로 13.36875도가 되므로 거후도 S′의 계산은 다음과 같다.

$$S′ = S×13.36875도(월평행 = 주천도 / 항성월) = 거후도$$

a)

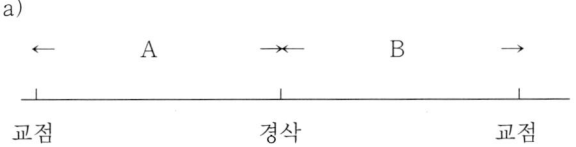

A = 경삭 입교일 분초
B = S = 삭후 평교일 분초
A + B = 교점월(교종일 분초)

b)

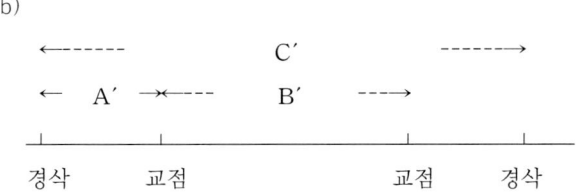

A′ = 삭후 평교일 분초 ′
B′ = 교점월(교종일 분초)

C′ = 삭망월

A′ + B′ = S = 삭후 평교일 분초

② 평교의 입전일과 그의 지질력 계산(推平交入轉遲疾曆)

근지점으로부터 평교까지의 일수가 평교의 입전일이다. 경삭의 입전일에 삭후 평교일을 더하면 삭후 평교의 입전일이 된다. 이 값이 1/2 근점월의 일수(13.7773일)인 전중보다(轉中) 작으면 질력(疾曆)이라 하고 전중보다 크면 전중을 감하여 남은 나머지를 지력(遲曆)으로 한다. 따라서 평교의 입전일을 n일이라고 하면 지질력의 계산은 다음과 같다.

n = 경삭 입전일 + 삭후 평교일

a) n < (13.7773일): 질력(疾曆) = n

```
  ←----전중(轉中 = 1/2 근점월 = 13.7773일)---→
  ←----    평교의 입전일 n(질력)     ---→
  ← 경삭 입전일 →←---- 삭후 평교일 --→
  └─────────────┴──────────────┴──────── 백도
근지점         경삭              교점   원지점
```

b) n > (13.7773일): 지력(遲曆) = n − 전중(13.7773일)

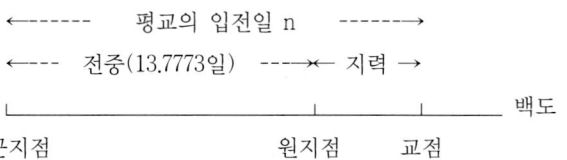

```
  ←-------     평교의 입전일 n    -------→
  ←---  전중(13.7773일)  ---→←  지력 →
  └──────────────────────┴──────┴──── 백도
근지점                  원지점  교점
```

③ 평교의 입한 지질차와 가감정차 계산(求平交入限遲疾曆及加減定差)

한수(限數)는 근지점으로부터 계산하므로 평교의 입한은 평교의 입전일을 한수로 환산하여 구한다. 만약 평교의 입한이 n한과 (n + 1)한 사이인 (n + △n)한에 있다면 (n + △n)한에서의 지질도가 이 시각에 시태음과 평균 태음의 황도 경도차인 지질차가 된다. 따라서 태음 한수 지질도의 표를 이용하여 평교의 입한에 해당하는 지질차를 구하여 이 입한의 시각에 달이 1한 동안 움직이는 행도를 찾아 나누고 다시 태양이 1한 동안 움직이는 행도 820분으로 곱하면 가감정차가 된다. 평교의 입한이 (n = △n)한이 될 때의 지질도 f(n + △n)가 바로 그 시각의 지질차가 되므로 지질차 f(n + △n)와 가감정차 g(n + △n)는 다음으로 계산된다.

f(n + △n) = f(n) ± {f(n + 1) - f(n)} / 820분
g(n + △n) = f(n + △n) × 820분 / 달의 한행도

④ 평교와 정교의 일진을 구하는 법(求平交及定交日辰)

경삭의 일진에 경삭에서 평교까지의 일수를 더하여 이 날수만큼 갑자로부터 세어가면 평교의 일진을 얻는다. 일수가 간지의 주기인 60이상이 되면 60을 감하고 남은 나머지를 평교의 일진으로 한다. 평교의 일진에 가감정차를 가감하면 정교의 일진을 얻는다.

3) 황도 정교(황·백 교점)의 황도 위치

① 경삭의 중적 계산(推經朔中積)

동지로부터 경삭까지의 일분초를 경삭의 중적(中積)이라 한다. 입영축일

분초는 동지에서 하지까지의 영력(盈曆)의 경우 동지로부터 세어나가고, 하지에서 동지까지의 축력(縮曆)의 경우는 하지로부터 세어나간다. 따라서 경삭의 입영력축일 분초가 영력에 있으면 그대로 중적으로 하고, 축력에 있으면 동지에서 하지까지의 일수인 반세주를 더하여 중적으로 한다. 경삭의 중적을 n이라고 하면 계산은 다음과 같다.

a) n < 반세주: n = 경삭의 입영력

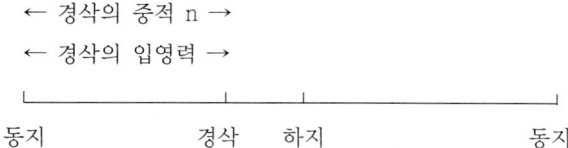

b) n > 반세주: n = 경삭의 입축력 + 반세주

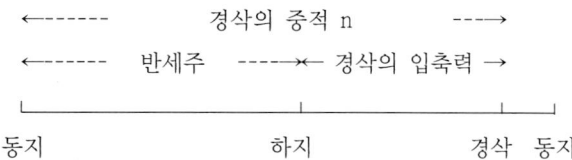

② 황도 정교의 동지로부터 황도 적도와 수차도를 구하는 법
(求正交距冬至加時黃道積度及宿次)

정교의 동지로부터 떨어진 황도 일도 분초는 동지로부터 경삭까지의 일분초인 경삭의 중적에 경삭으로부터 정교까지의 거후도 분초를 더하여 얻는다. 여기에 동지 시각의 황도 일도 분초를 더하면 정교 시각의 황도 수차도 분초가 계산된다. 동지 시각의 황도 일도 분초를 A라 하면 정교의 거후도 분초는 S이므로 정교의 동지로부터 떨어진 황도 일도 분초 B와 황도 수차도 분초 C는 다음과 같다.

B = 경삭의 중적 + S(= 삭후 평교일 분초 × 13.36875도)
C = A + B

　　　←-- 정교의 황도 수차도 분초 C ---→
　　　　← 정교의 황도 일도 분초 B →
　　　← A →←　경삭의 중적　→←　S　→

허수 6도　동지　　　　　　　경삭　　정교

③ 동지와 하지 후의 황도 정교의 초한과 말한
(求黃道定交在二至後初末限經朔中積)

　동지로부터 반세주 이하는 영력이 되고 반세주 이상은 축력이 된다. 그리고 각각 영력과 축력에 들어선 일수가 세상한(1/4세주) 이하이면 초한이 되고 이상이면 말한이 되므로 정교의 황도 적도 분초가 반세주 이하이면 그대로 동지 후 황도 적도 분초로 두고, 반세주 이상이면 반세주를 감하여 하지 후 황도 적도 분초로 한 다음 다시 이 도수가 세상한 이하이면 초한으로 하고 이상이면 말한으로 한다.

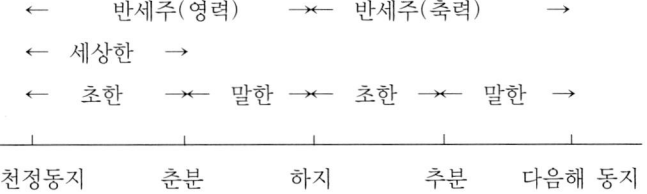

　　　←　　반세주(영력)　　→←　반세주(축력)　　→
　　←　세상한　→
　　←　초한　→←　말한　→←　초한　→←　말한　→

천정동지　　　춘분　　　하지　　　추분　　다음해 동지

4) 적도 정교(적·백 교점)의 적도 위치

① 정차도, 거차도, 정한도의 계산(求定差距差定限度)

백도와 적도의 교점이 춘분점과 떨어진 각도를 거차도라고 하며 거차도의 최대치가 극차가 된다. 정차도는 춘분점으로부터 극차가 되는 14도 66분의 위치에서 교점까지의 각도로 극차에서 거차도를 감한 값과 같으며 따라서 정차도의 최대치도 극차가 된다. 황도와 백도의 교점인 정교가 동지점에 있으면 백도와 적도의 교점은 극차의 위치에 있게 되어 정차도는 최소가 된다. 그리고 정교가 동지점에서 춘분점으로 갈수록 정차도는 점점 증가하여 정교가 춘분점에 있으면 백도와 적도의 교점도 춘분점이 되므로 정차도는 최대가 된다. 여기에서 정차도의 계산은 정교가 동지점이나 하지점으로부터 떨어진 거리인 초한과 말한에 대한 세상한의 비가 정차도에 대한 극차의 비와 같은 사실을 이용하여 구한다.

초말한 : 세상한 = 정차도 : 극차
정차도 = 극차 × 초말한 / 세상한
      = 14도 66분 × 초말한 / 91.3143도
거차도 = 14도 66분 − 정차도

정한도는 달이 정교 후 반교에 있을 때의 북극으로부터 떨어진 거리이다. 정교 후의 반교는 달이 황도 이북에서 이남으로 내려간 후의 반 교점이 되는 곳이므로 황도보다 6도 아래에 위치한다. 따라서 반교의 정한도는 정교의 북극 거리에 6도를 더하여 구하며, 정교의 북극거리는 정교의 적도 내외도를 세상한 91.3143도에서 가감하여(적도 내도는 감하고 적도 외도는 가하여) 구한다. 정교의 적도 내외도는 정교의 초말한에 대한 세상한의 비를 황도 경사각인 24도로 곱하여 구한다. 이는 정차도에 대한 극차 14도 66분과의 비와 같으므로 정교 후 반교에서의 정한도는 다음과 같이 계산한다.

정한도 = 정교의 북극거리 + 6도

　　　 = (세상한 ± 정교의 적도 내외도) + 6도

　　　 = (세상한 ± 24도 × 정차도 / 14도 66분) + 6도

　　　 = (91.3143도 ± 24도 × 초말한 / 91.3143도) + 6도

　　　 = 97.3143도 ± 0.26284 × 초말한

② 적도 정교의 기점으로부터 적도 수도

춘분점으로부터 적도와 백도의 교점인 적도 정교까지와 적도 정교로부터 추분점까지의 각거리가 거차도이므로 적도 정교에서의 달의 수도 분초는 춘분점과 추분점의 적도 수도에서 거차도를 가감하여 구한다.

적도 정교에서 달의 수도 = 춘분점의 적도 수도 + 거차도

　　　　　　　　　　 = 추분점의 적도 수도 − 거차도

③ 적도 정교 후 달의 수차 적도와 초말한을 구하는 법
(求月離赤道正交後宿次積度入初末限)

춘분점과 추분점이 들어있는 수(宿)의 적도 기점으로부터 각거리인 적도 수전도 분초를 적도 정교의 적도 기점으로부터 각거리인 적도 정교 수도를 감하면 정교 후 적도 분초가 된다. 여기에 적도 수차를 차례로 더하면 각 수(宿)의 적도 정교 후 적도 분초(積度分初)를 얻는다. 정교에 세상한을 더하면 반교가 되고 다시 반교에 세상한을 더하면 중교 그리고 중교에 다시 세상한을 더하면 중교 후 반교가 된다. 따라서 정교 후 각 수의 적도 분초를 세상한으로 채우고 남은 나머지가 반교 후 적도 분초가 되고 다시 세상한으로 채우고 남은 나머지는 중교 후 적도 분초, 그리고 다시 세상한으로 채우고 남은 나머지는 반교 후 적도 분초가 된다. 각 수적도 분초가 세상한의 반인 반상한(半象限) 이하이면 초한(初限)으로 하고 이상이면 상

한에서 감하여 나머지를 말한(末限)으로 한다.

정교 후 적도 분초 = 춘분 또는 추분점이 들어 있는 수의 적도 수전도 분초
                   − 적도 정교 수도
각수의 적도 정교 후 적도 분초 = 정교 후 적도 분초 + $\sum$적도 수차도 분초
정교 후의 반교 후 적도 분초 = 각수의 적도 정교 후 적도 분초 − 세상한
중교 후 적도 분초 = 각수의 적도 정교 후 적도 분초 − 세상한 × 2
중교 후의 반교 후 적도 분초 = 각수의 적도 정교 후 적도 분초 − 세상한 × 3
각 수적도 분초 < 반상한: 수적도 분초 = 초한
각 수적도 분초 > 반상한: 세상한 − 수적도 분초 = 말한

5) 정삭·현·망의 시각과 그날 자정 신·혼이 되는 시각의 입전일

① 신혼분의 계산(求晨昏分)

신분(晨分)은 해가 뜨기 전 박명이 시작될 때의 시각이고 혼분(昏分)은 해가 진후 박명이 끝날 때의 시각이다. 따라서 박명의 시간에 해당하는 혼명분(昏明分)을 그날의 일출분에서 감하여 신분으로 하고 일주(日周)에서 신분을 감하여 혼분을 얻는다.

신분 = 일출분 − 혼명분
혼분 = 일주 − 신분

```
        ←      일출분      →
       ←-------      일입분      --------→
        ←   신분   →←   n   →        ←   n   →←   신분   →
       └─────────┴─────────┴─────────┴─────────┴─────────┴─────────┘
   야반(n일)   신분    일출분   정오   일입분    혼분    야반(n + 1일)
```

② 정삭·현·망의 시각과 그날 자정 신·혼이 되는 시각의
입전일 계산(求定朔弦望加時及夜半晨昏入轉)

경삭·현·망의 입전일 분초에 정삭·현 망의 가감차(加減差)를 가감하
면 정삭현망(定朔弦望)이 되는 시각의 입전일 분초가 된다. 이 입전일 분
초에서 정삭 현망의 일(日) 이하분을 감하면 그 날 자정의 입전일 분초가
된다. 여기에 신분을 더하면 신(晨)의 입전일 분초인 신전(晨轉)이 되고
혼분을 더하면 혼(昏)의 입전일 분초인 혼전(昏轉)이 된다.

a)

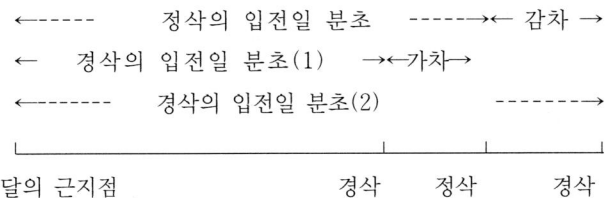

정삭 현망 입전일 = 경삭 현망 입전일 분초 (1) + 가차
정삭 현망 입전일 = 경삭 현망 입전일 분초 (2) + 감차

b-1) 정삭의 입전일 분초 n > 정삭의 일하분

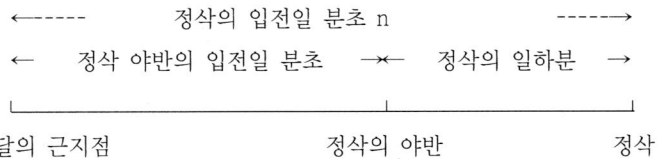

정삭 현망 야반 입전 = 정삭 현망 입전일 - 정삭 현망 일하분

b-2) 정삭의 입전일 분초 n < 정삭의 일하분

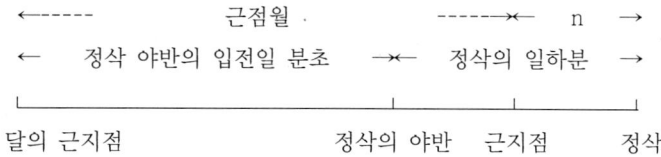

정삭 현망 야반 입전 = 정삭 현망 입전일 + 근점월 - 정삭 현망 일하분

c)

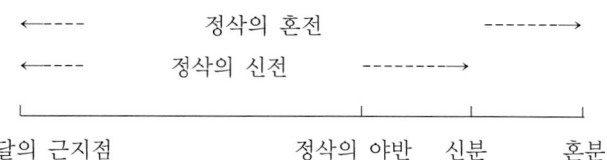

정삭 현망 신전 = 정삭 현망 야반 입전 + 신분
정삭 현망 혼전 = 정삭 현망 야반 입전 + 혼분

6) 정삭·현·망의 시각의 입전 상거일과 상거도

① 정삭·현·망 시각의 입전 상거일과 그 전적도를 구하는 법
  (求定朔弦望加時入轉相距日及轉積度)

정상현(定上弦) 시각의 입전일에서 정삭 시각의 입전일을 감하면 정삭으로부터 상현까지의 일수인 상거일(相距日)이 된다. 이 상거일에 해당하는 매일 매일의 달의 행도인 전정도(轉定度)를 누계하여 더하면 상거일의 전적도 분초(轉積度分初)가 된다. 나머지 망(望)과 하현(下弦)에 대해서도

이 방법을 따라 계산한다. 상거일의 일수를 n일이라 하고 달의 매일 행도를 $j(x_i)$라 하면 정삭 현망 전적도 분초 T는 다음으로 계산된다.

n = 정상현 시각의 입전일 − 정삭 시각의 입전일

$$T = \sum_{i=1}^{n} j(x_i)$$

a)

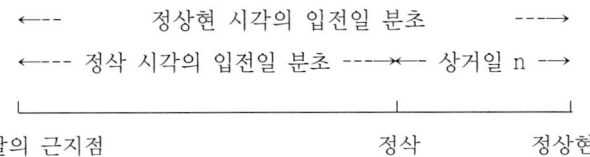

b)

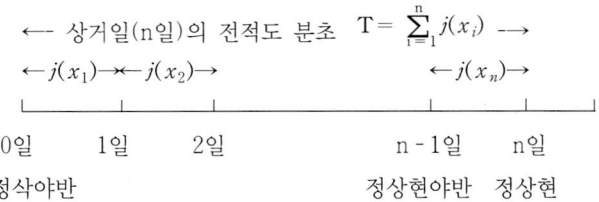

② 정삭·현·망이 되는 시각의 상거도와 일차를 구하는 법
(求定朔弦望加時相距度及日差)

정상현(定上弦) 시각의 달의 황도 정적도(黃道定積度)인 황도 월도에서 정삭 시각의 황도 월도를 감한 것을 정삭과 상현의 상거도(相距度)라고 한다. 이 상거도를 T′라 할 때 전적도 T와의 차를 상거 일수 n으로 나누어 일차(日差) S로 한다. 즉 일차의 계산은 달의 근지점 통과가 야반과 일치하지 않으므로 정삭과 정상현 사이의 일수가 정확히 n일이 되지 않아 생기는 도수의 차를 상거일수로 나누어 하루당 보정해 주어야 하는 도수차를 구하는 것이다.

T′ = 정상현 시각의 황도 월도 − 정삭 시각의 황도 월도
T = 정상현 야반의 황도 월도 − 정삭 야반의 황도 월도
S＝(T−T′)/n

a)

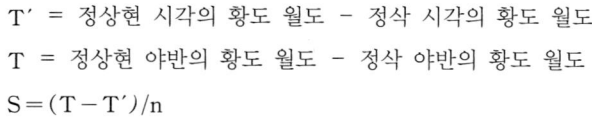

동지점   정삭   정상현

b)

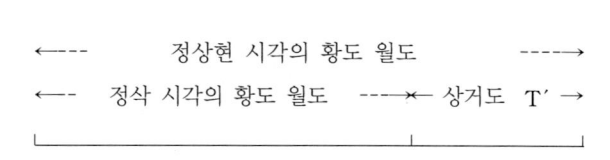

0일   n일
정삭의 야반 정삭   정상현 야반 정상현

7) 매일의 달의 위치

① 매일의 달의 행정도(求每日行定度)

지질이 있는 달의 매일 행도인 매일의 전정도(轉定度)에 일차(日差)를

가감하여 매일의 행정도(行定度)로 한다. 근지점과 원지점 사이의 질력(疾曆)의 구간에서는 일차를 감하고 원지점과 근지점 사이의 지력(遲曆)의 구간에서는 일차를 가하여 구한다. 매일의 전정도를 $j(x_i)$, 일차를 S로 하면 매일의 행정도 $k(x_i)$는 다음과 같다.

$$k(x_i) = j(x_i) \pm S$$

② 매일의 달의 황도 위치 계산(求每日黃道月行定積度)

정삭과 현망(定朔弦望)이 되는 시각의 황도 월행 정적도, 즉 동지점으로부터 정삭과 현망까지의 황도 도수인 황도 월도에 매일의 행정도를 누가하면 매일의 황도 월도 분초가 된다. 정삭 현망 시각의 황도 월도를 D, 매일의 행정도를 $k(x_i)$라 하면 매일의 황도 월도 $l(x_i)$는 다음과 같다.

$$l(x_i) = D - \sum k(x_i)$$

③ 매일의 달의 적도 위치 계산(求每日赤道月行定積度)

매일의 황도 월행 정적도인 황도 월도를 황적도 변환하여 매일의 적도 월행 정적도를 구한다. 황적도 변환의 계산은 사정(四正)이 기점이 되므로 황도 월도가 주천 상한 91.3143도 이하일 때는 그대로 황도 적도로 감하고, 이상일 때는 주천 상한으로 감하여 남은 나머지를 다시 황도 적도로 감하

여 도(度) 이하의 분초를 얻는다. 도 이하의 분초에 적도율/황도율을 곱하
여 황적도 변환을 한 다음 황도 적도에 해당하는 적도 적도를 더하되, 주
천 상한 이상의 경우는 앞의 계산에서 버렸던 상한을 다시 더하여 매일의
적도 월행 정적도인 적도 월도로 한다. 매일의 황도 월도를 A, 매일의 적
도 월도를 A′라 하고 황도 적도를 B, 적도 적도를 B′ 그리고 주천 상
한을 C라고 하면 계산은 다음과 같다.

a) 매일의 황도 월도 A < 주천 상한 C

$$A′ = (A - B) × 적도율 / 황도율 + B′$$
$$= x × 적도율 / 황도율 + B′$$
$$= y + B′$$

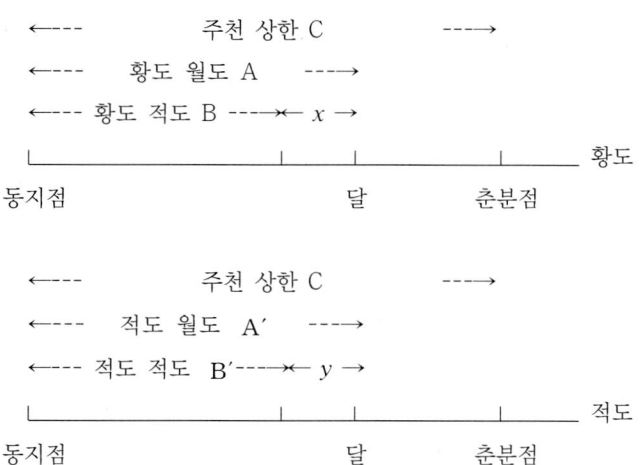

b) 매일의 황도 월도 A > 주천 상한 C

$$A′ = (A - \sum C - B) × 적도율 / 황도율 + B′ + \sum C$$
$$= x × 적도율 / 황도율 + B′ + \sum C$$
$$= y + B′ + \sum C$$

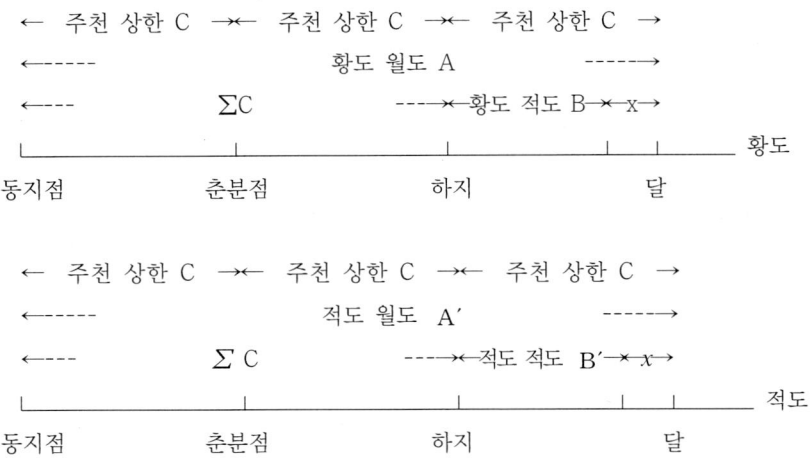

④ 매일의 적도 정교 후 달의 적도와 초말한을 구하는 법
(求每日月離赤道交後積度及初末限)

매일의 적도 월행 정적도인 적도 월도에 동지 시각의 적도 일도를 더하여 달이 위치한 곳의 적도 수도(赤道宿度)를 얻은 후, 달이 위치한 수(宿) 바로 전수(前宿)의 적도 정교 후 적도(赤道正交後積度)를 더하면 달의 적도 정교 후 적도가 된다. 이 도수가 반세주 이하이면 정교 후로 하고 반세주 이상이면 반세주를 감한 나머지 도수를 중교 후로 하되, 정교 후 도수와 중교 후 도수가 세상한 이하이면 그대로 정교 후와 중교 후로 하고 세상한 이상이면 반교 후로 한다. 여기서 정교 후와 중교 후는 분후(分後)가 되고 반교 후는 지후(至後)가 된다. 그리고 분후는 초한(初限)으로 하고 지후는 반세주에서 감하여 말한(末限)으로 한다.

8) 달의 적위와 북극 거리

① 적도 정교 후 반교에서 백도의 적위와 정차를 구하는 법
  (求月離赤道正交後半交白道(舊名九道)出入赤道內外度及定差)

적도 정교 후 반교(半交)는 황도와 백도가 만나는 정교가 적도에서 있게
된 후 백도상에서 반교점이 되는 위치를 의미한다. 이때 적도 정교가 춘분
점이나 추분점이 되는 경우 이로부터 적도상으로 세상한 91.3143도를 더한
지점이 적도상에서 반교의 위치가 되므로 적도 정교 후 반교의 적도상의
위치는 하지점이나 동지점의 적도상의 위치와 같게 된다. 따라서 하지점이
나 동지점의 위치에서 백도와 적도의 사이각 즉, 백도의 적도 내외도는 하
지점이나 동지점에서 황도의 적도 내외도 23도 90분에 백도의 황도와의 경
사각 6도를 가감한 값이 된다. 그러나 적도 정교가 춘분점이나 추분점의
이전과 이후에 있게 되는 경우, 반교는 동지점이나 하지점 이전과 이후에
있게 되고 이때 백도와 황도의 경사각은 동지점과 하지점에서의 경사각 6
도를 적도 정교의 초말한에 대한 세상한의 비로 비례 보간한 값이 되므로
백도의 적도 내외도는 23도 90분에 이 값을 가감하여 얻는다. 그러나 실제
계산에는 적도 정교의 초말한에 대한 세상한의 비가 정차도(定差度)에 대
한 극차(極差) 14도 66분과의 비와 같은 것을 이용한다. 따라서 황백도 경
사각 6도를 정차도에 대한 극차의 비로 곱한 값이 정차도를 황백도 경사각
6도에 대한 극차의 비로 곱한 값과 같다는 것을 이용하여 23도 90분에서
이 값을 가감하여 반교에서 백도의 적도 내외도를 구한다. 정차(定差)는
반교의 적도 내외도에 다시 1/6 주천도(周天度)를 곱하여 구한다.

적도 정교 후 반교에서 백도의 적도 내외도를 y, 백도의 황도 내외도를
x라 하고 정차를 z라 하면 계산은 다음과 같다.

$$y = 23도 90분 \pm x$$
$$= 23도 90분 \pm 6도 \times 초말한 / 세상한$$
$$= 23도 90분 \pm 6도 \times 정차도 / 극차$$
$$= 23도 90분 \pm 정차도 \times 6도 / 14도 66분$$
$$= 23도 90분 \pm 정차도 \times 25/61$$
$$z = y \div (1/6 \times 주천도)$$
$$= y / 60.87625도$$

② 달의 출입 적도 내외도와 거극도 계산(求月離出入赤道白道去極度)

달의 적도 교후 초말한을 주천 상한 91.3143도에서 감하여 적도 반교(赤道半交)로부터 달까지의 각거리인 백도적(白道積)을 구한다. 이 백도적에 적도(積度)를 감하여 백도적의 도 이하 분초를 구하고 여기에 백도적 1도에 해당하는 적도 반경차의 변화량인 차율을 곱한 후 도 이하의 분초를 도로 계산하기 위해 100으로 나눈다. 즉 도 이하의 분초에 해당하는 차율을 도간 보간하여 구한 후 백도 적도에 해당하는 적차(積差)를 황적도율의 표로부터 찾아 더하면 적도 반교로부터 달까지의 적도 경도차인 매일의 적차가 계산된다. 이것을 주천 반경인 1/6 주천도(60.875도)에서 감하여 백도 정차로 곱하면 매일 달의 적도 내외도 즉 달의 적위 값이 계산되고 다시 이 적도 내외도를 주천 상한 91.3143도에서 가감하면 달의 백도 거극도가 된다.

따라서 달이 적도상에서 반교로부터 n도와 n + 1도 사이인 n + $\triangle$n도에 있을 때 n도의 백도 적도를 $f(n)$, 적차를 $g(n)$라 하고 달의 백도적을 $f(n + \triangle n)$ 그리고 매도의 차율과 매일의 적차를 각각 $m(x_i)$와 $G(x_i)$라 하면 매일 달의 적도 내외도와 백도 거극도의 계산은 다음과 같다.

백도적 $f(n + \triangle n)$ = 주천상한(91.3143도) - 초말한

매일의 적차 $G(x_i)$ = (백도적 - 적도) × 차율 / 100 + 적차

$$= \{f(n + 1) - f(n)\} \times 차율 / 100 + g(n)$$

$$g(n) = \sum_{i=0}^{n-1} m(x_i) \quad (\because 적차 = \sum 매도의\ 차율)$$

$$1상한의\ 적차 = 적도\ 반경 = \sum_{i=0}^{91.4143} 매도의\ 차율 = \sum_{i=0}^{91.4143} m(x_i)$$

백도 정차 = 반교의 백도 내외도/60.87625도

매일 달의 적도 내외도 = (1/6주천도 − 매일의 적차) × 백도 정차

$$= \{60.876도 − G(x_i)\} × 반교의\ 백도\ 황도\ 내외도/60.876도$$

$$= \{1 − G(x_i)/60.876도\} × 반교의\ 백도\ 황도\ 내외도$$

매일 달의 백도 거극도 = 주천 상한 + 매일의 적도 외도 (1)

= 주천 상한 − 매일의 적도 내도 (2)

```
←      주천 상한      →←      주천 상한      →
← 초한 →← 백도적 (1) →← 백도적 (2) →← 말한 →
┴──────┴────────────┴────────────┴──────┴──── 적도
적도 정교  달(1)        반교        달(2)   적도 중교
```

```
← 1 상한의 적차(1/6주천도=60.875도) =  ∑ m(x_i) →
← 초한 →← 백도적 →
←       △n      →←    적도 n    →
┴──────┴────────┴────────┴──────┴──── 적도
정교      n + 1도   달   n도        반교
```

$$← 1\ 상한의\ 적차(1/6주천도=60.875도) = \sum_{i=0}^{91.4143} m(x_i) →$$

```
← 백도적 →←   말한   →
← 적도 n →← △n →
┴──────┴────────┴────────┴──────┴──── 적도
정교      n도    달   n + 1도      중교
```

9) 교점과 달의 백도 도수와 교점과 정삭·현·망 사이의 적도 도수

① 매 교점에서 달의 백도 정적도와 수차를 구하는 법 (求每交月離白道定積度及宿差)

매 교점에서 백도상의 달이 있는 곳까지 떨어진 각거리와 달이 속해있는 수(宿)에서 달의 위치, 즉 백도 수차도(白道宿差度)를 구하는 계산이다. 달의 백도상의 각거리는 교점 후 달의 적도상의 도수를 백도상의 도수로 변환시켜 구한다. 그러나 여기서는 교점 후의 적도 적도(赤道積度)를 백도 적도(白道積度)로 고치기 위해 적백도의 변환을 하지 않고 정차(定差)라는 보정항을 대신 사용하였다. 정차의 계산은 반교에서 달의 백도 거극도 값인 정한도(定限度)에서 교점 후 수차(宿差)의 초말한을 감한 나머지에 다시 수차의 초말한을 곱하고 10으로 나누면 분(分)의 값으로 나타낸 정차가 계산되며 다시 이 값을 100으로 나누면 도(度)의 값으로 나타낸 정차가 된다. 교점 후 각수(各宿)의 적도 적도에서 정차를 가감하면 백도 정적도(白道定積度)가 되고 다시 이 값에서 전수(前宿)의 백도 정적도를 감하면 달의 백도 수차도가 된다.

정차 = (정한도 - 교점 후 수차 초말한) × 교점 후 수차 초말한 × 1/10
백도 정적도 = 각수 적도 적도 ± 정차
달의 백도 수차도 = 백도 정적도 - 전수 백도 정적도

② 각 교점이 정삭·현·망과 떨어진 적도 도수와 정차의 계산 (求各交距定朔弦望赤道積度及定差)

정삭과 정현망의 시각에 달의 적도 수도(赤道宿度)에 정삭과 현망의 바

로 전수(前宿)가 교점으로부터 떨어진 적도 적도(赤道積度) 값을 더하면
정삭과 현망이 교점으로부터 떨어진 적도 적도가 계산된다. 이 값이 세상
한 이상이면 다음 교후의 적도 적도로 한다. 또 반상한(1/2 세상한) 이하
이면 초한으로 하고 이상이면 상한에서 감하여 말한으로 한다. 정한도에서
초말한을 감한 나머지에 다시 초말한을 곱하여 상감 상승한 값을 1/10로
하면 분(分)으로 나타낸 정차(定差)가 되고 다시 1/100로 하면 도(度)로
나타낸 정차가 된다.

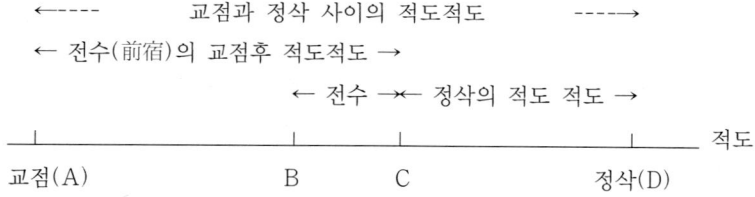

B = 전수의 거성
C = 정삭이 있는 수의 거성
AB = 전수의 교점 후 적도 적도
BC = 전수의 수도
AC = 전수의 교점 후 적도 적도 = AB + BC
CD = 정삭의 적도 수도
AD = 교점과 정삭 사이의 적도 적도 = AC + CD

정차 = (정한도 − 교점 후 수차 초말한) × 교점 후 수차 초말한 × 1/10
a) AD>세상한: AD − 세상한 = 다음 교후의 적도 적도
  1) AD − 세상한 < 반상한: AD − 세상한 = 초한
  2) AD − 세상한 > 반상한: 세상한 − (AD − 세상한) = 말한
b) AD<세상한
  1) AD<반상한: AD = 초한
  2) AD>반상한: 세상한 − AD = 말한

10) 정삭·현·망의 시각과 그날의 자정 및 신혼 시각의 백도 수도

① 정삭·현·망의 시각의 달의 백도 수도 계산
(求定朔弦望加時月離白道宿度)

각 교점에서 정삭과 정현망까지의 적도적도(赤道積度)에 정차를 가감하여 백도 정적도를 얻은 후 그 전수(前宿)의 백도 정적도로 감하면 정삭과 정현망 시각의 백도 수도를 얻는다.

(정확히 하자면 전수의 백도 정적도 또한 전수의 적도 적도로부터 정차를 가감하여 계산하는 과정을 거쳐야 한다.)

정삭 시각의 백도 정적도 = 교점에서 정삭까지의 적도적도 ± 정차
정삭 시각의 백도 수도 = 정삭 시각의 백도 정적도 − 전수의 백도 정적도

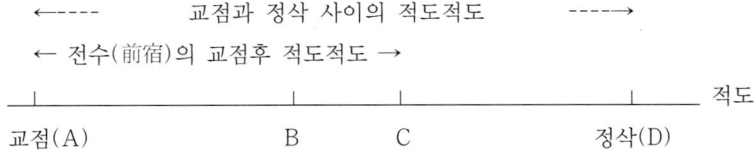

② 정삭·현·망일 자정의 백도 수도 계산
(求定朔弦望夜半定積度及月度)

정삭과 정현망일의 일(日) 이하의 분(分)에 그 입전일의 전정도를 곱하고 10000으로 나누어 일하분에 해당하는 달의 운행 각도를 구한다. 이를 가시 전도(加時轉度)라 하며 적도 정교로부터 정삭까지의 각거리인 가시 정적도(加時定積度)에서 이 값을 감하면 정삭일의 야반 정적도(夜半定積度)가 된다. 다시 여기에 그 전수(前宿)의 교후 백도 정적도를 감하면 정

삭 야반의 달의 백도 수도(夜半白道宿度)를 얻는다.

③ 정삭·현·망일 신혼 시각의 백도 수도 계산
(求定朔弦望晨昏定積度及月度)

정삭과 정현망일의 신분과 혼분에 입전일 자정의 전정도를 곱하고 10000으로 나누어 신혼전도(晨昏轉度)라 하고 이것을 야반 정적도에 더하여 신혼정적도(晨昏定積度)라 한다. 이 값이 세상한 이상이면 세상한으로 감한 나머지를 교후 백도 정적도로 다시 감하여 신과 혼의 시각에 달의 백도 수도를 구한다.

④ 매일 신혼 시각의 백도 수차 계산(求定朔弦望晨昏定積度及月度)

정삭과 정현망일의 신과 혼의 시각에 달의 백도 수차에 매일의 행정도를 차례로 더하여 백도 수차로 채워버린 나머지가 매일의 신과 혼의 백도 수차가 된다.

매일의 신과 혼의 백도 수차
= 정삭과 정현망일의 신과 혼의 백도 수차 + $\sum$ 매일의 행정도

5. 중성(中星)

1) 태양의 적위와 북극 거리 및 일출입과 신혼분

① 매일의 황도 출입 적도 내외도와 거극도 계산
(求每日黃道出入赤道內外去極度)

적도로부터 황도상의 태양이 위치한 곳까지의 거리를 황도 출입 적도 내외도(黃道出入赤道內外度)라고 하고, 북극으로부터 태양이 위치한 곳까지의 거리를 거극도(去極度)라고 한다. 황도 출입 적도 내외도는 황도가 적도의 남쪽과 북쪽으로 떨어져 있는 도수로 태양의 적위를 의미하고, 거극도는 태양의 북극 거리를 뜻한다. 거극도는 적도 내외도의 여각이 되므로 적도 내외도가 알려지면 간단히 계산된다. 그러나 계산표에는 태양의 적도 내외도가 동지와 하지로부터 황도상의 매 도수마다 계산되어 있어, 구하려고 하는 날의 황도 일도(黃道日度)가 계산표의 황도 적도(黃道積度)와 일치하지 않을 때에는 1도 미만에 대한 차를 보간하여 그에 해당하는 적도 내외도와 반주야분의 값을 계산하여야 한다. 따라서 매일의 황도 출입 적도 내외도는 그 날이 시작되는 야반의 황도 적도가 (n + △n)도일 때 이 황도 적도 값이 입초한 또는 입말한으로 얼마인지를 구하고 표를 이용하여 1도 미만의 △n도에 대하여 내외차가 100분율로 얼마나 되는지를 비례 보간하여 구한 다음, n도의 내외도 값에서 감하여 계산한다. 거극도는 이것을 다시 주천상한 91.3143도에서 가감하되 적도 이북의 내도(內度)이면 감하고 적도 이남의 외도(外度)이면 가하여 계산한다.

신전 야반 황도적도 < 세상한(91.3143도)
　　신전 야반 황도적도 ＝ 입초한

신전 야반 황도적도 − 반세주 < 세상한

　　신전 야반 황도적도 − 반세주 = 입초한

신전 야반 황도적도 − 반세주 > 세상한

(신전 야반 황도적도 − 반세주) − 세상한 = 입말한

황도출입적도내외도(黃道出入赤道內外度)

　= 내외도 − (입초 말한 − 황도 적도) × 내외차 / 100

$f(n + \triangle n) = f(n) + \{f(n + 1) - f(n)\} \times \triangle n/100$

　$f(n + \triangle n)$ = 황도 적도($n + \triangle n$)도에서 적도 내외도

　$f(n)$ = 황도 적도 n도에서 적도 내외도

　$\{f(n + 1) - f(n)\}$ = (n + 1)도와 n도의 적도 내외도 차

　$\triangle n$ = 입초 말한 − 황도 적도

　$\triangle n/100$ = $\triangle n$분의 도(度) 값

거극도(去極度) = 주천 상한(91.3143도) ± 내외도

　　　　　　 = (91.3143도 − 내도, 또는 91.3143도 ± 외도)

② 매일의 반주야분과 일출입 및 신혼분의 계산
　　(求每日半晝夜及日出入晨昏分)

반주·야분(半晝夜分)은 밤과 낮의 길이의 반이 되는 시간으로 각각 일
출분(日出分)과 일입분(日入分)을 의미하기도 한다. 구하고자 하는 날의 야
반 황도 적도가 (n + △n)도일 때 위에서와 같이 황도 적도의 입초한과
입말한을 구하고 1도 미만의 △n도에 대하여는 주야차가 100분율로 얼마나
되는지를 비례 보간하여 구한 다음 황도 적도가 n도일 때의 반주·야분 값
을 가감하면 그날의 반주·야분이 계산된다. 반야분(半夜分)은 일출분을 나
타내므로 일주(日周)에서 반야분을 감하여 일입분을 얻는다. 또 신분(晨分)
은 일출분에서 현재의 박명 시간에 해당하는 혼명분(昏明分) 250분을 감하
여 계산하고 혼분(昏分)은 일입분에서 혼명분을 더하여 구한다.

반주·야분(半晝夜分) = 반주·야분 ± (입초 말한 − 황도 적도) × 주야차/100

$f(n + \triangle n) = f(n) + \{f(n + 1)\} − f(n)\} × \triangle n/100$

  $f(n + \triangle n)$ = 황도 적도 $(n + \triangle n)$도에서 반주·야분

  $f(n)$ = 황도 적도 n도에서 반주·야분

  $\{f(n + 1) − f(n)\}$ = (n + 1)도와 n도의 반주·야분의 차

  $\triangle n$ = 입초 말한 − 황도 적도

  $\triangle n/100$ = $\triangle n$분의 도(度) 값

반야분(半夜分) = 일출분

일주 − 일출분 = 일입분

일출분 − 혼명분(250분) = 신분

일입분 + 혼명분(250분) = 혼분

③ 주야각과 일출입의 시각을 구하는 법(求晝夜刻及日出入辰刻)

밤과 낮의 길이를 뜻하는 주야의 시각은 하루를 100등분한 각(刻)으로 구하고 일출입의 시각은 하루를 12등분한 진(辰)과 그 미만의 각(刻)으로 구하는 계산이다. 밤의 길이는 반야분의 2배이므로 반야분의 2배를 100으로 나누어 야각(夜刻)을 구하고 주각(晝刻)은 1일 100각에서 야각의 시간을 감하여 계산한다.

야각(夜刻) = 2 × 반야분/100

주각(晝刻) = 100각 − 야각

2) 경율과 점율 및 각 경과 점에 해당하는 시각

① 경율과 점율을 구하는 법(求更點率)

경율(更率)은 일입 후 혼(昏)의 시각으로부터 일출전 신(晨)의 시각까지를 5등분한 길이이고, 점율(點率)은 경율을 다시 5등분한 길이이다. 밤이 시작되는 혼의 시각을 초경(1경)으로 하고 밤이 끝나는 신의 시각을 5경으로 한다. 야반(夜半)은 혼에서 신까지 시간의 반이 되는 곳이므로 경율은 야반에서 신까지의 시간인 신분(晨分)에 2/5를 곱하여 얻고, 점율은 이 경율에 1/5을 곱하여 구한다. 경율과 점율은 밤의 시간을 나타내는 시법(時法)으로 밤의 길이가 계절에 따라 변화하므로 경율과 점율도 이에 따라 변화한다. 경율과 점율과 같이 항상 일정하지 않은 시법은 부정시법(不定時法)이라 한다.

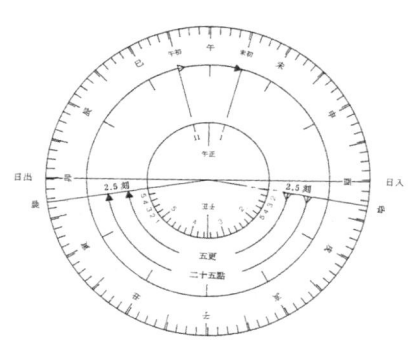

그림 3-2. 춘·추분일의 일출입 시각과 경점

경율(更率) = 신분 × 2/5
점율(點率) = 경율 × 1/5

② 경과 점에 해당하는 시각(求更點所在晨刻)

경(更)이 시작되는 혼분에 경율과 점율을 누가하면 1일을 10000분으로 하였을 때의 경점분(更點分) 값이 된다. 경점분(更點分) 값을 발렴의 방법으로 환산하여 경과 점의 신각(晨刻)을 구하되, 경점분의 값이 10000분 이상일 때는 10000분을 감한 나머지를 경점분으로 하여 신각을 계산한다.

경점분(更點分) = 혼분(昏分) + Σ경율 + Σ점율

3) 중성(中星)의 계산

① 거중도와 경차도를 구하는 법(求距中度及更差度)

거중도(距中度)는 태양이 신(晨)에서 오중(午中) 또는 오중에서 혼(昏)까지 움직인 천구상의 각도를 나타내며 경차도(更差度)는 1경 동안 태양이 움직이는 천구상의 각도를 말한다. 거중도는 반일주에서 신분을 감하여 거중분(距中分)을 구한 다음 거중분을 각도로 환산하여 얻는다. 분(分)의 시간을 각도로 환산하기 위해서는 거중분을 일주 10000으로 나눈 다음 지구가 1 태양일 동안 움직이는 회전각 366.2575도를 곱하여 계산한다. 경차도는 1경의 시간에 해당하는 각도로 183.12875도에서 거중도를 감하여 신분을 각도로 환산한 다음 2/5를 곱하여 얻는다.

거중분(距中分) = 반일주 - 신분
거중도(距中度) = 366.2575 × 거중분/10000
경차도(更差度) = (183.12875도 - 거중도) × 2/5

② 혼명과 오경의 중성을 구하는 법(求昏明五更中星)

혼명오경(昏明五更)의 중성(中星)을 구한다고 하는 것은 경(更)이 시작되는 혼(昏)과 오경(五更)으로 나누어지는 밤의 각각의 경에서 남중하는 별의 수차도(宿差度)를 구하는 것을 말한다. 혼중성(昏中星)의 수차도는 혼의 거중도 분초에 그날 오중의 적도 일도(赤道日度)를 더하여 얻으며 혼의 시각이 바로 초경이기도 하므로 혼중성을 초경 중성(初更中星)이라고도 한다. 따라서 초경 중성의 수차도에 경차도를 누가하여 적도수차(赤道宿差)를 채워서 계산하면 차례로 각 경의 중성과 5경의 중성인 효중성(曉中星)의 수차도를 얻는다.

혼중성 수차도(昏中星宿差度) = 혼의 거중도 분초 + 오중의 적도 일도 분초
혼중성 수차도(昏中星宿差度) = 초경 중성 수차도(初更中星宿差度)
각 경과 효중성의 수차도(各更曉中星宿差度) = 초경 중성 수차도 + Σ경차도

6. 교식(交食)

교식은 황도상을 운행하는 태양과 백도상을 운행하는 달이 지구와 일직선 상에 놓이게 될 때 일어나는 일식과 월식의 현상으로 각각 황백 교점의 근처에서 삭과 망이 될 때 일어난다. 천문상수들을 제시한 상권의 일월식편에는 일식과 월식의 한계를 천구상의 도수로 나타냈으나 교식편에는 일월식의 구분 없이 달이 교점을 통과한 후의 일수, 즉 입교 일수로 나타냈다. 여기서 입교 일수는 달의 강교점(降交点: 正交)을 기준으로 하여 경과한 일수를 나타낸다.

일식의 한계 도수는 백도가 황도의 남쪽에 있게 되는 양력(陽曆)에서의 한계인 양력한(陽曆限)과 황도 북쪽에 있게 되는 음력(陰曆)에서의 한계인 음력한(陰曆限)으로 나누어 그 한계를 각각 달리 정하였다. 도수로서 일식의 양력한은 6도, 음력한은 8도로 정하였으며 월식한은 13도 05분으로 정하였다. 일식의 경우는 월식과는 달리 지표상에 있는 관측자의 위치에 따라 황백 교점의 위치가 다르게 관측됨에 따라 관측자는 황도와 시백도(視白道)의 교점 부근에서 일식을 관측하게 된다. 즉 북반구의 관측자에게는 시백도가 남편(南便: 남쪽으로 이동)함에 따라 양력의 도수와 음력의 도수가 서로 다르게 관측되므로 식의 한계를 달리 정한 것이다.

일월식의 한계를 입교 일수로 나타낸 교식편에서는 일식과 월식의 한계를 달리 구분하지 않고 0일, 1일, 12일, 13일, 14일, 25일, 26일, 27일의 8일을 일월식한의 입교라고 하였다. 그러나 칠정산 내편의 역주자들이 언급한 바에 따라 조사하여 보면, 대통력에는 일식과 월식의 한계 입교 일수를 양

식한과 음식한으로 구분하여 설명과 함께 정확한 한계 값을 제시하고 있다. 대통력⁹⁶⁾에 기재된 내용에 의하면 일식의 한계는 정삭의 입교를 보아 25일 60이상 0일 60이하와 13일 10이상 15일 20이하가 입교일로, 14일과 26일, 27일은 소여(小餘: 일(日) 이하분)에 관계없이 모두 식한(食限)에 들어간다. 그리고 월식의 한계는 정망의 입교를 보아 26일 05이상 1일 20 이하와 12일 40이상 14일 80이하가 입교일로, 0일과 13일 그리고 27일에는 소여에 관계없이 모두 식한에 들어간다.

교식편에는 일월식한의 입교와 정삭망과 매일의 야반 입교 그리고 정삭 망의 가시 입교에 대한 계산 방법을 제시하고 있다. 이는 정삭과 정망일의 야반(夜半: 子正)과 매일의 야반 입교 일수를 구하고 실제 정삭과 정망이 되는 순간의 입교 일수를 구한 후, 이를 교식의 한계 입교 일수와 비교하 면 교식이 일어나는 날짜와 식의 유무를 쉽게 알 수 있도록 한 것이다. 그 계산은 다음과 같다.

1) 정삭망과 매일의 야반 입교 계산(求定朔望及每日夜半入交)

경삭과 경망의 시각을 입교범일(入交凡日), 즉 교점을 통과한 후의 일수 와 일 이하의 분초로 나타낼 때 이 입교범일에서 일 이하 부분인 소여(小 餘)를 감하면 정삭과 정망의 야반 입교일이 된다. 그러나 경삭의 전후에 있게 되는 정삭이 경삭일에 있지 않고 그 전일이나 후일에 있게 될 때는 입교범일에서 일 이하분을 감하고 다시 1일을 더하거나 감해야 한다. 교점 월의 일수는 27.212224일이므로 큰 달 30일은 이 교점월의 일수에 2.787776 일을 그리고 작은 달 29일은 1.787776일을 더해 주어야 한다. 따라서 다음 달의 정삭과 정망의 야반 입교는 전 달의 야반 입교에 큰 달은 2일을 그리 고 작은 달은 1일을 더한 후 다시 7877분 76초를 더하여 구하였고 여기에

---

96) 『明史』 卷 36: 1b-2a.

1일씩을 누가(累加)하여 매일의 야반 입교범일을 구하였다.

정삭망 야반입교 = 경삭망 입교범일 - 소여　　　　(정삭일 = 경삭일)

　　　　　　　 = 경삭망 입교범일 - 소여 + 1일 (정삭일 < 경삭일)

　　　　　　　 = 경삭망 입교범일 - 소여 - 1일 (경삭일 > 정삭일)

다음 정삭망 야반입교 = 정삭망 야반입교 + 2일 7877분 76초(큰 달)

　　　　　　　　　　 = 정삭망 야반입교 + 1일 7877분 76초(작은달)

매일 야반 입교범일 = (정삭망 야반입교 + Σ 1일) - n × 교점월

2) 정삭망의 입교 시각 계산(求定朔望加時入交)

경삭과 경망의 입교 범일에 정삭과 정망에서의 가감차(加減差)를 가감하면 정삭과 정망의 실제 입교 시각인 가시 입교 범일이 된다.

가감차 = (태양의 영축차 ± 달의 지질차) × 태양의 限行分 / 달의 限行度

　　　 = (태양의 영축차 ± 달의 지질차) × 820분 / 달의 限行度

　　　 = 1한(限)에서의 태양과 달이 떨어진 도수차

정삭망 가시 입교 = 경삭망 가시 입교 ± 정삭망 가감차

6-1. 일식(日食)

일식은 태양과 비슷한 시직경을 갖는 달이 지구와 태양 사이에서 일직선 상에 놓일 때 일어난다. 즉 황도와 백도의 교점을 잇는 교선 방향에 태양과 지구가 함께 놓이게 될 때 생기는 것이다. 따라서 식의 조건은 달이 정삭 때에 황백 교점의 부근에 위치하여야 한다. 일식 계산에는 식이 일어나

는 시간과 식이 일어나는 정도(食分) 그리고 식이 진행되는 시간을 구하는 방법 등이 제시되고 있다. 이 계산에는 관측자의 위도에 따라 교점의 위치가 달리 관측되는 태음시차(太陰視差)와, 계절에 따라 황백도의 교점이 적도 남북으로 옮겨감으로 관측자에게 백도의 시차(視差)가 생기는 남북범차(南北汎差), 그리고 관측하는 시간에 따라 달의 시교점이 실교점으로부터 편이되는 시차 때문에 시교점이 황도상에서 이동되는 동서범차(東西汎差) 등을 고려하여 계산의 정확성을 기하였다. 내편에서 일식 계산은 다음과 같은 방법과 순서로 하였다.

1) 정삭과 식심의 시각과 위치

① 중전분과 중후분의 계산(求中前中後分)

정삭의 시각을 오중(午中)을 기준으로 하였을 때 그 전과 후의 시간 간격으로 나타낸다. 이는 식이 오중의 전과 후 얼마만큼 떨어진 곳에서 일어나는지를 쉽게 알아보기 위한 방법이다.

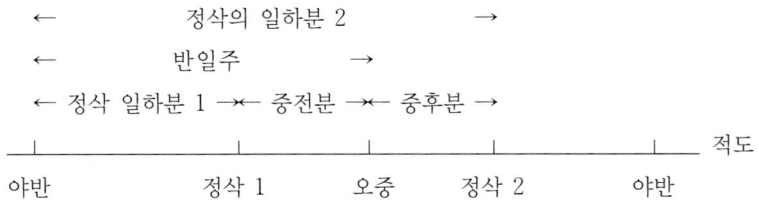

중전분(中前分) = 반일주분 - 정삭의 일하분 1
중후분(中後分) = 정삭의 일하분 2 - 반일주분

② 시차와 식심정분 그리고 거오정분의 계산(求時差食甚及距午定分)

정삭에서 꼭 식심이 일어나는 것이 아니므로 정삭과 식심과의 시간차 즉 시차(時差)를 구한다. 정삭의 일하분에 이 시차를 보정하여 정삭의 야반으로부터 식심까지의 시간을 계산하면 식심정분(食甚定分)이 되고 오중으로부터 식심까지 떨어져 있는 시간을 구하면 거오정분(距午定分)이 된다. 따라서 이는 식심의 야반으로부터의 시간과 오중으로부터의 시간 간격이 얼마인지를 알아보는 계산이다.

시차(時差) = |식심의 시각(식심정분) − 정삭의 시각(정삭의 일하분)|
          = 중전(후)분 × (반일주 − 중전(후)분) × 1/100 × 1/96
식심정분(食甚定分) = 정삭 일하분 ± 시차
              = 정삭일의 야반으로부터 식심 시각까지의 시간
거오정분(距午定分) = 중전(후)분 ± 시차
              = 정삭일의 오중으로부터 식심 시각까지의 시간

③ 식심의 입영축력 일수와 도수를 구하는 법(求食甚入盈縮曆定度)

동지와 하지 이후 식심까지의 일수(入盈縮曆(日分秒))와 동지와 하지 이후 식심까지 태양이 운행한 각도(入盈縮曆定度)를 구하는 계산이다. 동지와 하지 이후 식심까지의 일수는 경삭의 입영축력 일수에 경삭으로부터 식심까지의 시간을 더하여 얻으나 이를 직접 계산할 수 없으므로 경삭의 입영축력 일수에 정삭일을 더하고 다시 식심정분을 더한 후 경삭일과 분초로 감하여 구한다. 이 값에 영축차를 가감하면 식심의 입영축력정도가 계산된다.

식심 입영축력(食甚入盈縮曆) = 경삭 입영축력(일분초) + 정삭일 + 식심정분 − 경삭(일분초)
식심 입영축력정도(食甚入盈縮曆定度) = 식심 입영축력 + 영축차

④ 식심의 수차를 구하는 법(求食甚宿差)

식심의 위치를 별의 수도(宿度)로 나타내는 것을 식심 수차라 한다. 이는 동지 때 태양의 수도인 동지 가시 황도일도에 동지 이후 식심까지 태양이 운행한 각도를 더하여 이를 수차로 채워서 얻는다. 식심의 입영축력 정도는 동지와 하지로부터 각각 식심까지 태양이 운행한 각도이므로 입영축력 정도가 영력(동지에서 하지)에 있을 때는 정적(定積)으로 하고 축력(하지에서 동지)에 있을 때는 반세주를 더하여 정적으로 한다.

정적(定積) = 식심의 입영축력 정도　　　　: 동지점 < 식심 < 하지점
　　　　　 = 식심의 입영축력 정도 + 반세주: 하지점 < 식심 < 동지점
식심 수차도(食甚宿次度) = 정적 + 동지 가시 황도일도 − ∑수차

2) 시차(視差)의 계산

① 남북범차의 계산(求南北汎差)

계절에 따라 황백도의 교점은 적도(赤道)의 남북으로 이동한다. 북반구의 관측자에게는 백도가 남편하는 태음시차와 함께 황백 교점의 적도로부터 떨어진 거리가 계절에 따라 변함으로써 시차가 생기는 남북차가 생긴다. 남북차는 동지와 하지에서 4도 46분으로 최고가 되고 춘분과 추분에서 0도 0분으로 최소가 된다. 따라서 남북범차는 동지와 하지 이후 어느 위치에 있는가를 초말한으로 나타낼 때 초말한이 0이 되는 동지와 하지에서는 4도 46분이 되고 초말한이 상한 값인 91.314375가 되는 춘추분에서는 0도 0분이 되도록 만든 초말한의 2차 함수식으로 계산한다.

남북범차(南北凡差) = 4도 46분 − (초말한)^2/1870

② 반주분의 계산(求半晝分)

반주분이란 낮 길이의 반을 의미하는 것으로서 야반(子正)으로부터 오중 (午中)까지의 길이, 즉 반일주(半日周)에서 야반에서 일출시까지의 길이인 일출분(日出分)을 감하여 얻는다.

반주분(半周分) = 반일주 − 일출분

③ 남북정차의 계산(求南北定差)

식심이 일어나는 시간의 오중으로부터 떨어진 시간 간격을 거오정분이라 할 때, 반주분과 거오정분의 차가 가지는 반주분에 대한 비를 남북범차로 곱하여 얻은 값이 남북정차이다. 즉 남북범차를 식심 시각과 반주분 사이 에서 보간한 값이 남북정차가 된다.

남북 정차(南北定差) = | 남북 범차 − 남북 범차 × 거오정분 / 반주분 |
= 남북 범차 × | 1 − 거오정분 / 반주분 |

④ 동서범차의 계산(求東西汎差)

동서범차는 관측하는 시간에 따라 달의 시교점이 적도를 따라 실교점으 로부터 편이되는 시차 때문에 시교점이 황도상에서 이동되는 도수이다. 이 동서범차는 황백도의 교점 근처에서 황도와 적도가 이루는 각도에 따라 변 화하며 이 각도는 동지와 하지로부터 경과한 시간에 따라 2차 함수가 된 다. 동서범차는 남북범차와는 반대로 동지와 하지에서 0도 0분이 되며 춘 분과 추분에서 4도 46분이 되어 다음과 같이 시간에 따른 2차 함수의 식으 로 표현된다.

동서 범차 = 식심의 입영축력 정도 × (반세주 − 식심의 입영축력 정도) / 1870

⑤ 동서정차의 계산(求東西定差)

관측자가 지구 중심에 있지 않고 지면에 있기 때문에 교점을 향하는 관측자의 방향이 식심이 일어나는 시각에 따라 달라진다. 따라서 식심 시각에 따라 교점이 편이 되어 보이는 시차를 보정해 주어야 한다. 동서 정차는 관측자가 교점을 정면으로 바라보게 되어 시차가 생기지 않는 정오를 기준으로 하여 시차가 가장 크게 되는 일출과 일몰까지의 각 1상한(象限) 2500분의 사이에서 식심이 정오로부터 얼마만큼 떨어진 곳에서 일어나는가를 동서범차에 대하여 보간하여 얻는다.

동서 정차(東西定差) = 동서 범차 × 거오정분/2500 　　：거오정분 < 2500분
　　　　　　　　　 = 동서 범차 × (2 − 거오정분/2500)：거오정분 > 2500분

3) 일식의 한계 도수

① 교상도와 교정도를 구하는 법(求交常交定度)

교점으로부터 경삭까지 달이 평균 운행한 각도(交常度)를 구한 후 영축차를 가감하여 교점으로부터 정삭까지 실제 운행한 각도(交定度)를 구한다.

교상도(交常度) = 경삭의 입교일 × 월평행(주천도 / 항성월 = 13.319도)
교정도(交定度) = 교상도 ± 영축차

② 정교와 중교에서 식이 일어나는 한도(求食在正交中交限度)

식이 일어나는 한계 각도가 교정도로 342도 이상이거나 7도 이하이면 정교에서 식이 있게 되고, 175도 이상이거나 202도 이하이면 중교에서 식이 있음을 구한다. 이 한계 각도는 정교도(363.79도)와 중교도(181.89도)에서 일식의 최소 한계 14.51도와 달의 시차에 의한 황경차 6.1534도를 고려했을 때의 값이다.

> 342도 < 교정도 < 7도 : 정교에서의 식
> 175도 < 교정도 < 202도: 중교에서의 식

③ 정교와 중교에서 식의 실제 한도 계산(求食在正交中交定限度)

정교와 중교의 정한도는 정교도와 중교도에 남북 정차와 동서 정차를 가감하여 얻는다. 이는 위도에 의한 시차를 보정한 정교도와 중교도에 다시 계절에 따라 변화하는 남북 정차와 동서 정차의 시차를 보정하여 실제 관측되는 시정교(視正交)와 시중교(視中交)의 위치를 계산하는 것으로 정교에서 다음의 시정교까지의 각도가 정교 정한도이고 정교에서 다음의 시중교까지의 각도가 중교 정한도이다.

> 정교도(正交度) = 교종도 − 관측자의 위도에 따른 달의 시차
> = 363도 79분 34초 − 6도 15분 34초
> = 357도 64분
> 중교도(中交度) = 교중도 − 관측자의 위도에 따른 달의 시차
> = 181도 89분 67초 + 6도 15분 34초
> = 188도 05분 01초
> 정교 정한도(正交定限度) = 정교도 ± 남북정차 ± 동서정차
> 중교 정한도(中交定限度) = 중교도 ± 남북정차 ± 동서정차

④ 음력과 양력에서 식의 교전, 교후도 계산
　（求食入陰陽曆去交前後度）

　식이 교점에서 일어나지 않고 황도 이북과 이남의 음력과 양력에서 있게
될 때, 교점으로부터 식이 일어나는 정삭까지의 전후 각도를 구하는 것으
로 식이 일어나는 식분을 계산할 때 사용된다. 정교로부터 정삭까지의 각
도인 교정도가 시차를 보정한 정교 정한도 이하이면 정교 정한도에서 감하
여 음력 교전도(陰曆交前度)로 하고, 이상이면 교정도에서 정교 정한도를
감하여 양력 교후도(陽曆交前度)로 한다. 또 교정도가 중교 정한도 이하이
면 중교 정한도에서 감하여 양력 교전도로 하고, 이상이면 교중도에서 중
교 정한도를 감하여 음력 교후도(陽曆交前度)로 한다.

　정교 정한도 － 교정도 ＝ 음력 교전도: 정교 정한도 〉교정도
　교정도 － 정교 정한도 ＝ 양력 교후도: 정교 정한도 〈 교정도
　중교 정한도 － 교정도 ＝ 양력 교전도: 중교 정한도 〉교정도
　교정도 － 중교 정한도 ＝ 음력 교후도: 중교 정한도 〈 교정도

4) 일식의 식분과 진행 시간

① 일식분초를 구하는 법(求日食分初)

　음력과 양력에서 정삭이 교점으로부터 떨어진 각도(陰陽曆去交前後度)를
구하여 각각 음력과 양력의 일식 한계에서 감한 후, 일식의 최대 식분이
10분이 되도록 정한 음력과 양력의 정법으로 나누면 일식의 식분을 나타내
는 일식분초가 계산된다. 태양과 달의 시지름을 10분으로 놓고 태양면의
가려진 비율에 따라 식분을 나타낸다.

일식분초 = [음력식한(8도) - 음력 거교전후도] × 1/80: 음력에서의 식
      = [양력식한(6도) - 양력 거교전후도] × 1/60: 양력에서의 식

② 정삭의 정한행도를 구하는 법(求定限行度)

정삭에서 달이 1한(限) 동안 움직이는 운행 도수를 구하여 태양이 1한을 움직이는 도수(태양의 한행분: 820분)와의 차를 구한다. 정삭에서 달의 한 행도는 정삭의 입지질력(入遲疾曆)에 달의 1일 행도 12한 20분을 곱하여 정한(定限)을 구한 다음, 태음 한수 지질도에서 정한에 해당하는 한행도를 찾아서 구한다. 정삭의 정한 행도(定限行度)는 정삭에서 1한 동안 달이 태양을 앞서가는 상대도수를 구하는 것으로서 일식의 식분과 식의 진행 시간을 계산할 때 사용한다.

정삭 입지질력(定朔入遲疾曆) = 경삭 입지질력 ± 정삭의 가감차
정한(定限) = 정삭 입지질력 × 12한 20분(달의 1일 행도)
        = 정삭에서 달이 지력이나 질력에 들어간 일수를 한수로 나타낸 값
정한행도(定限行度) = 정삭에서 달의 한행도(限行度) - 태양의 한행분(限行分)

③ 정용분과 삼한신각을 구하는 법(求定用分及三限辰刻)

일식에서 정용분(定用分)은 달이 태양을 가리기 시작하는 초휴(初虧)의 순간부터 식의 중심까지 가는데 걸리는 시간으로 초휴에서 식심까지의 거리를 달이 태양에 대하여 움직이는 상대 속도로 나누어 계산한다. 삼한(三限)의 신각(辰刻)은 식의 진행과정에서 초휴와 식심 그리고 복원의 시각을 신(辰)과 각(刻)의 시각법으로 나타내는 것이다.

정용분(定用分) = 초휴에서 식심까지의 거리 ÷ 달의 태양에 대한 상대속도
        = $\sqrt{(20분 - 일식분) \times 일식분}$ × 5740/정한행도

초휴(初虧) = 식심정분 - 정용분

복원(復圓) = 식심정분 + 정용분

④ 태양면에서 일식이 시작되는 부분의 방위를 구하는 법(求日食所起)

태양면에서 일식이 시작되는 곳은 달이 황도 이남의 양력에서 있을 때와 이북의 음력에 있을 때 각각 다른 곳에서 시작이 된다. 양력에서는 달이 태양 아랫부분의 앞면을 지나가므로 태양면의 서남에서 식이 시작되어 정남에서 식심이 되고 동남에서 복원이 된다. 음력에서는 달이 태양 윗부분의 앞면을 지나가므로 태양면의 서북에서 식이 시작되어 정북에서 식심이 되고 동북에서 복원이 된다. 식분이 8분식 이상인 일식에서는 달이 태양면의 대부분을 가리므로 태양면의 정서에서 식이 시작되고 정동에서 복원이 되는 것으로 본다.

⑤ 일입분의 계산(求日入分)

일주(日周)에서 반주야분(半晝夜分)과 같은 값인 일출분(日出分)을 감하면 일입분(日入分)이 된다.

일입분(日入分) = 일주 - 일출분

⑥ 일출입 시각에 일식의 식분을 구하는 법(求日出入帶所見分)

일식이 진행되고 있는 상황에서 일출과 일입이 될 때 그 시각이 초휴 이상이나 식심 이전이면 대식(帶食)이라고 한다. 이 시각에서의 일식의 식분을 일출입 대식 소견분이라 하며, 이 식분은 초휴에서 일출입까지의 시간을 초휴에서 식심까지의 시간인 정용분으로 나누고 그날의 일식분으로 곱

하여 구한다. 초휴에서 일출입까지의 시간은 직접 구할 수 없으므로 일출
입분을 식심분에서 감하고 다시 이 값을 정용분에서 감하여 구한다.

대식(帶食): 초휴 < 일출입분 < 식심
일출입 대식 소견분 = 일식분 × 초휴에서 일출입까지의 시간 / 정용분
= 일식분 × [1 - (식심분 - 일출입분) / 정용분]

⑦ 일출입후의 미복광분을 구하는 법(求日出入後未復光分)

일식이 진행되고 있는 상황에서 일출과 일입이 될 때 그 시각이 식심 이
상이고 복원 이하이면 대생광(帶生光)이라고 한다. 미복광분(未復光分)은
일출입후에 진행되는 식분으로 일출입의 시각으로부터 복원이 되는 순간까
지의 시간을 정용분으로 나누고 그날의 일식분으로 곱하여 얻는다.

대생광(帶生光): 식심 < 일출입분 < 복원
미복광분(未復光分) = 일식분 × 일출입 시각에서 복원까지의 시간 / 정용분
= 일식분 × [1 - |식심분 - 일출입분| / 정용분]

6-2. 월식(月食)

월식은 태양과 비슷한 시직경을 갖는 달이 지구와 태양 사이에서 일직선
상에 놓여 지구 그림자에 의해 가려질 때 생긴다. 월식의 계산은 일식의
경우와 거의 같은 방법으로 하나, 달의 시차(視差)를 계산에 고려하지 않
으며 따라서 식한도 음양력으로 구분하지 않으므로 일식의 계산보다는 간
단하다.

1) 정망과 식심의 시각과 위치

① 묘전 묘후분과 유전 유후분의 계산(求卯酉前後分)

월식이 일어나는 시간이 자정과 오중을 전후로 하여 얼마만큼 떨어진 곳에서 일어나는가 알아보는 계산이다. 야반을 전후로 일주의 1/4이 되는 묘시(卯時)와 유시(酉時)를 기준으로 하여, 정망일의 일하분이 일주의 1/4이하에 있으면 묘전분(卯前分)이고 이상이면 반일주에서 감하여 묘후분(卯後分)으로 한다. 또 일하분이 3/4이하에 있으면 이것에서 반일주를 감하여 유전분(酉前分)으로 하고 이상이면 일주에서 일하분을 감하여 유후분(酉後分)으로 한다.

묘전분 = 정망 일하분   : 정망 일하분 < 1/4 일주
묘후분 = 반일주 - 정망 일하분   : 1/4 일주 < 정망 일하분 < 1/2 일주
유전분 = 정망 일하분 - 반일주   : 1/2 일주 < 정망 일하분 < 3/4 일주
유후분 = 일주 - 정망 일하분   : 3/4 일주 < 정망 일하분 < 일주

② 월식에서 시차와 식심정분을 구하는 법(求時差及食甚定分)

시차는 월식의 식심 시각과 정망 시각의 시간차로 정망의 일하분에 이 시차를 보정하면 정망의 야반으로부터 식심까지의 시간인 식심정분이 된다. 그러나 칠정산 내편의 역주에 따르면 실제로 월식은 지구의 그늘에 달이 들어가는 것이므로 지표상 월식이 관측되는 곳은 어디에서나 동일 시각에 나타나므로 시차가 있을 수 없으며 대통력에서도 식심 정분을 계산하는 데 시차를 쓰지 않았다고 한다.

시차(時差) = |식심의 시각(식심정분) - 정망의 시각(정망의 일이하분)|
           = (일주 - 묘유 전(후)분) × 1/100

식심정분(食甚定分) = 정망 일하분 ± 시차

③ 식심의 입영축력과 입명축력정도를 구하는 법 (求食甚入盈縮曆定度)

동지와 하지 이후 식심까지의 일수(入盈縮曆)와 동지와 하지 이후 식심까지 태양이 운행한 각도(入盈縮曆定度)를 구한다.

식심 입영축력(食甚入盈縮曆) = 경망 입영축력(일분초) + 정망일 + 식심정분 − 경망(일분초)
식심 입영축력정도(食甚入盈縮曆定度) = 식심 입영축력일 분초 + 영축차

④ 식심의 수차를 구하는 법(求食甚宿差)

월식 때의 식심의 수차는 달과 태양이 천구상에서 서로 정반대의 위치에 있으므로 태양의 위치와 반주천의 차이가 난다. 따라서 입영축력 정도가 영력(동지에서 하지)에 있을 때는 반주천을 더하여 정적(定積)으로 하고 축력(하지에서 동지)에 있을 때는 반세주와 반주천을 더한 후 주천으로 채워 남는 나머지를 정적으로 한다. 식심의 수차도는 이 정적에 동지 가시 황도 일도를 더하고 이를 수차로 채워서 얻는다.

동지점 < 식심 < 하지점 : 영력에 있을 때
　　정적(定積) = 식심의 입영축력 정도 + 반주천
하지점 < 식심 < 동지점 : 축력에 있을 때
　　정적(定積) = 식심의 입영축력 정도 + 반세주 + 반주천 − 주천
식심 수차도(食甚宿次度) = 정적 + 동지 가시 황도일도 − Σ수차

2) 월식의 한계 도수

① 정망의 교상도와 교정도 계산(求交常交定度)

교점으로부터 경망까지 달이 평균 운행한 각도(交常度)를 구한 후 영축차를 가감하여 교점으로부터 정망까지 실제 운행한 각도(交定度)를 구한다.

교상도(交常度) = 경망의 입교 범일 분초 × 월평행(주천도 / 항성월 = 13.319도)
교정도(交定度) = 교상도 ± 영축차

② 음력과 양력에서 식의 교전과 교후도 계산
(求食入陰陽曆去交前後度)

식이 교점에서 일어나지 않고 황도 이북과 이남의 음력과 양력에서 있게 될 때, 교점으로부터 식이 일어나는 정망까지의 전후 각도를 구하는 것으로 식이 일어나는 식분을 계산할 때 사용된다. 정교로부터 정망까지의 도수인 교정도가 교중도보다 작으면 달은 정망 때에 황도 이남의 양력에 있게 되고 교중도보다 크면 황도 이북의 음력에 있게 된다. 달이 정망에서 각각 황도 이남과 이북에 있을 때, 정교와 중교로부터 정망까지의 전후 각거리가 식의 교전, 교후도가 되며 이를 입음양력 도분초(入陰陽曆度分初)라 한다. 입음양력 도분초가 각각 전준보다 크거나 후준보다 작을 때 월식이 일어난다. 여기서 전준은 교점월과 반삭망월과의 차를 천구상의 도수로 나타낸 값이고 후준은 반교점월에서 반삭망월과의 차를 천구상의 도수로 나타낸 값이다. 따라서 전준과 후준의 합은 반교점월 동안 달이 운행한 도수인 교중도의 값이 되며 월식의 일어나는지의 여부를 판단하는 데 쓰인다.

교정도 분초 < 교중도 분초 : 양력

교정도 분초 > 교중도 분초 : 음력

입양력 도분초 > 전준   : 교전도 분초

입음력 도분초 < 후준   : 교후도 분초

3) 월식의 식분과 진행 시간

① 월식분초를 구하는 법(求月食分初)

음력과 양력에서 정망이 교점으로부터 떨어진 전후 각도(去交前後度)를 구하여 월식의 한계 도수 13도 05분에서 감한 후 월식의 최대 식분이 15분이 되도록 정한 정법 87로 나누면 월식의 식분을 나타내는 월식 분초가 계산된다. 달의 시직경을 10분으로 놓으면 지구 그림자의 직경은 그 두 배인 20분이 되므로 달과 지구의 그림자가 접하는 순간 두 중심 간의 거리는 15분이 되고 두 중심이 일치될 때에는 0이 된다. 따라서 달이 가려지는 정도를 나타내는 식분을 두 중심 간의 거리로 표현할 때, 두 중심 간의 거리가 15가 되는 경우의 식분은 0분이 되고 두 중심의 거리가 가까워질수록 식분은 커져서 두 중심이 일치될 때의 식분은 최대 값인 15분이 된다. 그러므로 교점과 정망(定望)이 일치되어 식심에서 두 중심의 거리가 0이 될 때, 식분은 15분으로 최대가 되며 교점에서 정망이 멀어질수록 식분은 줄어들어 13도 05분의 식한에서는 0분식이 된다. 그리고 교점과 정망과의 거리가 식한을 벗어나면 월식은 일어나지 않는다.

월식분초 = [월식한(13도 05분) - 거교전후도 분초] × 1/87

② 정망의 정한행도를 구하는 법(求定限行度)

정망에서 달이 1한(限)동안 움직이는 운행 도수를 구하여 태양이 1한을 움직이는 도수(태양의 한행분: 820분)와의 차를 구한다. 정망에서 달의 한 행도는 정망의 입지질력(入遲疾曆)에 달의 1일 행도 12한 20분을 곱하여 정한(定限)을 구한 다음 태음 한수 지질도에서 정한에 해당하는 한행도를 찾으면 된다. 정한행도(定限行度)는 정망에서 1한 동안 달이 태양을 앞서 가는 상대도수를 구하는 것으로서 월식의 식분과 식의 진행 시간을 계산할 때 사용한다.

정망 입지질력(定望入遲疾曆) = 경망 입지질력 ± 정망의 가감차
정한(定限) = 정망 입지질력 × 12한 20분(달의 1일 행도)
           = 정망에서 달이 지력이나 질력에 들어간 일수를 한수로 나타낸 값
정한행도(定限行度) = 정망에서 달의 한행도(限行度) − 태양의 한행분(限行分)

③ 정용분과 3한, 5한의 신각 계산(求定用分及三限五限辰刻)

월식에서 정용분(定用分)은 지구의 그림자가 달을 가리기 시작하는 초휴 (初虧)의 순간부터 식의 중심까지 가는데 걸리는 시간을 나타내는 것으로 초휴에서 식심까지의 거리를 달이 태양에 대하여 움직이는 상대 속도로 나 누어 계산한다. 초휴에서 식심까지의 거리는, 초휴의 순간 달의 중심과 식 심에서의 달의 중심이 지구 그림자의 중심과 직각 삼각형이 되므로 피타고 라스 정리를 이용하여 식이 시작되는 순간의 두 중심 간의 거리 15분과 식 심에서 두 중심 간의 거리를 나타내는 월식 분초의 값으로부터 구한다. 삼 한(三限)의 신각(辰刻)은 식의 진행과정에서 초휴와 식심 그리고 복원의 시각을 신(辰)과 각(刻)의 시각법으로 나타내는 것이며 오한(五限)의 신각 은 이 삼한의 신각에 달이 지구 그림자 안으로 완전히 들어가서 개기월식 이 시작되는 식기(食旣)와 지구 그림자를 막 벗어나기 시작하는 생광(生

光)의 시각을 더하여 신각으로 나타낸 것이다.

정용분(定用分) = 초휴에서 식심까지의 거리 + 달의 태양에 대한 상대속도

= $\sqrt{(30분-월식분초)\times월식분초}$ × 4920/정한행도

기내분(既內分) = 식기에서 식심까지의 시간

= $\sqrt{(월식분초-10분)\times[10분-(월식분초-10분)]}$ × 4920/정한행도

기외분(既外分) = 초휴에서 식기까지 또는 식심에서 생광까지의 시간

= 정용분 - 기내분

초휴(初虧) = 식심정분 - 정용분

식기(食既) = 초휴 + 기외분

식심(食甚) = 초휴 + 기내분

생광(生光) = 식심분 + 기내분

복원(復圓) = 생광 + 기외분

④ 월식의 경점 시각을 구하는 법(求食入更點)

경(更)과 점(點)은 밤의 시간을 나누는 시각법으로 계절에 따라 그 길이가 달라진다. 경은 밤의 길이를 5등분한 시간이며 점은 다시 경을 5등분한 시간이다. 자정으로부터 동틀 때까지의 길이인 신분(晨分)은 밤의 길이의 반이 되므로 식심에 들어간 날의 신분에 5분의 2를 곱하면 1경의 길이를 얻게 된다. 이 1경의 길이를 경법(更法)으로 하고 또 경법을 5로 나누어 점법(點法)으로 하는데 이들은 월식의 시각을 경과 점으로 환산하는 데 사용된다. 3한(三限)과 5한(五限)의 시각이 각각 혼분(昏分)이상이면 혼분을 감하고 신분 이하이면 신분을 가하여 이것들을 경법으로 나누어 그 몫을 경수(更數)로 하고 나머지는 다시 점법으로 나누어 점수(點數)로 하여 각각의 경과 점을 얻는다.

경법(更法) = 밤의 길이(야각) × 1/5

= 신분 × 2/5

점법(點法) = 경법 × 1/5

3한분, 5한분 > 혼분 : (3한분, 5한분 − 혼분) / 경법 = 경수 + 나머지

나머지 / 점법 = 점수

3한분, 5한분 < 신분 : (3한분, 5한분 + 신분) / 경법 = 경수 + 나머지

나머지 / 점법 = 점수

⑤ 월면에서 월식이 시작되는 방위를 구하는 법(求月食所起)

달이 황도 이남의 양력에서 있을 때는 달의 윗면이 지구 그림자에 가려지므로 월식은 동북(東北)에서 시작되어 정북(正北)에서 식심(食甚)이 되고 서북(西北)에서 복원(復圓)이 된다. 달이 황도 이북의 음력에 있을 때는 달의 아랫면이 지구 그림자에 가려지므로 월식은 동남(東南)에서 시작되어 정남(正南)에서 식심이 되고 서남(西南)에서 복원이 된다. 월식이 8분식 이상이면 달의 대부분이 가리워지므로 초휴는 정동(正東)에서 생기고 복원은 정서(正西)에서 된다.

⑥ 일출입 시각에 일어나는 월식의 식분 계산(求月出入帶所見分)

월식이 진행되고 있는 상황에서 일출과 일입이 될 때 그 시각이 초휴 이상이나 식심 이하이면 대식(帶食)이라고 한다. 이 시각에서의 월식의 식분을 월출입 대식 소견분이라 하며 이 식분은 초휴에서 일출입까지의 시간을 초휴에서 식심까지의 시간인 정용분으로 나누고 그날의 월식분으로 곱하여 구한다. 초휴에서 일출입까지의 시간은 직접 구할 수 없으므로 일출입분을 식심분에서 감하고 다시 이 값을 정용분에서 감하여 구한다.

대식(帶食) : 초휴 〈 일출입분 〈 식심

월출입 대식 소견분 = 월식분 × 초휴에서 일출입까지의 시간 / 정용분

= 월식분 × [1 - (식심분 - 일출입분) / 정용분]

⑦ 일출입 후에 진행된 월식의 식분 계산(求月出入後未復光分)

월식이 진행되고 있는 상황에서 일출과 일입이 될 때 그 시각이 식심 이상이고 복원 이하이면 대생광(帶生光)이라고 한다. 미복광분(未復光分)은 일출입후에 진행되는 식분으로 일출입의 시각으로부터 복원이 되는 순간까지의 시간을 정용분으로 나누고 그날의 월식분초로 곱하여 얻는다.

대생광(帶生光) : 식심 〈 일출입분 〈 복원

미복광분(未復光分) = 월식분 × 일출입 시각에서 복원까지의 시간 / 정용분

= 월식분 × [1 - |식심분 - 일출입분| / 정용분]

7. 오성(五星)

오성(五星)은 육안으로 관측되는 수성(水星), 금성(金星), 화성(火星), 목성(木星), 토성(土星)의 다섯 행성을 말한다. 오행성(五行星)의 항성주기와 회합주기 및 행성이 합(合) 근방에서 태양광선 때문에 보이지 않다가 다시 보이기 시작하는 부분의 천구상의 각도와 일수(日數) 및 행성이 역행(逆行)과 유(留)에 있게 되는 일수와 일정 기간 동안의 평균 운행 도수, 그리고 영축 운동에 의한 행성의 실제 운행 도수 등의 계산 방법이 수표와 함께 실려 있다. 위의 천문 상수들과 수표의 값들을 이용하여 오성이 합과 겉보기 운동을 하는 각 단계에 들어선 위치 및 이들의 위치에서 영축 운동을 가감한 일수와 실제 운행 도수 등을 계산한다. 계산 방법은 다음과 같다.

1) 오행성의 영축 계산

① 천정 동지 후 오행성이 평합과 각 단에 드는 일수와 도수의 계산
(推天正冬至後五星平合及諸段中積中星)

천정동지 후 오행성이 태양과 일직선 상에서 합(合)이 되는 시각과 순행
(順行)과 역행(逆行), 유(留) 등의 시운동(視運動)을 하는 행성 운동 구간
의 각 단(段)이 동지로부터 경과한 일수(日數)와 도수(度數)를 구하는 계
산이다. 중적(中積: 원동지에서 천정동지까지의 일수)에 합응(合應: 원동
지 전의 합에서 원동지까지의 일분초)을 더하여 그 행성의 주율(周率: 행
성의 회합주기)로 나누어 남은 나머지를 전합(前合)이라 하고, 주율에서
전합을 감하여 후합(後合)으로 한다. 즉 천정 동지 전의 합에서 천정 동지
까지를 전합이라 하고 천정 동지에서 평합까지를 후합이라 한다. 후합을
일주(日周) 10000으로 나누어 그 행성의 천정 동지 후 중적(中積)과 중성
(中星)으로 한다(후합을 일수로 나타낸 것이 중적이고 도수로 나타낸 것이
중성이다). 평합 중적에 그 행성의 단일(段日)을 차례로 더하면 각 단의
중적이 된다. 또 평합 중성에 그 행성의 평도(平度)를 차례로 더하되 퇴
(退: 역행)를 지날 때는 평도를 감하여 각 단의 중성으로 한다(원동지 이
전의 경우는 중적에서 합응을 감하여 이 값이 주율보다 크면 주율의 최대
배수로 나누어 남은 나머지를 후합분으로 한다).

  a) 전합(前合) = 중적 + 합응 - Σ주율
  b) 후합(後合) = 주율 - 전합
  c) 후합 / 일주(= 10000) = 천정 동지 후 평합 중적(일수)
                      = 천정 동지 후 평합 중성(도수)
  d) 각 단의 중적 = 평합 중적 + Σ 각 단의 단일
  e) 각 단의 중성 = 평합 중적 + Σ 각 단의 평도(순행)
              = 평합 중적 - Σ 각 단의 평도(역행)

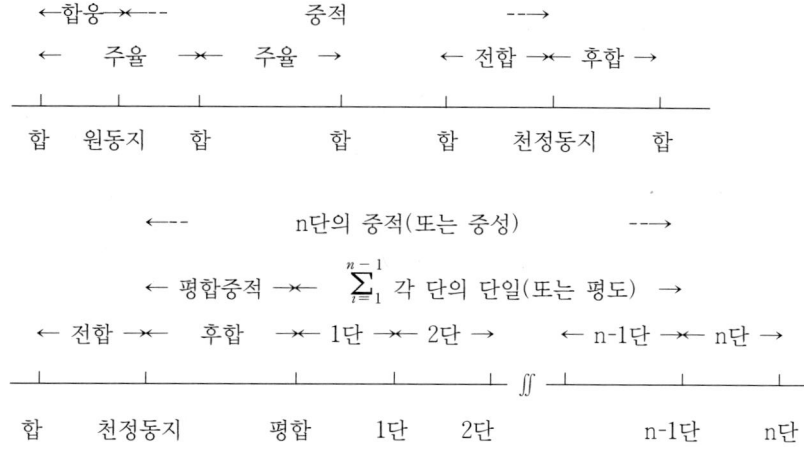

② 오행성의 평합과 각 단의 입력을 구하는 법
(推五星平合及諸段入曆)

오행성의 평합(平合)과 각 단(段)이 영력(盈曆)과 축력(縮曆)에 들어선 도수(度數)를 구하는 계산이다. 각 행성의 중적에 역응(曆應: 행성이 원동지 전 영력에 들어선 시점에서 원동지까지 가는데 걸린 일분초)과 후합(後合)을 가한 후 역율(曆率: 행성의 항성 주기)을 차례로 감하여 남은 나머지를 다시 도율(度率: 행성이 천구를 1도 운행하는데 걸리는 시간)로 나누어 정수 부분은 도(度)로 하고 정수 이하 부분은 도 이하의 분초(分初)하면 그 행성의 평합 입력 도분초(平合入曆度分初)가 된다. 여기에 각 단의 한도(限度: 각 단의 운행 도수)를 차례로 더하면 각 단의 입력도(入曆度)가 된다(원동지 이전의 경우는 중적에서 역응을 감하고 이 값이 역율보다 크면 역율을 차례로 감하여 남은 나머지를 다시 역율에서 감하고 그 해의 후합을 더하여 위와 같은 방법으로 계산한다).

a) 평합 입력 도분초 T = (중적 + 역응 + 후합 − ∑역율) / 도율

b) 각 단의 입력도 T′= 평합 입력도 + ∑ 각 단의 한도

a)

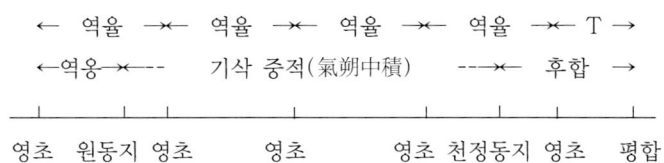

← 역율 →·← 역율 →·← 역율 →·← 역율 →← T →

←역응→·--   기삭 중적(氣朔中積)   --→← 후합 →

영초 원동지 영초   영초   영초 천정동지 영초 평합

b)

←   n단의 입력도 $T′=T+\sum_{i=1}^{n-1}$ 각단의 한도   →

← 평합입력도 T →·← $\sum_{i=1}^{n-1}$ 각단의 한도   --→

←   후합   →·←1단→·←2단→   ←n-1단→·←n단→

천정동지 영초   평합 1단 2단   n-1단 n단

③ 영축차의 계산(求盈縮差)

행성의 입력도가 역중(曆中: 1/2주천도 = 182.6287도)이하이면 영력(盈
曆)으로 하고, 이상이면 입력도에서 역중을 감하여 축력(縮曆)으로 한다.
영축력을 역책(曆策: 1/24주천도 = 15.2190625도)으로 나누어 그 몫을 책
수(策數)라 하고 그 나머지를 책여(策餘)라 한다. 이 책여에다 책수에 해
당하는 손익율(損益率)을 수표에서 찾아 곱하고 역책으로 나눈 값을 그 책
수의 영축적(盈縮積)에서 가감하면 영축차(盈縮差)가 된다(영축적에 익
(益)이면 가하고 손(損)이면 감한다).

a) 영축력(盈縮曆)

　　입력도 < 역중: 입력도 = 역력

　　입력도 > 역중: 입력도 - 역중 = 축력

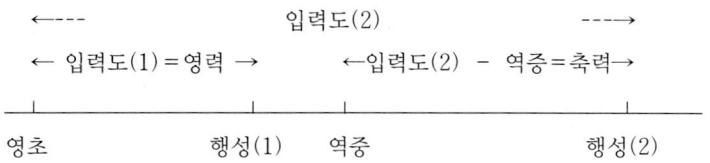

```
←---                    입력도(2)              ---→
    ← 입력도(1)＝영력 →      ←입력도(2) － 역중＝축력→
├─────────────────┴────────────────┤
영초            행성(1)  역중              행성(2)
```

b) 책수와 책여

　　영축력 ÷ 역책 = 몫(책수) + 나머지(책여)

```
←--- 영력 = 역책 × n(책수) + 책여 ---→
← 역책 →
←--역책(15.22도) × n--→←  책여   →
├──┴──┴── ∫∫ ──┴────┴────┴──
영초   15.22도        15.22도×n      행성      역중
```

```
        ← 축력＝역책×n + 책여 →
        ← 역책 →
        ←--역책 (15.22도) × n--→←  책여  →
├────────┴────┴── ∫∫ ──┴────┴──
영초        역중  역중 + 15.22도  역중 + 15.22도 × n  행성
```

c) 영축차 = 영축적 + 익율 × 책여 / 역책

　　　　 = 영축적 - 손율 × 책여 / 역책

$$f(n + \varDelta n) = f(n) \pm \{f(n + 1) - f(n)\} \times \varDelta n / 15.22도$$

168

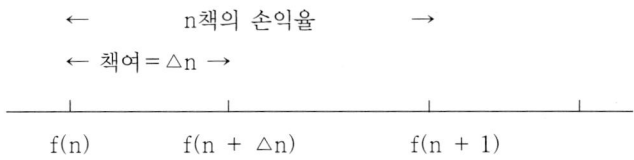

$f(n)$ $\qquad$ $f(n + \triangle n)$ $\qquad$ $f(n + 1)$

2) 평합과 각 단에 들어서는 시각과 위치

① 평합과 각 단에서 정적을 구하는 법(求平合及諸段定積)

행성의 각 단(各段)의 중적에 영축차(盈縮差)를 가감하면(영(盈)은 가하고 축(縮)은 감한다) 그 단의 정적일(定積日)과 분초(分初)가 된다. 여기에 천정 동지의 일분초(日分初)를 더하여 이 값이 기법(紀法) 60보다 크면 기법으로 나누고 남은 나머지를 그 단의 일분초로 한다. 갑자(甲子)일로부터 나머지 일수만큼을 간지로 세어 가면 그 단의 일진(日辰)을 얻는다.

a) 정적 일분초(定積日分初) = 각 단의 중적 + 영차
                        = 각 단의 중적 - 축차

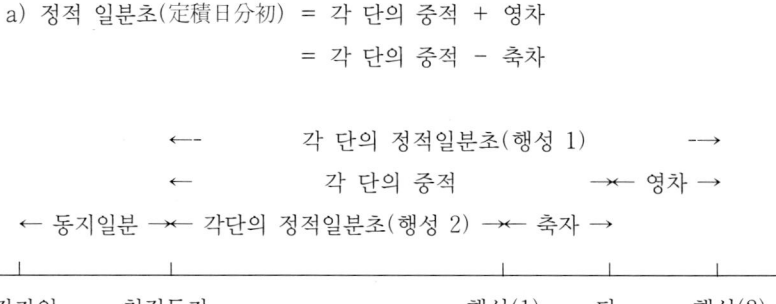

b) 각단의 가시 일분초(各段加時日分初) T = 정적 일분초 + 천정 동지 일분초

T < 60 : 각 단의 가시 일 = 일진

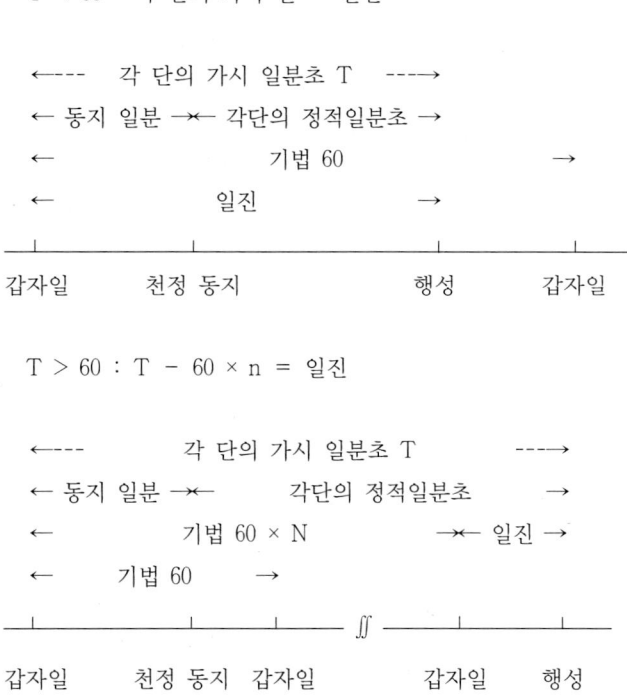

T > 60 : T - 60 × n = 일진

② 평합과 각 단에 드는 달과 날을 구하는 법
(求平合及諸段所在月일)

각 단의 정적일(定積日: 천정 동지에서 각 단까지의 일수)에 천정 윤여 (天正閏餘: 천정 동지 전의 경삭부터 천정 동지까지의 일분초)를 더하여 삭책(朔策: 삭망월)보다 크면 삭책으로 나누어서 그 몫을 월수(月數)로 하 고 그 나머지를 그 달에 들어선 일수(日數)와 분초(分初)로 한다. 천정 11 월부터 그 월수만큼을 세어 가면 그 단이 드는 월수와 일분초가 된다. 다 음 단까지의 일진의 차로 다음 단이 되는 월(月)과 일(日)을 얻는다.

각 단에 들어선 월수 = (각단의 정적일 + 천정 윤여)/삭책

= 월수(몫 = n) + 일수와 분초(나머지)

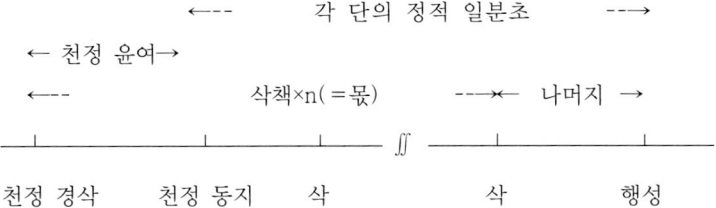

③ 평합과 각 단에 드는 시각의 정성을 구하는 법
　(求平合及諸段加時定星)

각 단의 중성(中星: 천정 동지에서 각 단까지의 도수)에 영축차를 고려하여 실제 운행한 도수를 구하는 계산이다. 각 단의 중성에 영축차를 가감하면(금성은 2배하고 수성은 3배하여 가감한다.)각 단의 정성(定星)이 된다. 천정 동지가 되는 시각의 태양의 황도 일도에 각 단의 정성을 더하여 황도 수차로 채워 가면 수차로 채워지지 않고 남는 나머지가 가시정성(加時定星), 즉 행성이 각 단에 드는 시각의 수도(宿度)와 분초가 된다.

각 단의 정성 = 각 단의 중성 ± 영축차

= 각 단의 중성 ± 2 × (영축차) : 금성

= 각 단의 중성 ± 3 × (영축차) : 수성

가시정성(加時定星) = 각 단의 정성 + 천정동지 가시 황도일도 − Σ황도 수차

←-- 　　　각 단에 드는 시각의 정성 　　　--→

←-- 　　　각 단의 정성 　　　--→

← 동지 황도일도 →←- 각 단의 중성 →←- 영축차 →

_____ 황도

황도기점　　　　천정동지　　　　단(段)　　　행성

④ 각 단에 드는 첫날 밤 자정의 정성을 구하는 법
  (求諸段初日晨前夜半定星)

  천정 동지로부터 각 단이 드는 첫날 밤 자정까지 행성이 실제 운행한 도
수를 구하는 계산이다. 각 단의 초행율(初行率: 각 단이 드는 첫날의 1일
평균 운행 도분)에 그 단이 되는 날 자정에서 그 단까지의 분(分)을 곱하
고 100으로 나눈다. 이 값을 각 단이 되는 시각의 정성(定星: 천정 동지로
부터 각 단까지의 운행 도수)에서 가감하되 순행의 경우 감하고 역행의 경
우 가하면 그 단이 드는 첫날 밤 자정의 정성이 된다.

  a) 초일 신전 야반 정성 = 가시 정성 − 초행율 × 가시분 / 100 : 순행
                      = 가시 정성 + 초행율 × 가시분 / 100 : 역행

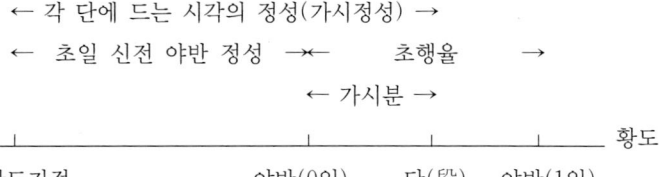

      ← 각 단에 드는 시각의 정성(가시정성) →
      ← 초일 신전 야반 정성 →←   초행율   →
                  ← 가시분 →
  ─────┴───────────┴──────┴──────┴───── 황도
  황도기점   야반(0일)   단(段)   야반(1일)

  b) 초일 신전 야반 수차 S = 초일 신전 야반 정성 − ∑황도 수차

      ← 초일 신전 야반 정성 →
      ← ∑ 황도 수차 →←─ S →
  ─────┴───────────┴──────┴──────┴───── 황도
  황도기점   야반(0일)   단(段)   야반(1일)

3) 각 단에서 오형성의 평균 운행 도수를 구하는 법

① 각 단의 일율과 도율 계산(求諸段日率度率)

각 단 사이의 일수(日數) 차와 도수(度數) 차를 구하는 계산이다. 다음
단(段)이 드는 날에서 그 단이 드는 날을 감하여 일율(日率)이라고 한다
(날을 일진으로 나타내므로 감할 수 없을 경우는 기법 60을 더하여 감한
다). 각 단이 드는 밤 자정의 정성과 다음 단이 드는 밤 자정의 정성의 차
를 도율(度率)이라고 한다.

a) 일율(日率)
    a-1) 순행(→): 일율(日率) = (n + 1)단의 가시일 − n단의 가시일

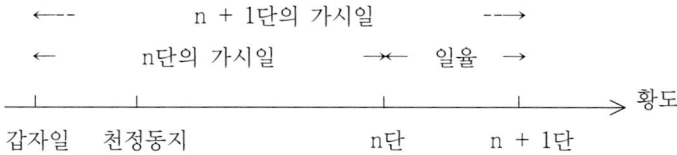

```
        ←---        n + 1단의 가시일        ---→
        ←        n단의 가시일        →←   일율  →
        ┼────────┼──────────────────┼─────────┼──────→ 황도
      갑자일   천정동지              n단      n + 1단
```

    a-2) 역행(←): 일율(日率) = (n + 1)단의 가시일 + 60 − n단의 가시일

```
        ←--       n단의 가시일        ---→←  일율 →
        ←      n + 1단의 가시일      →←  기법 60  →
        ┼────────┼──────────────────┼─────────┼──────→ 황도
      갑자일   천정동지           n + 1단  n단
```

2) 도율(度率)

　2-a) 순행(→) : 도율(度率) = (n + 1)단의 야반 정성 – n단의 야반 정성

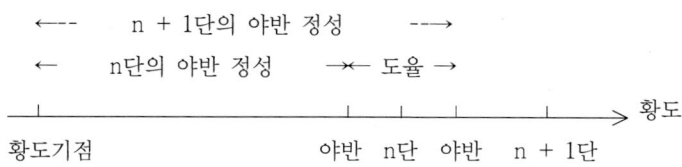

　2-b) 역행(←) : 도율(度率) : n단의 야반 정성 – (n + 1)단의 야반 정성

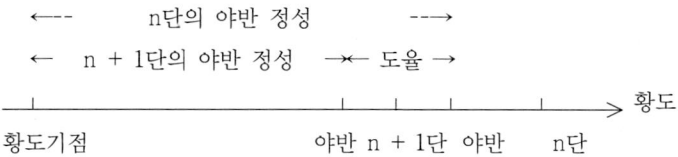

② 각 단의 1일 평균 운행 도수 계산(求諸段平行分)

　각 단에서 행성이 1일간 평균 운행하는 도수를 구하는 계산이다. 각 단의 도율(度率)을 그 단의 일율(日率)로 나누면 각 단의 평행 도분초가 된다. 즉 각 단에서 운행하는 총 도수를 총 일수로 나누어 1일 평균 운행도수를 구한다.

　평행 도분초 = 도율 / 일율
　　　　　　 = (n단과 n + 1단의 도수차) / (n단과 n + 1단의 일수차)

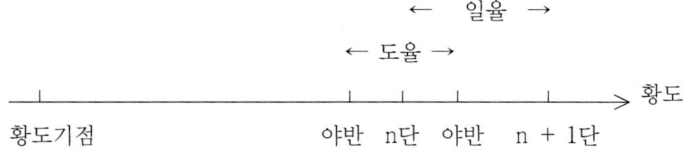

4) 오행성의 매일의 행도와 위치

① 각 단의 증감차와 일차 계산(求諸段增減差及日差)

계산하고자 하는 단(段)의 전과 후에 있는 단의 평행분(平行分: 1일간의 평균 행분)의 차(差)를 그 단의 범차(汎次)라 한다. 범차를 2배하고 한자리수를 물린 것, 즉 범차에 2/10를 곱한 것을 증감차(增減差)라 한다. 그 단의 평행분에 증감차를 가감한 것을 초·말일 행분(初末日行分)으로 한다(전단의 평행분이 후단의 평행분보다 많을 때에는 가한 것이 초일 행분이 되고 감한 것이 말일 행분이 된다. 전단의 평행분이 후단의 평행분보다 적을 때에는 감한 것이 초일 행분이 되고 가한 것이 말일 행분이 된다). 다시 증감차를 2배하여 총차(總差)라고 하고 이 총차를 일율(日率: 단 사이의 일수차)에서 1을 감한 값으로 나누어서 일차(日差)라고 한다.

a) 증감차

$\quad$ n단의 범차 = |(n + 1)단의 평행분 - (n - 1)단의 평행분|

$\qquad\qquad\quad$ = |f(n + 1) - f(n - 1)|

$\quad$ n단의 증감차 = 2/10 × |f(n + 1) - f(n - 1)|

$\qquad\qquad\qquad$ = g(n)

b) 초·말일 행분

$\quad$ b-1) f(n - 1) > f(n + 1)

$\qquad$ 초일 행분 = f(n) + g(n)

$\qquad\qquad\quad$ = f(n) + 2/10 × |f(n + 1) - f(n - 1)|

$\qquad$ 말일 행분 = f(n) - g(n)

$\qquad\qquad\quad$ = f(n) - 2/10 × |f(n + 1) - f(n - 1)|

$\quad$ b-2) f(n - 1) < f(n + 1)

$\qquad$ 초일 행분 = f(n) - g(n)

$\qquad\qquad\quad$ = f(n) - 2/10 × |f(n + 1) - f(n - 1)|

말일 행분 = f(n) + g(n)

$$= f(n) + 2/10 \times |f(n + 1) - f(n - 1)|$$

c) 총차 = 2 × 증감차

$$= 4/10 \times |f(n + 1) - f(n - 1)|$$

4) 일차 = 총차 / (일율 - 1)

$$= 4/10 \times |f(n + 1) - f(n - 1)| / (일율 - 1)$$

← 전단의 일율 →← n단의 일율 →← 후단의 일율 →

황도

n-1단   n단   n + 1단   n + 2단

② 전·후에 있는 복단·지단·퇴단의 증감차 계산 (求前後伏遲退段增減差)

천구상에서 행성의 겉보기 운동으로 나타나는 복단과 지단 그리고 퇴단의 각 단에서 행성의 실제 운행 속도가 변화하므로 단의 변화에 따라 증감하는 평행분의 차를 구하는 계산이다.

앞에 있는 복단, 즉 전복(前伏: 행성이 합으로부터 다시 보일 때까지의 시간으로 새벽에 일어나는 合伏을 말한다)의 단은 다음 단의 초일 행분에 그 단 일차의 1/2을 가하여 전복단(前伏段)의 말일 행분으로 한다. 뒤에 있는 복단인 후복(後伏: 행성이 합 가까이에서 보이지 않게 된 때로부터 합까지의 시간으로 석복단과 신복단이 있다)의 단은 앞의 단의 말일 행분에 그 단 일차의 1/2을 가한 것을 후복단(後伏段)의 초일 행분으로 한다. 어느 복단이나 복단의 평행분을 초·말일 행분(전복은 초일 행분, 후복은 말일 행분)에서 감하여 복단의 증감차로 한다. 전복단과 후복단의 임의의 n단에 대한 계산은 다음과 같다.

a) 전복단의 말일 행분 = (n + 1)단의 초일 행분 + 1/2 × (n단의 일차)

b) 후복단의 초일 행분 = (n − 1)단의 말일 행분 + 1/2 × (n단의 일차)

c) 전·후복단의 증감차 = |초·말일 행분 − 전·후복단의 평행분|

앞에 있는 지단인 전지(前遲: 목성과 화성은 신지말단, 토성은 신지단, 금성은 석지 말단, 수성은 석지단)의 단은 그 앞에 단의 말일 행분을 2배하여 그 단의 일차로 감하여 지단의 초일 행분으로 한다. 뒤에 있는 지단인 후지(後遲: 목성과 화성은 석지초단, 토성은 석지단, 금성은 신지 초단, 수성은 신지단)의 단은 다음 단의 초일 행분을 2배하여 그 단의 일차로 감하여 지단의 말일 행분으로 한다. 어느 지단이나 지단(유(留)에 가까운 앞뒤의 지단)의 평행분을 초·말일 행분에서 감하여 지단의 증감차로 한다. 전지단과 후지단에서 임의의 n단에 대한 계산은 다음과 같다.

a) 전지의 초일 행분 = (n-1)단의 말일 행분 + 1/2 × (n단의 일차)

b) 후지의 말일 행분 = (n + 1)단의 초일 행분 + 1/2 × (n단의 일차)

c) 전·후지단의 증감차 = |초·말일 행분 − 전·후지단의 평행분|

목성(木星), 화성(火星), 토성(土星)의 3행성이 퇴행(退行: 역행)하는 단은 평행분에 6을 곱하고 한자리수를 물리어, 즉 평행분에 6/10을 곱하여 증감차로 한다. 금성(金星)의 앞 퇴복단(석퇴복단)과 뒤 퇴복단(합퇴복단)은 그 단의 평행분에 3배를 하고 다시 1/2로 한 다음 한자리수를 물리어, 즉 평행분에 3/20으로 곱하여 증감차로 한다. 앞의 퇴단(석퇴단)은 그 다음 단의 초일 행분에서 그 단의 일차를 감하여 퇴단의 말일 행분으로 한다. 뒤의 퇴단(신퇴단)은 그 앞단의 말일 행분에서 그 단의 일차를 감하여 퇴단의 초일 행분으로 한다. 어느 퇴단이나 퇴단의 평행분을 초·말일 행분에서 감하여 퇴단의 증감차로 한다.

수성의 퇴행(역행: 석퇴복과 합퇴복)하는 단은 그 단의 1/2을 증감차로 한다. 평행분에 증감차를 가감하여 초·말일 행분으로 한다(전단의 평행분이 후단의 평행분보다 많을 때에는 가한 것을 초일 행분으로 하고 감한 것을 말일 행분으로 한다. 전단의 평행분이 후단의 평행분보다 적을 때에는 감한 것을 초일 행분으로 하고 가한 것을 말일 행분으로 한다). 또 증감차를 2배하여 총차(總差)라고 하고 이 총차를 일율(日率: 단 사이의 일수차)에서 1을 감한 값으로 나누어서 일차(日差)라고 한다. 퇴단에서 임의의 n단에 대한 계산은 다음과 같다.

a) 목성, 화성, 토성

퇴단의 증감차 = 6/10 × 퇴단의 평행분

b) 금성

퇴복단의 증감차 = 3/20 × 전·후퇴복단의 평행분

전퇴(석퇴)의 말일 행분 = (n + 1)단의 초일 행분 − n단의 일차

후퇴(신퇴)의 초일 행분 = (n − 1)단의 말일 행분 − n단의 일차

전·후퇴단의 증감차 = |초·말일 행분 − 전·후퇴단의 평행분|

c) 수성

퇴단의 증감차 = 1/2 × 퇴단의 평행분

n단의 평행분 > (n + 1)단의 평행분

초일 행분 = 퇴단의 평행분 + 증감차

말일 행분 = 퇴단의 평행분 − 증감차

n단의 평행분 < (n + 1)단의 평행분

초일 행분 = 퇴단의 평행분 − 증감차

말일 행분 = 퇴단의 평행분 + 증감차

총차 = 2 × 증감차

일차 = 총차 / (일율-1)

③ 매일 밤 자정에 지나가는 행성의 위치 계산
(求每日晨前夜半星行宿次)

각 단의 초일 행분에 일차(日差: 각 단에서 매일 매일 행분의 차)를 차례로 가감하되 뒤 단의 행분이 적으면 감하고 많으면 가하여 행성의 매일 행도 분초로 한다. 이 값을 그 단 첫 날의 수차(宿次)에서 가감하되 순행이면 가하고 퇴행이면 감하여 그것이 수차의 도수에 차면 그를 감하여 매일밤 자정(晨前夜半)에 행성이 천구상에 머무는 수차(星行宿次)를 구한다. 각 단의 초일 행분을 x_o 일차를 x_i라 하면 행성의 매일 행도 분초 T의 계산은 다음과 같다.

신전 야반 성행 수차 = 매일 행도 분초 $- \Sigma$수차
T(순행) = 각 단 초일 행분 $+ \Sigma$일차

$$= x_o + \sum_{i=1}^{n-1} x_i$$

T(역행) = 각 단 초일 행분 $- \Sigma$일차

$$= x_o - \sum_{i=1}^{n-1} x_i$$

$\leftarrow$ 매일 행도분초 $\quad T = x_o + \sum_{i=1}^{n-1} x_i \rightarrow$

$\leftarrow x_o \rightarrow\!\leftarrow \quad \sum_{i=1}^{n-1} x_i \qquad \rightarrow$

황도

각단(초일) 1일　　2일　　　　　　n일

$\leftarrow$ 매일 행도분초 $\quad T = x_o - \sum_{i=1}^{n-1} x_i \rightarrow$

$\leftarrow \quad \sum_{i=1}^{n-1} x_i \qquad \rightarrow\!\leftarrow x_o \rightarrow$

황도

n일　　　　　2일　　1일　 각단(초일)

5) 오행성이 황도 12차 궁에 들어가는 시각
(推黃道十二次交宮時刻)

행성이 황도 12차의 각 궁에 들어가는 순간의 시각을 구하는 계산이다. 각 궁에 들어가는 날 밤 자정의 수차도에서 각 궁에 들어가는 순간의 수차도까지의 도수를 일주(日周)에 대하여 비례 보간한 다음 시각으로 환산하여 얻는다. 순행의 경우 그 행성의 입차 수도(入次宿度: 황도 기점으로부터 각 궁까지의 도수)에서 그날 밤 자정의 성행 수차를 감하고 역행의 경우는 그날 밤 자정의 성행 수차에서 입차 수도를 감한다. 이때 나머지가 도수이므로 일주(日周)를 곱하고 그 날의 행도(行度: 행성이 1일간 운행하는 도수)로 나누어 일분(日分)으로 고친 다음 발렴의 방법으로 진(辰)과 각(刻)의 시각을 얻으면 바로 이 값이 그 행성이 궁에 들어가는 입차 시각(入次時刻)이 된다.

a) 순행: (입차 수도-신전 야반 성행 수차) × 일주 / 행도
　　　　= 몫(辰) + 나머지(刻)

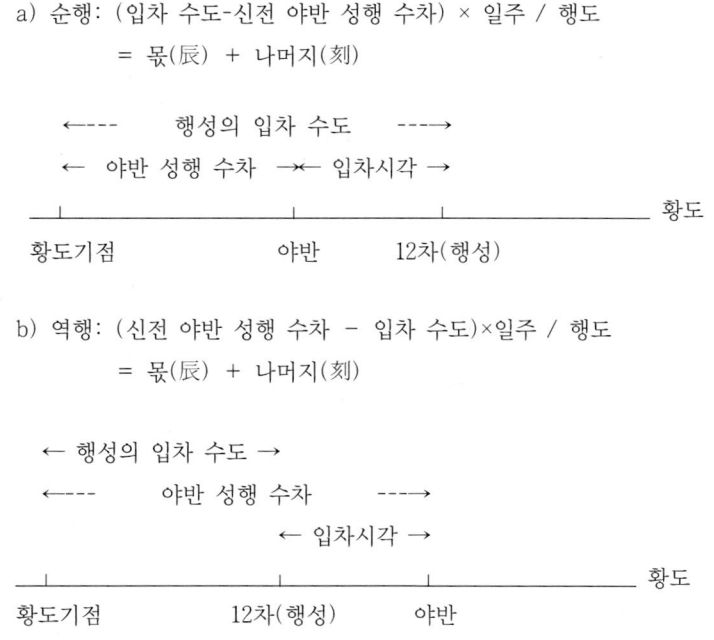

b) 역행: (신전 야반 성행 수차 - 입차 수도)×일주 / 행도
　　　　= 몫(辰) + 나머지(刻)

6) 오행성의 정합·정현·정복이 되는 시각을 구하는 계산

① 평합·현·복에서 영축력에 들어선 일수를 구하는 법
(求五星平合見伏入盈縮曆)

행성의 각 단의 정적일 및 분초가(만약 세주 365.2425일 이상이면 세주를 감하여 다음해 동지 후의 정적일로 한다) 반세주 이하에 있으면 영력에 들어선 일수(日數)로 하고 반세주 이상이면 반세주를 감한 나머지를 축력에 들어선 일수로 한다. 영력과 축력에 들어선 일수가 세상한 이하이면 초한으로 하고 세상한 이상이면 세상한을 감한 나머지를 말한으로 한다. 이렇게 하면 각각 오성의 평합과 현. 복의 영축력에 들어선 일수와 분초를 얻는다. 행성의 각 단의 정적 일분초를 T라 하면 계산은 다음과 같다.

a) 행성의 각 단의 정적 일분초

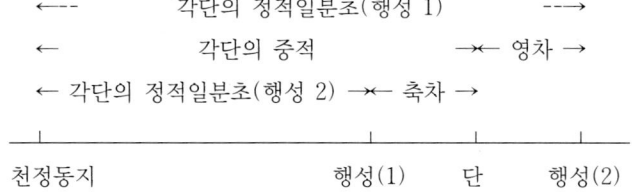

```
   ←--            각단의 정적일분초(행성 1)          --→
   ←            각단의 중적            →←  영차  →
 ← 각단의 정적일분초(행성 2) →←  축차  →
 ┴───────────┴──────────┴────┴──────────┴
천정동지                행성(1)    단    행성(2)
```

b) 입영축력

    T < 1/2세주(반세주) ： T = 영력

    T < 1/4세주(세상한) ： T = 초한

    T > 1/4세주(세상한) ： T − 세상한 = 말한

    T > 1/2세주(반세주) ： T − 반세주 = 축력 ＝ T´

    T´ < 1/4세주(세상한) ： T´ = 초한

    T´ > 1/4세주(세상한) ： T´ − 세상한 = 말한

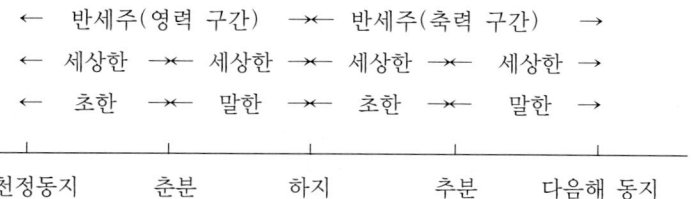

② 평합·현·복의 위치에서 오행성과 태양의 상대속도를 구하는 법
   (求五星平合見伏行差)

오행성이 각 단에 들어선 첫날 행성과 태양의 운행 속도 차이, 즉 행성
과 태양의 상대 속도를 구하는 계산이다. 행성의 그 단의 초일 행분과 그
단 초일의 태양 행분과의 차를 행차(行差: 같은 단에 들어선 첫날 행성과
태양의 행분의 차)라고 한다. 만약 금성(金星)과 수성(水星) 두 행성이 퇴
행(退行: 역행)하면서 합(合)이 될 때에는(내합) 그 단에 들어선 초일 행
성의 행분에 태양의 행분을 더하여 행차로 한다. 수성이 석복 신현(夕伏晨
見: 저녁에 합(내합)이 되어 아침에야 보일 때)인 경우에는 바로 그 단 초
일의 태양 행분을 행차로 한다.

  a) 행차 = 초일 행성의 행분 - 초일 태양의 행분
  b) 금성과 수성이 퇴합(= 내합)에 있는 경우
     행차 = 초일 행성의 행분 + 초일 태양의 행분
  c) 수성이 석복 신현에 있는 경우
     행차 = 초일 태양의 행분

③정합·현·복의 범적을 구하는 법(求五星定合定見定伏汎積)

오행성의 평합(平合)·현(見)·복(伏)의 정적일(定積日)에 영축차를 고
려하여 천정 동지로부터 정합·현·복까지의 실제 시간 간격을 구하는 계

산이다. 목성(木星), 화성(火星), 토성(土星)의 3행성은 평합·신현(晨見)·석복(夕伏)의 정적일을 그대로 정합(定合)·정현(定見)·정복(定伏)의 범적일 분초(汎積日分初)로 한다. 금성(金星)과 수성(水星) 두 행성은 그 단의 영축차를 그 단의 행차로 나누어 몫은 일(日)로 하고 나머지는 일 이하의 분초(分初)로 한다. 이를 정적일에서 가감하되 행성이 평합·신현·석복의 경우, 영은 감하고 축은 가하며 퇴합·석복·신현의 경우, 영은 가하고 축은 감하면 정합·현·복의 범적일 분초를 얻는다.

a) 목성, 화성, 토성

정합·현·복의 범적일 분초 = 평합·현·복의 정적일

b) 금성

정합·현·복의 범적일 분초 = 평합·현·복의 정적일 ± 영축차 / 행차

c) 수성

정합·현·복의 범적일 분초 = 평합·현·복의 정적일 ± 2 × (영축차 / 행차)

④ 정합의 정적과 정성을 구하는 법(求五星定合定積定星)

오행성의 정합(定合)이 되는 시각에 천정 동지로부터 떨어진 일수(定積)와 도수(定星)를 구하는 계산이다. 목성(木星), 화성(火星), 토성(土星)의 3행성은 각각 그 초일의 태양 영축적을 평합행차(平合行差: 평합에 들어선 초일의 행성과 태양의 행도차)로 나누어 몫을 거합차일(距合差日)이라 하고 나머지를 일 이하의 분초(分初)로 한다. 이 거합차일 분초(距合差日分初: 평합과 정합의 일수 차)에 태양의 영축적을 감하여 거합차도(距合差度: 평합과 정합의 도수 차)로 한다. 각 행성의 정합 범적일에 거합차일 분초를 가감하되 영(盈)은 감하고 축(縮)은 가하면 그 행성의 정합 정적일 분초(定合定積日分初)가 된다. 각 행성의 정합 범적일에 거합차도를 가감하되 영(盈)은 감하고 축(縮)은 가하면 그 행성의 정합 정적도 분초(定合定積度分初)가 된다.

a) 목성, 화성, 토성

거합차일 분초 = 초일 태양의 영축적/평합 행차

= (진태양의 황경 − 평균 태양의 황경) / (행성의 행분 − 태양 행분)

거합차도 분초 = 거합차일 분초 − 태양의 영축적

정합 정적일 분초 = 정합 범적일 분초 − 거합차일 분초 : 영(盈)

= 정합 범적일 분초 + 거합차일 분초 : 축(縮)

정합 정성도 분초 = 정합 범적일 분초 − 거합차도 분초 : 영(盈)

= 정합 범적일 분초 + 거합차도 분초 : 축(縮)

금성(金星)과 수성(水星) 두 행성은 순합(順合: 순행의 합)과 퇴합(退合: 역행의 합)인 경우 각각 평합 행차(平合行差)와 퇴합 행차(退合行差)로 태양의 영축적을 나누어 그 몫을 거합차일(距合差日)로 하고 나머지를 일 이하의 분초(分初)로 한다. 이 거합차일을 태양의 영축적에 가감하되 순합에서는 가하고 퇴합에서는 감하여 거합차도 분초로 한다. 순합의 경우 그 행성의 정합 범적에 거합차도 분초를 가감하되 영(盈)에서 가하고 축(縮)에서 감하면 그 행성의 정합 정적일 분초(定合定積日分初)가 된다. 퇴합의 경우 그 행성의 퇴정합 범적(退定合汎積)에 거합차일 분초를 가감하되 영에서 가하고 축에서 감하면 그 행성의 퇴정합 정적일 분초(退定合定積日分初)가 된다. 그 행성의 퇴정합 범적(退定合汎積)에 거합차도 분초를 가감하되 영에서 가하고 축에서 감하면 그 행성의 퇴정합 정적도 분초(退定合定積度分初)가 된다.

그 행성의 정합 정적일 분초에 천정 동지일 분초를 가하여 이 수가 순주를 넘으면 순주로 나누어 그 남는 나머지를 갑자(甲子)로부터 세어서 정합(定合)의 일진(日辰)과 분초(分初)로 한다.

또 그 행성의 정합 정성도 분초에 천정 동지가 드는 시각의 황도 일도와 분초를 가한 후 이 수가 황도 수차를 넘으면 황도 수차로 차례로 감하여 정합하는 위치의 황도 수도와 분초(黃道宿度分初)를 얻는다.

b) 금성. 수성

거합차일 분초 = 초일 태양의 영축적 / 평합 행차 : 순합

= 초일 태양의 영축적 / 퇴합 행차 : 퇴합

거합차도 분초 = 태양의 영축적 + 거합차일 분초 : 순합

= 태양의 영축적 - 거합차일 분초 : 퇴합

정합 정적일 분초(순합) = 정합 범적일 분초 + 거합차일 분초 : 영(盈)

= 정합 범적일 분초 - 거합차일 분초 : 축(縮)

퇴정합 정적일 분초(퇴합) = 퇴정합 범적일 분초 + 거합차일 분초 : 영(盈)

= 퇴정합 범적일 분초 - 거합차일 분초 : 축(縮)

퇴정합 정성도 분초 = 퇴정합 범적일 분초 - 거합차도 분초 : 영(盈)

= 퇴정합 범적일 분초 + 거합차도 분초 : 축(縮)

정합의 일진 = (정합 정적일 + 천정 동지일) - 60×n

정합의 황도 수도 = 정합 정성도 + 천정 동지 황도 일도 - ∑황도수차

⑤ 목 · 화 · 토 3행성의 정현과 정복의 정적일을 구하는 법 (求木火土三星定見定伏定積日)

각 행성의 정현(定見) · 정복(定伏)의 범적일(汎積日: 천정 동지로부터 정현 · 정복까지의 일분초)에 세상한 91.3106을 가감하되, 신(晨)이면 가하고 석(夕)이면 감하여 그 값이 반세주 이하이면 제곱하고, 이상이면 세주에서 감한 후에 제곱한다. 이 수가 75를 넘으면 75로 나누어 분(分)으로 하고 분이 100분을 넘으면 1도(度)로 하고 도 이하(度以下)는 분초로 한다. 이 값에 행성의 현복도(見伏度: 행성의 표에서 처음에 기재된 복현의 도수)를 곱하고 15로 나눈 수를 그 단의 행차로 나누어 몫을 일수(日數)로 하고 일 이하의 나머지를 분초(分初)로 한다. 이 값을 범적에 가감하되 현(見)이면 가하고 복(伏)이면 감하여 그 행성의 정현과 정복의 정적일로 한다. 앞에서와 같이 이 정적일 분초에 천정 동지일 분초를 더하여 순주로 나누어 그 남는 나머지를 갑자(甲子)로부터 세어서 정현(定見) · 정복(定伏)의 일진(日辰)과 분초(分初)로 한다.

T = 정현·정복의 범적일 ± 세상한(91.3106일)

T < 1/2세주

$\quad$ $T^2 \div 75 = T'$

T > 1/2세주

$\quad$ $(T - 1/2세주)^2 \div 75 = T'$

정현의 정적일 = (현도 × T′/15) ÷ 그단의 행차 + 정현의 범적일

정복의 정적일 = (복도 × T′/15) ÷ 그단의 행차 − 정복의 범적일

⑥ 수·금 2행성의 정현과 정복의 정적일을 구하는 법
$\quad$ (求金水二星定見伏定積日)

각각 복·현일의 행차로, 그 단 초일 태양의 영축적을 나누어 몫을 일수(日數)로 하고 일 이하의 나머지를 분초(分初)로 한다. 이 값을 정현·정복의 범적일에 가감하여 상적(常積: 정현·정복의 범적일에 영축도를 보정한 값)으로 하되 석현·신복의 경우는 영이면 가하고 축이면 감하며 신현·석복의 경우는 영이면 감하고 축이면 가하여 상적으로 한다. 이 상적이 반세주 이하이면 동지 후로 하고 반세주 이상이면 반세주로 감하여 남은 나머지를 하지 후로 한다. 이 값들이 세상한 91.3106이하이면 제곱하고 이상이면 반세주에서 감한 나머지를 제곱한다. 이 값이 동지 후의 신(晨)과 하지 후의 석(夕)인 경우는 18로 나누어 분(分)으로 하고 동지 후의 석(夕)과 하지 후의 신(晨)인 경우는 75로 나누어 분으로 한다. 이 값에 행성의 현복도를 곱하고 15로 나눈 수를 그 단의 행차로 나누어 몫을 일수(日數)로 하고 일 이하의 나머지를 분초(分初)로 한다. 이것을 상적에서 가감하여 정현과 정복의 정적일로 한다. 신현과 석복이 동지 후에 있으면 가하고 하지 후에 있으면 감한다. 또 석현과 신복이 동지 후에 있으면 감하고 하지 후에 있으면 가하여 정현과 정복의 정적일 분초로 한다. 앞에서와 같이 이 정적일 분초에 천정 동지일 분초를 더하여 순주로 나누어 그 남는 나머지를 갑자(甲子)로부터 세어서 정현(定見)·정복(定伏)의 일진

(日辰)과 분초(分初)로 한다.

상적을 T라고 하면 계산은 다음과 같다.

T(석현·신복) = 정현·복의 범적일 + 초일 태양의 영축적 / 복현일 행차 : 영

= 정현·복의 범적일 − 초일 태양의 영축적 / 복현일 행차 : 축

T(신현·석복) = 정현·복의 범적일 − 초일 태양의 영축적 / 복현일 행차 : 영

= 정현·복의 범적일 + 초일 태양의 영축적 / 복현일 행차 : 축

$T < 1/2$세주

$T^2 \div 18 = T'$

$T > 1/2$세주

$(T-1/2$세주$)^2 \div 18 = T'$: 동지 후 신과 하지 후 석

$(T-1/2$세주$)^2 \div 75 = T'$: 동지 후 석과 하지 후 신

정현의 정적일 $= T − ($현도 $\times T'/15)$: 동지 후 신현과 하지 후 석현

$= T − ($현도 $\times T'/15)$: 동지 후 석현과 하지 후 신현

정복의 정적일 $= T − ($복도 $\times T'/15)$: 동지 후 석복과 하지 후 신복

$= T + ($복도 $\times T'/15)$: 동지 후 신복과 하지 후 석복

8. 사여성(四餘星)

사여성(四餘星)은 실제로 존재하는 천체가 아니고 궤도상에서 규칙적인 주기변화를 보이는 특별한 위치를, 별이 운행하는 것으로 본 가상적 천체의 명칭이다. 따라서 보이지 않는 별이라는 의미로 사은성(四隱星) 또는 사은요(四隱曜)라고도 하였다. 사여는 천구상에서 순행을 하는 자기(紫氣)와 월패(月孛) 그리고 역행을 하는 나후(羅睺)와 계도(計都)를 일컫는다. 고금율력고(古今律曆考)[97]에 따르면 사여는 천축(天竺)으로부터 전래된

---

97) 『古今律曆考』 券64.

바라문술(婆羅門術)로, 일월오성의 칠정(七政)과 함께 11요(曜)로도 불리 웠으며 그 빛과 형상이 없고 균일한 행도로 움직여 빠르고 느림의 지질(遲 疾)이 없다고 하였다. 11요에 대한 계산은 바라문(婆羅門) 술사(術士)인 이필건(李弼乾)의 11성행력(十一星行曆)으로부터 시작되며 당(唐) 나라 시 대에 전해진 불교 경전에서 행하여지고 있었다. 사여성의 추보는 대통력에 서 새로 첨가하게 된 부분으로 수시력에는 없다.『칠정산 내편』은 대통력 을 따라 사여성에 대한 장(章)을 첨가하면서 이 사여성에 대한 기본 상수 를 모두 수시력의 역원으로 환산하여 계산하였다. 일월 오성뿐만 아니라 사여성에 대한 계산까지 첨가하게 된 의의를 천문학적으로 찾아본다면 사 여성의 장(章)에서 달의 근지점 이동 주기와 황백 교점의 주기적인 이동 변화 등을 정확한 상수 값으로 제시하고 있는 점으로 보아 해와 달의 운행 을 보다 정확하고 체계적으로 이해하면서 이를 위한 새로운 장(章)을 역법 에 고려하게 된 것으로 보인다.

사여성의 운행은 모두 28수(宿)의 황도 수도(黃道宿度)로 나타내고 있 다. 이는 이들의 위치 변화가 모두 황도와 밀접한 관련이 있기 때문으로 사여성에 대한 주천주기(周天周期)와 1일간의 행도 그리고 황도 수도로 나 타내는 28수의 각 별자리를 지나는 데 걸리는 일수와 총 주기 일수 등을 상수 값으로 제시하였고 사여의 지후책과 주후책 그리고 사여가 각 수차 (宿次)에 드는 초·말도 적일의 일진(日辰)과 역일을 구하는 방법 등을 설 명하였다.

1) 사여성의 천문 상수

① 자기(紫氣)

지후책(至後策)   1256만 5224분
주 적(周 積)   1만 0227일 1792분

반주적(半周積)　　　　　5113일 5896분

도 율(度　率)　　　　　28일

일행분(日行分)　　　　　　　　3분 57초 1429

28년 걸려서 순행하여 천구를 한바퀴 도는 것으로 기록되고 있는 자기 (紫氣)는 다른 여성(餘星)과는 달리 그것이 뜻하는 천문학적 의미가 아직 정확하게 알려지지 않고 있다. 위의 상수로 알 수 있는 것은 자기가 하루 에 3분 57초 1429씩 동쪽으로(순행) 이동하여 천구를 한바퀴 도는 일수가 주적 1만 0227일 1792분이며 이 주적이 28년의 일수라는 것이다. 즉 자기 의 일행분(日行分)을 주천도(周天度)로 곱하면 주적의 일수를 얻게 되는 것이다. 고금율력고(古今律曆考)[98]에 있는 자기의 해설에는 "步紫氣超閏法 二十八年十閏而氣行一周天"라고 기록하고 있다. 이는 "자기가 윤법으로부 터 시작되며 28년에 10개의 윤달을 두게 되면 자기가 하늘을 한바퀴 돌게 된다"라는 뜻이다. 고금율력고의 기록에 따라 28년 10윤과 주적 1만 0227 일 1792분의 관계를 찾아보면 주적이 다음과 같은 관계를 만족함을 알 수 있다.

10227.1792일(周積)　=　29.530593 × 346.3248842일

　　　　　　　　　　=　1삭망월 × 1식년

　　　　　　　　　　=　346.3248842삭망월

　　　　　　　　　　=　(12삭망월 × 28) ＋ 10삭망월 ＋ 9.594일

위의 식에 따르면 자기의 주기는 태양이 동일한 교점을 통과하는 주기인 1 식년과 1삭망월의 곱으로 표현된다. 이는 자기가 삭망월 주기와 식년의 주 기를 동시에 만족하는 주기이며 이 주기 안에서는 28년에 10개의 윤월을 두게 되는 것을 의미한다. 그러나 주적의 값으로부터 유도한 위의 식은 다 음과 같은 문제가 지적된다.

---

98) 『古今律津曆考』 券64.

a) 1식년의 현재 값은 346.62일로 위의 값 346.32488일과는 약간의 차이가 있다.

b) 10227.1792일 = 28 × 365.2564일이므로 이는 대통력과 칠정산 내편에서 취한 365.2425일의 회귀년의 상수도 그리고 365.2575일의 항성년의 상수도 만족하지 않는다. 그러나 이 값은 현대 천문학에서 정한 1항성년의 일수와 일치한다.

c) "일행분 × 주천도 = 주적"의 관계에서 얻은 주천도의 값 역시 365.2564도로서 사여의 계산에 사용된 주천도의 값이 대통력과 칠정산 내편에서 정한 주천도의 값과 일치하지 않는다.

② 월패(月孛)

지후책(至後策)	2384만 1092분
주 적(周 積)	3231일 9684분
반주적(半周積)	1615일 9842분
도 율(度 率)	8일 8484분 92초
일행분(日行分)	11분 30초 1361

월패(月孛)의 패(孛)는 원래 달이 가장 느리게 움직이는 곳을 말한다. 즉 백도의 원지점을 뜻하는 것으로 위의 상수 값들은 월패가 하루에 11분 30초 1361의 속도로 운행하여 천구상을 한바퀴 도는데 8.848492년이 걸린다는 것을 나타낸다. 이 주기의 일수가 3231일 9684분이며 이는 근지점의 순행 주기와 같다. 원지점 또는 근지점이 동쪽으로 이동하는 것, 즉 순행하는 물리적인 이유는 달이 태양과 일직선 상에 있게 되는 삭과 망에서, 달의 공전 궤도를 장축방향으로 늘어나게 하는 태양의 차 등 중력 효과로 인하여 궤도상에서 장축선이 회전하기 때문이다. 이러한 물리적인 이유는 이해하지 못하였다 하더라도 이러한 주기를 발견하게 된 배경은 달의 궤도 속도가 일정하지 않은 사실로부터 천구상에서 달의 속도가 가장 느린 곳의 위치나 가장 빠른 곳의 위치를 오랫동안 관측하여 그 변화를 알아볼 수 있었기 때문으로 생각한다.

고금율력고(古今律曆考)[99]에 따르면 월패의 계산은 당(唐)의 이순풍(李

190

淳風)으로부터 시작되었다고 한다. 그는 패(孛)가 62일에 7도(度) 가고 62
년에는 7주천(周天)한다고 계산 하였다. 이를 다시 계산하면 8.8571년 만에
천구를 한 바퀴 돈다는 뜻이 된다. 이 값은 대통력과 칠정산 내편에 기록
된 상수와 비교하여 약간의 차이가 있지만 거의 비슷한 값이다.

③ 나계(羅計)

나후지후책(至後策)	1680만 8602분
계도지후책(至後策)	5077만 5818분
주적(周積)	6793일 4432분
반주적(半周積)	3396일 7216분
도율(度率)	18일 5991분 07초 76
일행분(日行分)	5분 37초 6602

나계는 나후(羅睺)와 계도(計都)를 말하는 것으로서 이는 황백 교점의
운행주기를 일컫는다. 나후는 달이 황도 남쪽에서 북쪽으로 운행할 때 황
도와 만나는 점인 승교점이고 계도는 이와 반대의 위치인 강교점으로 이는
각각 중교점(中交点)과 정교점(正交点)에 해당한다. 나후와 계도는 천구상
에서 서로 반대에 위치하므로 계도의 지후책 5077만 5818분과 나후의 지후
책 1680만 8602분과의 차이는 주적의 반값인 3396일 7216분이 되며 지후책
이외의 상수는 동일한 값을 갖는다.

나후와 계도는 범어(梵語)의 Ráhu와 Ketu를 음역(音譯)한 말로 원래 중
국의 역법에서 다루지 않았다. 이는 당나라 시대에 황제의 명으로 인도의
천문서를 번역한 구집력(九執曆)[100]이 편찬되면서 처음으로 중국에 소개되

---

99) 『古今律曆考』 券64.

100) 인도의 천문학자로 당나라 현종(玄宗) 때에 태사령(太史令)의 자리에 올랐던
瞿曇悉達(Gautama-Siddhantha)은 인도의 천문서를 번역하라는 황제의 명을
받고 "구집력(九執曆)"을 편찬하였다. 九執이란 범어(梵語) nava-graha의 의
역(意譯)으로 nava는 九 그리고 graha는 執으로 9개의 행성을 뜻하며 구요

었으나[101] 대통력에 와서 정식으로 역법에 채용되었다. 구집력은 일월오성의 칠요(七曜)이외에 나후와 계도라는 보이지 않는 두 별을 합하여 구요(九曜)에 대한 계산을 하였다. 고금율력고(古今律曆考)[102]에 따르면 원화(元和) 원년(806) 조사천(曺士薦)에 의해 계도와 나후의 입성력(立成曆)이 만들어졌고 왕박(王朴)이 흠천력(欽天曆: 963년부터 시행)에서 나후와 계도를 식두신(蝕頭神)과 식미신(蝕尾神)으로 정함에 따라 민간(民間) 소력(小曆)에서 사용되었다고 한다. 수내청(藪內淸)[103]은 명사(明史) 역지(曆志) 7권에 누각박사(漏刻博士) 주유(朱裕)가 "回回科推驗西域九執曆法"이라고 말한 것을 지적하면서 아라비아역인 회회력(回回曆)에 인도적 요소가 들어 있어서 칠요 외에 나후와 계도를 더하고 있다고 하였다. 실제 회회력은 달의 황경(黃經)과 황위(黃緯) 계산과 일월식 계산에 있어서 나후와 계도의 행도를 계산에 사용하고 있다.[104]

2) 사여성의 위치 계산

① 사여의 지후책 계산(推四餘至候策)

천정 동지 전 사여성의 동지점 통과일로부터 천정 동지까지의 일분초를 구하는 계산이다. 중적(中積: 원동지에서 천정 동지까지의 일분초)에 사여(四餘) 각각의 지후책(至後策: 원동지 직전 사여성이 동지점 통과일로부터 원동지까지의 일분초)을 더하여 주적(周積: 사여성이 황도상을 한 바퀴 운행하는 데 걸리는 시간)의 최대 배수 감하여 남은 나머지를 각각 그 해 사

(九曜)와 같은 의미이다. 구집력은 瞿曇悉達이 편찬한 120권으로 된 대당개원점경(大唐開元占經)의 104권으로 전한다.

101) 藪內淸, 『隨唐曆法史の硏究』(臨川書店刊: 京都), pp.134-135, 1989.

102) 『古今律曆考』 券 64.

103) 藪內淸著, 兪景老譯譯, 『中國의 天文學』(電波科學社: 서울), pp.119-120, 1985.

104) 『世宗實錄』 券 159, 七政算外篇 上卷; 卷 160, 七政算外篇 中卷.

여의 지후책으로 한다.

그 해의 지후책 = 중적 + 각 사여성의 지후책 - Σ주적

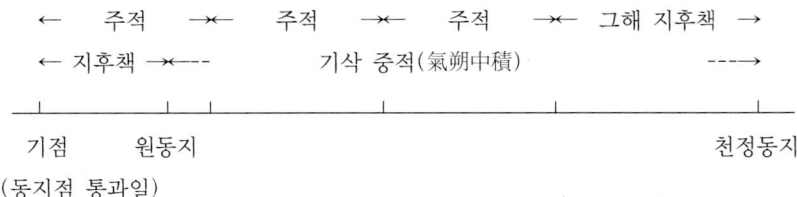

기점   원동지   천정동지
(동지점 통과일)

② 사어의 주후책을 추산하는 법(推四餘周候策)

천정 동지일부터 사여성(四餘星)이 각 수(各 宿)에 들어서는 날까지의 일수를 구하는 계산이다. 각 수의 초·말도 적일(初末度積日: 순행하는 자기와 월패는 초도 적일을 쓰고 역행하는 나후와 계도는 말도 적일을 쓴다)과 분(分)에서 그 해의 지후책을 감한 나머지를 각 수의 주후책(周後策)이라 한다.

각 수의 주후책 = 초·말도 적일과 분 - 그 해의 지후책

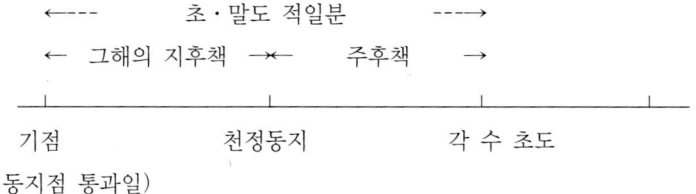

기점   천정동지   각 수 초도
(동지점 통과일)

③ 사여가 각 수차에 들어서는 초·말도 적일의 계산
(推四餘入各宿次初末度積日)

사여가 각 수차(宿次)에 드는 초·말도 적일의 일진(日辰)을 구하는 계산
이다. 사여가 각 수차(宿次)에 드는 초·말도 적일분, 즉 사여의 주후책에
동지 일분(冬至日分: 동지 전 갑자일부터 동지일까지의 일분)을 더하여 기
법(紀法) 60의 최대 배수로 감하여 남은 나머지를 갑자(甲子)로부터 세어서
초·말도 적일의 일진을 얻는다. 각 수(各 宿)의 도율(度率: 사여성이 천구
상을 1도 운행하는 데 걸리는 일수)을 초·말도 적일의 일진에 차례로 더하
여 가면 각 수차의 각 도에 해당하는 초·말도 적일의 일진을 얻는다.

각 수의 주후책을 N이라 하고 각 수의 초·말도 적일의 일진을 N′, 그
리고 각 수의 각도에 해당하는 초·말도 적일의 일진을 N″라고 하면 계
산은 다음과 같다.

$$N = 각 수의 주후책$$
$$N′ = N + 동지 일분 - 60 × n$$
$$\quad (n: 최대 배수)$$
$$N″ = N′ + 도율$$

←동지일분→←　　　　각 수의 주후책 N　　　　→← 도율 →← 도율 →
←　기법 60　→←　기법 60　→← 일진 N′ →

갑자일　천정동지 갑자일　　　갑자일　　각수초도　1도　　2도

④ 초·말도 적일에 들어서는 달과 날의 계산
(推入初末度積日所在月日)

사여성의 주후책에 윤여(閏餘: 천정 경삭으로부터 천정 동지까지의 일수)
를 더한 후 삭책(朔策: 1삭망월)으로 나누어 몫은 월수(月數)로 하고 나머

지는 그 달에 들어선 일수(日數)로 한다. 월수는 천정(天正) 11월을 0으로
하여 차례로 세어나가고 일수는 정삭으로부터 세어나간다. 윤월 후에는 같
은 날이 두 번 중복되므로 한 달을 감하여 월수를 셈한다.

초・말도 적일의 월수와 일수 = (각 수의 주후책 + 윤여) ÷ 삭책

= 몫(월수) + 나머지(일수)

(천정 11월 = 0, 12월 = 1, 새해 1월 = 2, ……)


```
    ←   11월(삭책)   →←   12월(삭책)   →←   입월   →
    ←   윤여   →←           주후책           →
  __|_____|_____|_____|____|_____
   천정경삭  천정동지   삭                삭   각수초도
```


3) 사여가 12차에 들어서는 시각을 구하는 법
   (推四餘入十二次日時)

각 사여가 12차의 각 궁(宮)에 들어서는 정적일분(定積日分: 천정 동지
전 사여성 동지점을 통과한 날로부터 12차의 각 궁에 들어서는 날까지의
일분)에서 지후책을 감한 나머지를 각 사여성이 천정 동지 후 12차의 각
궁에 들어선 정적일로 한다. 여기에 동지 일분을 가하여 기법(紀法) 60의
최대 배수로 감한 나머지를 갑자(甲子)로부터 세어서 일진(日辰)을 구하고
다시 남는 일 이하분을 발렴의 방법으로 시각(時刻)을 구하면 12차의 각
궁에 들어서는 일시(日時)가 계산된다.

각 사여가 12차의 각 궁(宮)에 들어서는 정적일분을 T라 하고 천정 동
지 후 12차의 각 궁에 들어선 정적일분을 T´, 그리고 사여가 12차의 각 궁
에 들어서는 입차일시(入次日時)를 T″라 하면 계산은 다음과 같다.

T = 각 사여가 12차의 각 궁(宮)에 들어서는 정적일분

T´=T - 그 해 사여의 지후책

T = T´-60 × n

= 일진(갑자 = 0, 을축 = 2……) + 시각

←----   12차의 각궁에 들어서는 입궁 정적일분 T   ---→

←   지후책   →←   천정 동지후 입궁 정적일 T´   →

←   기법   →← 기법 →←   기법   →← T″ →

기점   갑자 천정동지 갑자   갑자   갑자   12차의 궁

(동지점 통과일)

제4장 칠정산 내편의 계산법

『칠정산 내편』은 수시력의 계산 방법을 도입하여 사용하였다. 수시력은 정확한 관측에 의하여 천문 상수를 결정하였을 뿐만 아니라 새로운 계산법의 창시가 있었다. 태양과 오성의 영축운동과 태음의 지질운동에 초차법(招差法)을 사용하였고 황도·적도의 좌표 변환과 황도의 적도 내외도 계산에 현대의 구면 삼각법과 비교되는 호시할원술(弧矢割圓術)의 방법을 사용하여 계산의 정밀도를 높였다. 또한 세실소장(歲實消長)의 방법을 택하여 1년의 길이가 100년에 1분씩 짧아지고 있음을 역계산에 넣어 역원으로부터 멀어질 때 생기는 계산상의 오차를 고려하였다. 세실 소장의 방법과 더불어 황도·적도와 백도·적도의 변환 그리고 황도와 백도의 적도 내외도 계산과 이와 관련된 일출입의 계산 방법을 알아보았고, 내편에 의한 일월식 계산과 그 결과를 검토해 보았다.

1. 회귀년의 길이 변화와 세실소장법

세실(歲實)이란 1태양년의 길이에 대한 옛 표현으로 세실은 태양이 춘분점을 떠나서 황도상을 1회전하여 다시 춘분점으로 돌아오는 데 걸리는 시간이다. 동양에서는 춘분점을 기산점으로 하지 않고 규표에 의한 동지점의 측정으로부터 1태양년의 길이를 정하였다. 중국 역대의 천문학자들은 동지점 위치의 측정을 매우 중요시 하였다. 동지시각의 정확한 측정으로부터 세실의 길이를 정하였을 뿐만 아니라 동지 때의 태양의 위치를 별들의 수도(宿度)로 나타내었고 이 동지점을 역 계산의 기점으로 삼았다.

1태양년은 1회귀년(回歸年: tropical year)이라고도 하며 사계절의 변화와 일치되는 주기이다. 1회귀년은 태양과 달 등에 의한 지구의 세차 운동으로 인하여 춘분점이 황도상에서 매년 50″.2씩 서쪽으로 이동함에 따라 태양이 황도상을 완전히 한 바퀴 도는 데 걸리는 시간인 1항성년보다 평균 $1.4 \times 10 - {}^7$일(즉 50″.2)이 짧다.

중국에서는 세차의 발견과 더불어 세실의 길이 즉 1회귀년의 길이에도 변화가 있음을 계산하는 소장법(消長法)을 역법에 채용하였다. 1회귀년의 길이가 서서히 짧아지고 있는 물리학적 이유는 지구가 달과 태양의 기조력을 받을 때 생기는 조석마찰(潮汐摩擦, tidal friction)에 의해 지구 자전의 에너지가 감소됨에 따라 지구가 과거보다 느린 속도로 자전하게 되기 때문이다. 따라서 하루의 길이는 1세기에 약 0.002초의 비율로 증가하며 상대적으로 지구의 공전주기, 즉 1년의 길이는 짧아지게 되는 것이다.[105] 소장법을 처음으로 역 계산에 도입한 역법은 남송(南宋)의 통천력으로 수시력은 통천력을 따라 1회귀년의 길이를 365.2425일로 정하고 소장의 방법을 도입하여 1년의 길이의 짧아지고 길어짐을 각각 100년에 1분씩(즉 $10 - {}^4$일)으로 하였다. 즉 수시력의 역원인 1281년 이전의 과거는 매 100년마다 1분씩 세실이 길어지며, 역원 이후의 미래는 1분이 짧아지도록 계산하였다.

수시력이 통천력을 따라 세실의 길이를 정하고 세실소장의 방법을 역계산에 채용하였으나 세실소장을 계산하는 방법에는 약간의 차이점이 있다. 통천력은 세실이 100년에 약 2분씩 짧아지는 것으로 계산한 반면 수시력은 1분씩 짧아지는 것으로 계산한 점이다. 이에 대해 수내청(藪內淸)[106]은 수시력이 통천력의 영향을 받아 1회귀년의 길이를 365.2425일로 정하였으므로 세실소장의 방법도 그대로 따랐을 것임이 당연하며 원사(元史)의 기록이 잘못된 것이라고 주장하고 있다. 또한 수시력과 통천력에서 소장의 길

105) Zeilik, M & Smith, E. P., *Introductory Astronomy and Astrophisics*, (Saunders College Publishing: Philadelphia), p.46, 1987.

106) 藪內淸編, 『宋元時代の科學技術史』(京都大學人文科學硏究所刊: 京都), p.102, 1967.

이를 정하게 된 경위에 대해 중산무(中山茂, Nakayama Shigeru)[107]는 다음과 같이 설명하고 있다. "과거 오랫동안 측정해 왔던 많은 동지점들의 관측으로부터, 1회귀년의 길이를 놀랍게도 그레고리역과 일치하는 365.2425일이라는 정확한 값으로 유도하게 되었고, 세실의 길이에도 변화가 있다는 것을 예견하게 되었다. 요(堯) 황제가 즉위한 기원전 2356년에 정한 365.25일인 옛 값과 비교하여 $0^d.0075$의 차이가 나므로 수시력이 제작된 1281년으로부터의 경과 년수 3638년으로 나누면 − $0^d.00000206$이 된다. 그러나 통천력에서는 소장의 길이를 이보다 정밀한 − $0^d.0000021166$으로 정하였고 통천력이 제작된 1194년으로부터의 경과 연수 3550년으로 이 값을 곱하면 $3550 \times 0^d.000002116 = 0^d.0075146$이 되므로 이는 수시력의 제작자들이 통천력으로부터 회귀년의 길이뿐만 아니라 세실이 계속적으로 줄어든다는 생각도 함께 받아들인 것을 나타내는 것이다. 따라서 이러한 가정이 잘 성립됨은 의심할 따위가 없지만 단 한 가지 제기되는 문제는 서경(書經)의 요전(堯典)의 기록에서, 요 황제가 정한 1년의 길이는 365.25일이 아니라 366일이라는 사실이다."라고 하였다. 그러나 실제 수시력은 회귀년의 길이를 100년에 1분씩 줄어드는 것으로 하여

$$1회귀년 = 365^d.2425 - 0^d.00001 \times t$$
$$(t; 1281년으로부터의 경과 연수)$$

에 의해 계산하였고 또 칠정산 내편도 이를 그대로 받아들였다.

한편 『칠정산 내편』의 역주자(譯註者)들은[108] 이에 대해 Newcomb의 *Table of sun*(1845)에 의한 회귀년의 길이는

---

107) Nakayama Shigeru, *A History of Japanese Astronomy: Background and West Impact*, (Havard Univ. Press, Cambridge, Mass.), 1969.

108) 유경로, 이은성, 현정준, 『칠정산 내편』(세종대왕기념사업회: 서울), pp.15-16, 1973.

$$1회귀년 = 365^d.24219879 - 0^d.0000000614 \times t$$
$$(t: 1900년으로부터의 \ 경과 \ 연수)$$

이므로 수시력에서 정한 값이 통천력에서 정한 값보다 오히려 Newcomb의 값에 더 가까운 것이라고 지적하고 있다.

수시력이 중산무의 방법에 따라 세실소장의 값을 정하였다면 회귀년의 길이가 100년에 2분씩 줄어드는 것이 옳으며 원사(元史)의 수시력이 오기된 것이라고 할 수 있겠으나, 그의 방법에 의문이 가는 것은 그의 지적대로 요전(堯典)에 기록된 366일의 처리 문제와 1년의 길이를 365.25일로 정한 것이 과연 요(堯) 황제가 즉위한 기원전 2356년인가 하는 문제, 그리고 365.25일이라는 1년의 길이는 전국시대에 제작된 것으로 여겨지는 전욱력(顓頊曆)과 기원 후 85년에 제작된 사분력(四分曆)에서도 쓰인 값이라는 점, 그리고 수시력 뿐만 아니라 수시력이 기초하게 된 역법까지도 자세히 연구, 교정하여 제작한 『칠정산 내편』의 편찬자들이 수시력의 세실 소장 값이 통천력의 값과 크게 다르다는 사실을 모르고 그대로 수시력의 값으로 세실소장의 계산을 하였을 것인가 하는 문제 등이 있다.

『칠정산 내편』의 방법에 따라 매 100년이 경과할 때마다 세실에서 1분을 감하여 계산하는 방법에 관하여 여러 가지 문제가 지적되고 있다. 정확히 하자면 『칠정산 내편』의 역원인 1281년으로부터 100년 이내까지는 세실을 365.2425일로 하여야 하나 그 이후는 매 100년마다 1분씩을 감하여 세실을 계산하여야 한다. 그러나 100년으로 나누어떨어지는 해는 문제가 없으나 100년보다는 많고 200년보다는 짧은 해와 같은 계산에 있어서는 여러 가지의 해석이 있게 된다. 『칠정산 내편』의 역주자들은 『교식추보법(交食推步法)』을 참고로 역원으로부터 163년이 경과한 세종 갑자년인 A.D. 1444년의 경우를 계산의 예로 들어, 100년까지는 세실을 365.2425일로 하고 나머지 63년은 1분을 감한 365.2424일로 계산을 할 것인가 아니면 163년 모두를 365.2424일로 계산할 것인가가 문제가 된다고 하였는데 전자의 방법이 소장법의 올바른 이해라고 생각된다. 그러나 『교식추보법』에는 163년 모두를

365.2425일로 하여 계산하고 있다.

2. 좌표의 변환과 호시 할원술

1) 황도 · 적도의 변환과 황도출입 적도 내외도

황도 · 적도의 변환은 황도 도수와 적도 도수 사이의 대응 관계를 구하는
계산으로 태양의 적위인 황도출입 적도내외도(黃道出入赤道內外度)의 계산
과 28수(宿)에 대한 적도수도(赤道宿度)의 관측 값을 황도수도(黃道宿度)로
변환할 때 사용한다. 『칠정산 내편』은 수시력에서와 같이 황도 경도와 적도
경도 간의 도수 변환 시에 필요한 계산 값들을 황적도율(黃赤度率)의 수표
로 제시하고 있다. 여기서 황적도율이란 황도와 적도의 각 경도 사이의 환산
율을 의미한다. 중국의 정통적인 좌표는 적도 좌표로, 28수(宿)에 대한 위치
는 후한서(後漢書)의 율력지(律曆志)에 와서야 적도수도(赤道宿度)와 함께
황도수도(黃道宿度)로 나타냈다.[109] 그러나 이때 기록된 황도수도 값은 양
자간의 수학적 관계에 의해 구한 것이 아니고 황도동의(黃道銅儀)상의 수도
(宿度) 값을 그대로 읽은 것으로 추정하고 있으며, 적도와 황도 사이의 수학
적 관계는 후에 태양과 달의 운행을 자세히 알고자 황도 좌표가 함께 사용
되면서 알려지게 되었다.

황도 · 적도의 변환을 처음으로 수학적으로 다룬 역법은 수(隋)나라 유작
(劉焯)의 황극력(皇極曆)으로 추황도술(推黃道術)의 조(條)에 그 방법이
기재되어 있다. 그 후 황극력의 방법에 조금의 수정을 가하여 계승한 것이
당(唐)나라 일행(一行)의 대연력(大衍曆)이다. 대연력은 춘분점으로부터
하지까지의 1상한을 5도(度)씩 나누어 1한(限)으로 하였다. 춘분점으로부터

---

109) 藪內淸, 『中國の天文曆法』(平凡社: 東京), pp.295-300, 1963.

세어 9한(限) 45도의 간격이 되었을 때, 적도 도수 45도에 대해 황도 도수는 48도가 되어 생기는 차 3도를 9한에 1/24도(度)를 공차(公差)로 하여 산술급수로 분할하는 방법을 써서 황적도 환산을 하였다. 마찬가지 방법으로 하지로부터 역으로 춘분을 향하여 9한 45도에 대하여도 같은 산술급수로서 변환하지만 이 경우에는 적도도가 황도도보다 많지 않게 되므로 결국 춘분점으로부터 하지까지의 총 황도도와 적도도는 91.31도로 같게 된다.[110]

수시력은 황도·적도의 변환을 종래와는 다른 새로운 방법으로 계산하였다. 현재에는 황도와 적도의 기점을 춘분점으로 하고 있으나 수시력의 수표는 이분(二分)과 이지(二至), 즉 사정(四正) 모두 기점으로 하여 이 기점으로부터 황도 경도 1도에 해당하는 적도 경도차, 즉 황도 적도(黃道積度) 1도 당의 변화량인 도율(度率)과 황도 경도 1도에 해당하는 적도 반경차의 변화량인 차율(差率), 그리고 이 도율에 대한 누적분인 적도적도(赤道積度)와 차율의 누적분인 적도적차(赤道積差)의 값들을 계산하였다. 따라서 이 수표는 태양이 위치한 곳의 황도 경도에 대한 적도 경도의 값을 구하고자 할 때와 역으로 적도 경도의 값으로부터 황도 경도를 구하고자 할 때 모두 사용된다.

황적도의 변환과 적도 내외도의 계산을 하기 위해 사용된 수학적 방법은 호시할원술(弧矢割圓術)이다. 송(宋)나라 초기의 대 수학자 심괄(沈括)은 현(弦)과 시(矢)의 길이로서 호(弧)의 길이를 구하는 근사공식을 유도하였다. 이것이 심괄의 『몽계필담(夢鷄筆談)』에 소개되어있는 회원술(會元術)이다.[111] 호시할원술은 회원술 위에 다차(多次) 반복을 응용한 삼각형의 각 단간의 비례관계를 배합하는 방법으로, 할원술의 공식을 천문학상의 문제에 적용하여 구면삼각법과 통하는 근사식을 푸는 새로운 계산법이었다. 이 산법은 태양이 위치하고 있는 곳의 황경 도수에 대한 적경과 적위의 도수를 구하는 방법으로서 여기서 황경 도수, 즉 황도적도(黃道積度)는 춘분점이 아닌 동지점과 하지점으로부터의 도수이며, 동지점과 하지점을 전후

---

110) 藪內淸, 앞의 책, pp.298-300, 1963.

111) 錢寶琮, 『中國數學史』(科學出版社: 北京), pp.209-210, 1992.

로 한 상한에서 각 지점(至点)으로부터 떨어진 경도차가 같을 때에는 계산 결과가 같게 되는 대칭성이 있으므로 수표에는 동지나 하지를 기점으로 한 1상한 91.31도에 대한 결과 값들만 제시하고 있다. 회원술을 응용한 호시할 원술의 방법을 소개하면 다음과 같다.[112]

직경이 d이고 반경이 r인 원을 현(弦) BE에서 자른 원호(圓弧) BDE를 l이라 하고 BE를 c라 할 때 c를 이등분 하는 직선 DK를 시(矢) v라고 하면, 회원술에서는 현 c와 호 l을

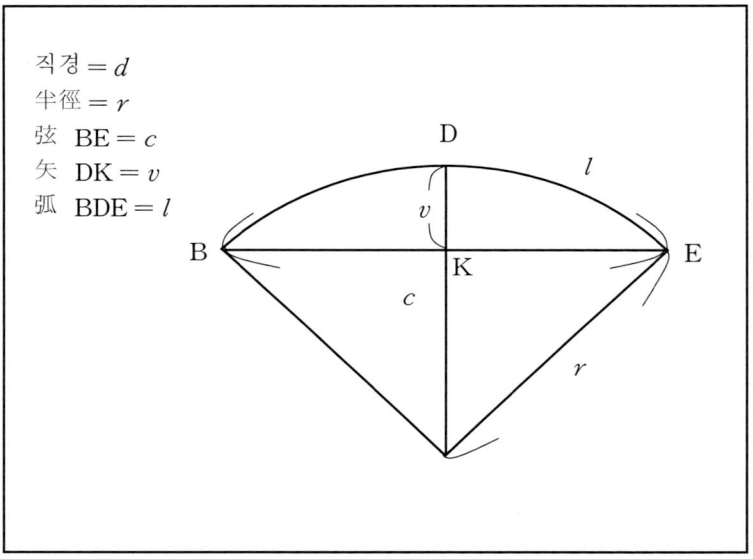

그림 4-1. 호(弧)와 시(矢)와 현(弦)의 관계

$$c = 2 \times \sqrt{r^2 - (r-v)^2}$$
$$l = c + 2v^2/d$$

112) 錢寶琮, 앞의 책, pp.210-214, 1992.

로 유도하였다. 이 공식을 천구상의 황도와 적도좌표의 변환에 응용한 것이 황도적도(黃道積度)에 대한 적도적도(赤道積度)와 적도 내외도(內外度), 즉 태양의 황경도수에 대한 태양의 적경과 적위의 계산이다.

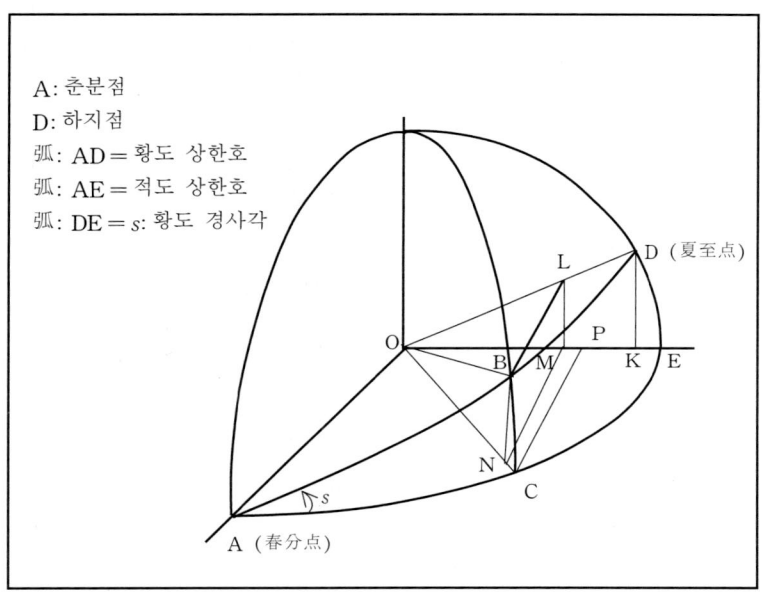

A: 춘분점
D: 하지점
弧: AD = 황도 상한호
弧: AE = 적도 상한호
弧: DE = s: 황도 경사각

L
D (夏至点)
O
B M
P
K E
N
C
s
A (春分点)

그림 4-2. 황도와 적도의 좌표

위의 그림에서 A는 춘분점, D는 하지점이며 호 AD와 AE는 각각 춘분점으로부터 하지점까지의 황도상한과 적도상한을 나타낸다. 주천도수(周天度數), 즉 하늘의 둘레는 365.25도로 취하였으므로 주천상한은 91.31도이며, 원주율 π는 3으로 취하여 주천반경(周天半徑)을 60.875도로 하였다. 이때 호 DE는 황도의 적도에 대한 경사각으로 이 값은 수시력에서 23.9030도로 정하였다. ∠ODE 중 DE호는 반현(半弦) DK에 해당하는 반호(半弧)이다. 따라서

弧 DE $= s$ 矢 KE $= v$
周天直徑 $= d$ 半弦 DK $= p$
周天半徑 $= r$ 余弦 OK $= q$

일 때 다음과 같은 회원술의 공식이 가능하다.

$$p = \sqrt{r^2 - (r-v)^2} = \sqrt{dv - v^2}$$
$$s = p + v^2/d$$

여기서 p를 제거하면 다음을 얻는다.

$$v^4 + (d^2 - 2ds)v^2 - d^3 v + d^2 s^2 = 0$$

위의 방정식에 r = 60.875도, s = 24도를 대입하면 다음을 얻을 수 있다.

$$v = 4.8482 도$$
$$q = r - v = 56.0268 도$$
$$p = \sqrt{dv - v^2} = 23.8070 도$$

태양이 B지점의 위치를 지날 때 호 BD는 태양의 하지점으로부터의 각거리인 황도적도(黃道積度), CE는 그에 대응하는 적경도수인 적도적도(赤道積度) 그리고 호 CB는 태양의 적위인 적도내외도(赤道內外度)가 된다. 따라서 황도적도에 대한 적도적도와 적도내외도를 구하는 데에는 이미 알고 있는 호 BD로써 호 CE와 CB의 도수를 구하면 된다. B점으로부터 OD에 수직인 선 BL을 그으면 회원술을 근거로 하여 응용한 4차 방정식의 방법으로 해를 구하는 것이 가능하다.

BD호 상의 시(矢) LD $= v_l$

BD호 상의 반현(半弦) LB $= p_1$

BD호 상의 여현(余弦) OL $= q_1$

이라 정하고, L에서 OE상에 수직인 선 LM을 긋고 B에서 OC상에 수직인 선 BN을 그으면 그 결과 MN $=$ LB $= p_1$이 된다. 여기에서 다시

BC호 상의 시(矢) NC $= v_2$

BC호 상의 반현(半弦) BN $= p_2$

BC호 상의 여현(余弦) ON $= q_2$

라 정하면, 직각 삼각형 OML과 OKD는 그 모양이 같으므로

$\triangle$OML$\equiv\triangle$OKD

BN$=$LM$=$OL/OD$\times$DK,   즉 $p_2 = (q_1 \times p)/r$

OM$=$OL/OD$\times$OK,   즉 $(q_1 \times q)/r$

ON$=\sqrt{\text{OM}^2 + \text{MN}^2}$,   즉 $q_2 = \sqrt{(q_1 \times q/r)^2 + p_1^2}$

NC$=$OC$-$ON,   즉 $v_2 = r - q_2$

의 관계식을 얻는다. 따라서 BC호의 矢 v_2 와 반현(半弦) p_2로서 태양이 B 지점에 있을 때의 적도 내외도는 BC$= p_2 + v_2^2/d$ 의 관계식으로부터 구할 수 있다. 적도적도 역시 위와 같은 방법으로 CP를 OE에 수직하도록 그으면 직각 삼각형 OPC와 OMN의 모양이 같게 되므로

CE호 상의 矢 CP $= v_3$

CE호 상의 半弦 OP $= p_3$

CE호 상의 余弦 PE $= q_3$

라 놓을 때

208

$$CP = OC/ON \times MN \quad 즉 \quad p_3 = (r \times p_1)/\sqrt{((q_1 \times q)/r)^2 + p_1^2}$$

$$OP = OC/ON \times OM \quad 즉 \quad q_3 = (q \times q_1) \times \sqrt{((q_1 \times q)/r)^2 + p_1^2}$$

$$PE = OE - OP \quad 즉 \quad v_3 = r - q_3$$

의 관계식을 얻게 되고 CE호의 矢 v_3와 반현(半弦) p_3로서 태양이 B지점에 있을 때의 적도적도는 $CE = p_3 + v_3^2/d$의 관계식으로부터 얻게 된다.

중국 고대의 천문 계산에는 구면 삼각법을 쓰지 않았다. 단 수시력은 할원술의 공식을 천문학 문제에 응용하여 황적도 변환과 적도 내외도의 계산을 하였는데 이는 서양의 구면 삼각법과 통하는 중국 고유의 독자적인 계산법이었다. 그러나 이 계산법에 사용된 회원술의 호시 공식은 공식 자체에 결함이 있어 오차를 크게 하는 요인이 되었고, 원주율 π를 3으로 취함으로써 주천직경을 정확하게 계산할 수 없었던 까닭에 계산 값이 정확하지 못한 단점이 있다.[113]

『칠정산 내편』에 있는 황적도율의 수표와 구면 삼각법에 의한 결과를 황도적도에 대한 적도적도와 그들 사이의 도율(度率), 그리고 태양의 적위를 나타내는 적도 내외도에 대하여 비교하여 보았다. 표 4-1에서 황적도율 수표의 적차(積差)와 차율(差率)에 대한 구면 삼각법과의 비교는 생략하였다. 이는 적차와 차율이 적도 반경에 대한 차(差)의 율(率)과 적(積)으로서 호시할원술의 방법에만 쓰이는 계산의 중간 과정일 뿐 구면삼각법의 계산과 근본적으로 달라 비교에 불필요한 값들이기 때문이다.

황적도율의 수표에 제시된 값들은 위에서 소개한 할원술의 방법으로 계산되었으며 이와 비교할 구면삼각법에 의한 결과는 다음의 방법으로 계산되었다. 즉, 지후(至後) 1상한 0도로부터 91.31도에 이르는 황도적도 $\lambda_\odot$에 대한 태양의 적도적도 $a_\odot$와 적위 $\delta_\odot$는 다음의 관계식에 의해 계산된다.

113) 錢寶琮, 『中國數學史』 (科學出版社: 北京), pp.209-214, 1992.

$$\sin\alpha_\odot = \tan\delta_\odot \cdot \cot\varepsilon, \qquad\qquad \cos\alpha_\odot = \tan\delta_\odot \cdot \cot\lambda_\odot$$

$$\alpha_\odot = \sin^{-1}(\tan\delta_\odot \cdot \cot\varepsilon), \qquad \alpha_\odot = \cos^{-1}(\tan\delta_\odot \cdot \cot\lambda_\odot)$$

$$\sin\delta_\odot = \sin\varepsilon \cdot \sin\lambda_\odot$$

$$\delta_\odot = \sin^{-1}(\sin\varepsilon \cdot \sin\lambda_\odot)$$

여기서 ε는 황도면과 적도면이 만드는 황도경사각으로 중국에서는 황적거위(黃赤距緯) 또는 황도출입적도(黃道出入赤道)라 불렀다. 그러나 그 측정값은 시대마다 달라 한서(漢書) 율력지(律曆志)에서는 24도, 그리고 수시력에서는 23도 90분 30초로 측정하였다. 이는 현행의 도로 각각 $23°39'$와 $23°33'32''$가 된다. 황도 경사각은 예부터 일정하다 하였지만 실은 100년 경과할 때마다 $0''.47$의 율로 줄어든다. 따라서 t를 서기연수라 하면 황도경사 ε은 Newcomb의 식

$$\varepsilon = 23°\ 27'\ 8''.26 - 0''.4684(t - 1900)$$

으로 주어진다.[114]

적도적도 $\alpha_\odot$와 적위 $\delta_\odot$의 계산에 사용된 황도경사각 ε의 값은 『칠정산 내편』의 수표 값과의 비교를 위해서 그 시대의 측정값인 23도 90분 30초를 취하여 계산하였다. 그리고 계산 과정 중 중국도(365.25도법)로 표현되는 모든 수치는 삼각 함수의 계산을 위하여 현행도(360° 법)로 고쳐서 계산한 다음 다시 『칠정산 내편』과의 비교를 위하여 중국도로 변환시켰다. 계산표에서 A는 『칠정산 내편』의 계산 값을, 그리고 B는 구면삼각법에 의한 계산 결과를 나타낸다. 태양의 적위를 나타내는 내외도 $\delta_\odot$와 황도 매도에 대한 내외도의 차 $\Delta\delta_\odot$의 계산은 『칠정산 내편』과 구면삼각법에 경우 다음과 같다.

---

114) 이은성, 『曆法의 原理分析』(정음사: 서울), p. 87, 1985.

표 4-1. 황적도율(黃赤道率)과 황도출입적도내외도(黃道出入赤道內外度)

(黃道積道)	(赤道積道)	(度率)	(內外度)		(內外差)	
$\lambda_\odot$	$a_\odot$		$\delta_\odot A$	$\delta_\odot B$	$\Delta\delta_\odot A$	$\Delta\delta_\odot B$
度	度	度	度	度	度	度
0	0.0000	1.0865	23.9030	23.9029	0.33	0.38
1	1.0865	1.0863	23.8997	23.8992	0.99	1.13
2	2.1728	1.0860	23.8898	23.8879	1.66	1.88
3	3.2588	1.0857	23.8732	23.8691	2.31	2.62
4	4.3445	1.0849	23.8501	23.8429	2.99	3.37
5	5.4294	1.0843	23.8202	23.8092	3.67	4.12
6	6.5137	1.0833	23.7837	23.7680	4.32	4.86
7	7.5970	1.0823	23.7405	23.7194	4.98	5.60
8	8.6793	1.0812	23.6907	23.6634	5.83	6.34
9	9.7605	1.0801	23.6324	23.5999	5.18	7.08
10	10.8406	1.0786	23.5706	23.5291	7.02	7.81
11	11.9192	1.0772	23.5004	23.4510	7.69	8.54
12	12.9964	1.0755	23.4235	23.3656	8.39	9.27
13	14.0719	1.0740	23.3396	23.2730	9.08	9.99
14	15.1459	1.0720	23.2448	23.1731	9.75	10.70
15	16.2179	1.0704	23.1513	23.0661	10.47	11.42
16	17.2883	1.0684	23.0466	22.9519	11.14	12.12
17	18.3567	1.0663	22.9352	22.8307	11.85	12.82
18	19.4230	1.0642	22.8267	22.7024	12.54	13.52
19	20.4672	1.0622	22.6913	22.5672	13.25	14.21
20	21.5494	1.0599	22.5588	22.4251	14.35	14.89
21	22.6093	1.0575	22.4453	22.2762	14.26	15.57
22	23.6668	1.0554	22.2727	22.1205	15.37	16.24
23	24.7222	1.0530	22.1190	21.9581	16.06	16.91
24	25.7752	1.0506	21.9584	21.7890	16.78	17.56
25	26.8258	1.0482	21.7906	21.6134	17.47	18.21
26	27.8740	1.0456	21.6159	21.4313	18.20	18.85
27	28.9196	1.0432	21.4339	21.2427	18.90	19.49
28	29.9628	1.0408	21.2449	21.0479	19.60	20.11
29	31.0036	1.0382	21.0489	20.8467	20.27	20.73
30	32.0418	1.0355	20.8462	20.6394	20.99	21.34

(黃道積道)	(赤道積道)	(度率)	(內外度)		(內外差)	
$\lambda_\odot$	$a_\odot$		$\delta_\odot A$	$\delta_\odot B$	$\Delta\delta_\odot A$	$\Delta\delta_\odot B$
度	度	度	度	度	度	度
31	33.0773	1.0332	20.6363	20.4260	21.68	21.94
32	34.1105	1.0306	20.4195	20.2066	22.35	22.53
33	35.1411	1.0280	20.1960	19.9812	23.03	23.12
34	36.1691	1.0254	19.9657	19.7501	23.71	23.69
35	37.1945	1.0229	19.7286	19.5131	24.37	24.26
36	38.2174	1.0203	19.4849	19.2705	25.03	24.81
37	39.2377	1.0177	19.2346	19.0224	25.66	25.36
38	40.2554	1.0152	18.9780	18.7688	26.31	25.90
39	41.2706	1.0116	18.7149	18.5098	26.93	26.43
40	42.2832	1.0102	18.4456	18.2455	27.52	26.95
41	43.2934	1.0075	18.1704	17.9760	28.14	27.46
42	44.3009	1.0049	17.8890	17.7015	28.72	27.95
43	45.3058	1.0027	17.6018	17.4219	29.29	28.44
44	46.3085	1.0000	17.3089	17.1375	29.84	28.92
45	47.3085	0.9974	17.0105	16.8483	30.38	29.39
46	48.3059	0.9951	16.7067	16.5543	30.90	29.85
47	49.3010	0.9925	16.3977	16.2558	31.41	30.30
48	50.2935	0.9901	16.0836	15.9528	31.91	30.74
49	51.2836	0.9876	15.7645	15.6454	32.36	31.17
50	52.2712	0.9851	15.4409	15.3337	32.85	31.59
51	53.2563	0.9827	15.1124	15.0178	33.26	32.00
52	54.2390	0.9803	14.7798	14.6979	33.64	32.40
53	55.2193	0.9780	14.4438	14.3739	34.07	32.78
54	56.1973	0.9755	14.1027	14.0461	34.45	33.16
55	57.1728	0.9731	14.7582	13.7145	34.81	33.53
56	58.1459	0.9708	13.4101	13.3792	35.15	33.89
57	59.1167	0.9685	13.0586	13.0403	35.47	34.23
58	60.0852	0.9661	12.7039	12.6980	35.78	34.57
59	61.0513	0.9639	12.3461	12.3523	36.07	34.90
60	62.0152	0.9616	11.9854	12.0033	36.33	35.21

（黄道積道）	（赤道積道）	（度率）	（内外度）		（内外差）	
$\lambda_\odot$	$a_\odot$		$\delta_\odot A$	$\delta_\odot B$	$\Delta\delta_\odot A$	$\Delta\delta_\odot B$
度	度	度	度	度	度	度
61	62.9768	0.9594	11.6221	11.6512	36.59	35.52
62	63.9362	0.9572	11.2562	11.2960	36.83	35.81
63	64.8934	0.9551	10.8879	10.9379	37.85	36.10
64	65.8495	0.9529	10.5174	10.5769	37.24	36.37
65	66.8014	0.9509	10.1450	10.2132	37.44	36.64
66	67.7523	0.9487	9.7706	9.8468	37.61	36.89
67	68.7010	0.9470	9.3945	9.4779	37.76	37.14
68	69.6480	0.9450	9.0169	9.1065	37.91	37.37
69	70.5930	0.9427	8.6378	8.7328	38.07	37.59
70	71.5357	0.9412	8.2571	8.3568	38.17	37.81
71	72.4769	0.9392	7.8754	7.9788	38.28	38.01
72	73.4161	0.9385	7.4926	7.5986	38.38	38.20
73	74.3546	0.9353	7.1088	7.2166	38.47	38.39
74	75.2899	0.9343	6.7241	6.8327	38.54	38.56
75	76.2242	0.9329	6.3387	6.4471	38.62	38.72
76	77.1571	0.9315	5.9525	6.0599	38.67	38.88
77	78.0886	0.9304	5.5658	5.6711	38.73	39.02
78	79.0190	0.9286	5.1785	5.2809	38.77	39.15
79	79.9476	0.9275	4.7908	4.8894	38.81	39.28
80	80.8751	0.9265	4.4027	4.4966	38.85	39.39
81	81.8016	0.9255	4.0142	4.1027	38.88	39.49
82	82.7221	0.9244	3.6254	3.7078	38.89	39.58
83	83.6515	0.9238	3.2365	3.3120	38.90	39.67
84	84.5753	0.9228	2.8475	2.9153	38.92	39.74
85	85.4981	0.9222	2.4583	2.5179	38.93	39.80
86	86.4203	0.9215	2.0690	2.1199	38.94	39.85
87	87.3418	0.9212	1.6796	1.7214	38.94	39.90
88	88.3630	0.9210	1.2902	1.3224	38.95	39.93
89	89.1840	0.9204	0.9007	0.9231	38.95	39.95
90	90.1044	0.9204	0.5112	0.5236	38.95	39.97
91	91.0248	0.2877	0.1217	0.1239	12.17	12.39
91.312	91.3125	0.0000	0.0000	0.0000	0.00	0.00

2) 백도·적도의 변환과 백도출입 적도내외도

백도출입 적도내외도는 백도상을 운행하는 달이 적도로부터 떨어진 각거리, 즉 달의 적위를 의미한다. 달이 적도 교점을 통과한 후의 초말한을 주천 상한 91.3143도에서 감하여 적도 반교(赤道半交)로부터 달까지의 각거리인 백도적(白道積)을 구한다. 이 백도적에 적도(積度)를 감하여 백도적의 도 이하 분초를 구하고 여기에 백도적 1도에 해당하는 적도 반경차의 변화량의 차율을 곱한 후, 도 이하의 분초를 도로 계산하기 위해 100으로 나눈다. 즉 도 이하의 분초에 해당하는 차율을 도간 보간 하여 구한 후 백도 적도에 해당하는 적차(積差)를 황적도율의 표로부터 찾아 더하면, 적도 반교로부터 달까지의 적도 경도차인 매일의 적차가 계산된다. 이것을 주천 반경인 1/6 주천도(60.875)에서 감하여 백도 정차로 곱하면 매일 달의 적도 내외도 즉 달의 적위 값이 계산되고 다시 이 적도 내외도를 주천 상한 91.3143도에서 가감하면 달의 백도 거극도가 된다.

따라서 달이 적도상에서 반교로부터 n도와 n + 1도 사이인 n + $\triangle$n도에 있을 때 n도의 백도 적도를 f(n), 적차를 g(n)라 하고 달의 백도적을 f(n + $\triangle$n) 그리고 매도의 차율과 매일의 적차를 각각 $m(x_i)$와 $G(x_i)$라 하면, 매일 달의 적도 내외도와 백도 거극도의 계산은 다음과 같다.

백도적 f(n + $\triangle$n) = 주천상한(91.3143도) − 초말한

매일의 적차 $G(x_i)$ = (백도적 − 적도) × 차율/100 + 적차

$\qquad$ = {f(F + 1) − f(n)} × 차율/100 + g(n)

$g(n) = \sum_{i=0}^{n-1} m(x_i)$ (∵적차 = ∑매도의 차율)

1 상한의 적차 = 적도 반경 = $\sum_{i=0}^{91.4143}$ 매도의 차율 = $\sum_{i=0}^{91.4143} m(x_i)$

백도 정차 = 반교의 백도 내외도 / 60.87625도

매일 달의 적도 내외도 = (1/6주천도 − 매일의 적차) × 백도 정차

$$= \{60.876도 - \; G(x_i)\} \times 반교의 \; 백도 \; 황도 \; 내외도/60.876도$$

$$= \{1 - \; G(x_i) \; / \; 60.876도\} \times 반교의 \; 백도 \; 황도 \; 내외도$$

매일 달의 백도 거극도 $=$ 주천 상한 $+$ 매일의 적도 외도(1)

$$= 주천 \; 상한 \; - \; 매일의 \; 적도 \; 내도(2)$$

3. 부등 운동과 초차법

1) 태양의 영축운동(盈縮運動)

고대 중국에서는 태양은 하늘을 등속도로 운동한다고 생각하였으며 태양이 천구상에서 하루 동안 움직인 각거리를 1도로 하여 하늘의 둘레인 주천도수(周天度數)를 1년의 일수와 같게 하였다. 따라서 중국의 1도는 바빌론의 전통에 따라 주천을 360도로 나누는 현행의 도법으로는 0.9856도가 된다. 그러나 항성의 1주천 도수와 태양의 1주천 도수 사이에 조금씩의 차가 있다는 세차 현상을 발견하게 되었고 태양의 운동도 등속이 아니라는 사실을 발견하게 되었다. 태양의 부등운동은 서양에서는 기원전 2세기 중엽에 세차를 발견 했던 그리이스의 히파르쿠스에 의해 알려졌고, 중국에서는 6세기 중엽에 당나라의 천문학자 장자신(張子信)에 의해 알려졌다.

태양의 부등운동은 지구가 태양 주위를 원 궤도가 아닌 타원 궤도 운동을 하기 때문에 천구상에서 태양의 운행에 빠르고 느림이 생기는 현상이다. Kepler의 제 2법칙에 의하면 행성은 근일점에서 운동속도가 최대가 되고 원일점에서 최소가 되나 같은 시간에 그리는 타원궤도상에서의 면적은 같다. 태양 운행의 빠르고 느린 현상, 즉 일행영축(日行盈縮)의 운동은 부등운동을 하는 진태양(眞太陽)과 1일 1도의 등속도 운행을 하는 평균태양(平均太陽)과의 떨어진 거리인 중심차(中心差)를 알아보아야 한다. 우연히

도 수시력 제정 당시의 근일점은 동지점의 위치와 거의 일치 하였다. 평균 태양이란 근일점인 동지점에서 진태양과 동시에 출발하여 황도상을 균일한 각속도로 운행하는 가상태양(假想太陽)을 말하며 중심차란 이 가상태양과 부등운동을 하는 진태양과의 상거도(相距度) 즉, 떨어진 각거리를 말한다.

　『칠정산 내편』의 태양편에 실린 태양영축의 표, 즉 동지와 하지 전후의 태양의 상행도(象行度)와 영축가분(盈縮加分), 그리고 영축적(盈縮積)을 이 표의 계산에 쓰인 초차법과 함께 살펴보면 다음과 같다.

표 4-2. 태양의 동지와 하지 전후 이상한의 영축과 행도
(太陽冬至夏至前後二象盈縮及行度)

積日	冬至前後二象(盈初縮末限)			夏至前後二象(縮初盈末限)		
	行度	盈縮加分	盈縮積	行度	盈縮加分	盈縮積
	도 분	분	분	도 분	분	분
0일	1 05 1085	510 8569	0 0000	0 95 1516	484 8473	0 0000
1	1 05 0591	505 9183	510 8569	0 95 1959	480 4111	484 8473
2	1 05 0096	500 9611	1016 7752	0 95 2405	475 9587	965 2584
3	1 04 9598	495 9853	1517 7363	0 95 2851	471 4901	1441 2171
4	1 04 9099	490 9909	2013 7216	0 95 3300	467 0053	1912 7072
5	1 04 8597	485 9779	2504 7125	0 95 3750	462 5043	2379 7125
6	1 04 8094	480 9463	2990 6904	0 95 4202	457 9871	2842 2168
7	1 04 7589	475 8961	3471 6367	0 95 4655	453 4537	3300 2039
8	1 04 7082	470 8273	3947 5328	0 95 5110	448 9041	3753 6576
9	1 04 6573	465 7399	4418 3601	0 95 5567	444 3383	4202 5617
10	1 04 6063	460 6339	4884 1000	0 95 6025	439 7563	4646 9000
11	1 04 5550	455 5093	5344 7339	0 95 6485	435 1581	5086 6563
12	1 04 5036	450 3661	5800 2432	0 95 6946	430 5437	5521 8144
13	1 04 4520	445 2043	6250 6093	0 95 7409	425 9131	5952 3581
14	1 04 4002	440 0239	6695 8136	0 95 7874	421 2663	6378 2712
15	1 04 3482	434 8249	7135 8375	0 95 8340	416 6033	6799 5875
16	1 04 2960	429 6073	7570 6624	0 95 8808	411 9241	7216 1408
17	1 04 2437	424 3711	8000 2697	0 95 9278	407 2287	7628 0649
18	1 04 1911	419 1163	8424 6408	0 95 9749	402 5171	8035 2936
19	1 04 1384	413 8429	8843 7571	0 96 0222	397 7893	8437 8107
20	1 04 0855	408 5509	9257 6000	0 96 0696	393 0453	8835 6000

積日	冬至前後二象(盈初縮末限)			夏至前後二象(縮初盈末限)		
	行度	盈縮加分	盈縮積	行度	盈縮加分	盈縮積
	도 분	분	분	도 분	분	분
21	1 04 0324	403 2403	9666 1506	0 96 1172	388 2851	9228 6453
22	1 03 9791	397 9111	10069 3912	0 96 1650	383 5087	9616 9304
23	1 03 9256	392 5633	10467 3023	0 96 2129	378 7161	10000 4391
24	1 03 8719	387 1969	10859 8656	0 96 2610	373 9073	10379 1552
25	1 03 8181	381 8119	11247 0625	0 96 3092	369 0823	10753 0625
26	1 03 7640	376 4083	11628 8744	0 96 3576	364 2411	11122 1448
27	1 03 7098	370 9861	12005 2827	0 96 4062	359 3837	11486 3859
28	1 03 6554	365 5453	12376 2688	0 96 549	354 5101	11845 7696
29	1 03 6008	360 0859	12741 8141	0 96 5038	349 6203	12200 2797
30	1 03 5460	354 6079	13101 9000	0 96 5529	344 7143	12549 9000
31	1 03 4911	349 1113	13456 5079	0 96 6021	339 7921	11894 6143
32	1 03 4359	343 5961	13805 6192	0 96 6515	334 8537	13234 4064
33	1 03 3806	338 0623	14149 2153	0 96 7011	329 8991	13569 2601
34	1 03 3250	332 5099	14487 2776	0 96 7508	324 9283	13899 1592
35	1 03 2693	326 9389	14819 7875	0 96 8006	319 9413	14224 0875
36	1 03 2134	321 3493	15146 7264	0 96 8507	314 9381	14544 0288
37	1 03 1574	315 7411	15468 7570	0 96 9009	309 9187	14858 9669
38	1 03 1011	310 1143	15783 8168	0 96 9512	304 8831	15168 8856
39	1 03 0446	204 4689	16093 9311	0 97 0017	299 8313	15473 7687
40	1 02 9880	298 8049	16398 4000	0 97 0524	294 7633	15773 6000
41	1 02 9312	293 1223	16697 2049	0 97 1033	289 6791	16068 3633
42	1 02 8742	287 4211	16990 3272	0 97 1543	284 5787	16358 0424
43	1 02 8170	281 7013	17277 7483	0 97 2054	279 4621	16642 6211
44	1 02 7596	275 9629	17559 4496	0 97 2568	274 3293	16922 0832
45	1 02 7020	270 2059	17835 4125	0 97 3082	269 1803	17196 4125
46	1 02 6443	264 4303	18105 6184	0 97 3599	264 0151	17465 5928
47	1 02 5863	258 6361	18370 0487	0 97 4117	258 8337	17729 6079
48	1 02 5282	252 8233	18628 6848	0 97 4637	253 6461	17988 4416
49	1 02 4699	246 9919	18881 5081	0 97 5158	248 4223	18242 0777
50	1 02 4114	241 1419	19128 5000	0 97 5681	243 1923	18490 5000

積日	冬至前後二象(盈初縮末限)			夏至前後二象(縮初盈末限)		
	行度	盈縮加分	盈縮積	行度	盈縮加分	盈縮積
	도 분	분	분	도 분	분	분
51	1 02 3527	235 2733	19369 6419	0 97 6206	237 9461	18733 6923
52	1 02 2938	229 3861	19604 9152	0 97 6732	232 6837	18971 6384
53	1 02 2348	223 4803	19834 3013	0 97 7260	227 4051	19204 3221
54	1 02 1755	217 5559	20057 7816	0 97 7789	222 1103	19431 7272
55	1 02 1161	211 6219	20275 3375	0 97 8321	216 7993	19653 8375
56	1 02 0565	205 6513	20486 9504	0 97 8853	211 4721	19870 6368
57	1 01 9967	199 6711	20692 6017	0 97 9388	206 1287	20082 1089
58	1 01 9367	193 6723	20892 2728	0 97 9924	200 7691	20288 2376
59	1 01 8765	187 6549	21085 9451	0 98 0461	195 3933	20489 0067
60	1 01 8161	181 6186	21273 6000	0 98 1000	190 0013	20684 4000
61	1 01 7556	175 5643	21455 2189	0 98 1541	184 5931	20874 4013
62	1 01 6949	169 4911	21630 7832	0 98 2084	179 1687	21058 9944
63	1 01 6339	163 3993	21800 2743	0 98 2628	173 7281	21238 1631
64	1 01 5728	157 2889	21963 6736	0 98 3173	168 2713	21411 8921
65	1 01 5115	151 1599	22120 9625	0 98 3721	162 7983	21580 1625
66	1 01 4501	145 0123	22272 1224	0 98 4270	157 3091	21742 9608
67	1 01 3884	138 8461	22417 1347	0 98 4820	151 8037	21900 2699
68	1 01 3266	132 6613	22555 9808	0 98 5372	146 2821	22052 0736
69	1 01 2645	126 4579	22688 6421	0 98 5926	140 7443	22198 3557
70	1 01 2023	120 2359	22815 1000	0 98 6481	135 1903	22339 1000
71	1 01 1399	113 9953	22935 3359	0 98 7038	129 6201	22474 2903
72	1 01 0773	107 7361	23049 3312	0 98 7597	124 0337	22603 9104
73	1 01 0145	101 4583	23157 0673	0 98 8157	118 4311	22727 9441
74	1 00 9516	95 1619	23258 5256	0 98 8719	112 8123	22846 3752
75	1 00 8884	88 8469	23353 6875	0 98 9283	107 1773	22959 1875
76	1 00 8251	82 5133	23442 5344	0 98 9848	101 5261	23066 3648
77	1 00 7616	76 1611	23525 0477	0 99 0415	95 8587	23167 8909
78	1 00 6979	69 7903	23601 2088	0 99 0983	90 1751	23263 7496
79	1 00 6340	63 4009	23670 9991	0 99 1553	84 4753	23353 9147
80	1 00 5699	56 9929	23734 4000	0 99 2125	78 7593	23438 4000

	冬至前後二象(盈初縮末限)			夏至前後二象(縮初盈末限)		
積日	行度	盈縮加分	盈縮積	行度	盈縮加分	盈縮積
	도 분	분	분	도 분	분	분
81	1 00 5056	50 5663	23791 3929	0 99 2698	73 0271	23517 1593
82	1 00 4412	44 1211	23841 9592	0 99 3273	67 2787	23590 1864
83	1 00 3765	37 6573	23886 0803	0 99 3849	61 5141	23567 4651
84	1 00 3117	31 1749	23923 7376	0 99 4427	55 7333	23718 9792
85	1 00 2467	24 6739	23954 9125	0 99 5007	49 9363	23774 7125
86	1 00 1815	18 1543	23979 5864	0 99 5588	44 1231	23824 6488
87	1 00 1161	11 6161	23997 7407	0 99 6171	38 2937	23868 7719
88	1 00 0505	5 0593	24009 3568	0 99 6756	32 4481	23907 0656
88.91/89	1	0 0000	24014 4161	0 99 7342	26 5863	23939 5137
90				0 99 7930	20 7083	23966 1000
91				0 99 8519	14 8141	23986 8083
92				0 99 9110	8 9037	24001 6224
93				0 99 9703	2 9771	24010 5261
93.71				1	0 0000	24013 5032

동지와 하지점이 근일점과 원일점에 거의 일치 하였으므로 태양의 운동 속도가 동지와 하지를 전후로 각각 대칭이 되었다. 즉 추분에서 동지와 동지에서 춘분까지의 각 상한(象限)과 춘분에서 하지와 하지에서 추분까지의 각 상한에서 태양의 운동속도는 서로 대칭이 되므로 수시력과 『칠정산 내편』은 위의 표와 같이 동지와 하지 전후 각 1상한에 대한 운행 각도만 계산하였다.

평균태양은 황도상을 매일 일정하게 1도씩 운행하나 진태양은 근일점 근처 동지 전후의 상한에서는 1도 이상씩 운행하여 88.91일 만에 각 상한 91.31도의 운행을 마치고, 원일점 근처 하지 전후의 상한에서는 1도 이하씩 운행하여 93.71일이 되어야 각 상한 91.31도의 운행을 마친다. 진태양이 1일 1도 이상씩 운행할 때의 행도(行度)를 영행도(盈行度)라 하고 영행도의 평균태양의 행도와의 차를 영가분(盈加分)이라 하는데 이 영가분의 누적분이 영적(盈積)이다. 바로 이 영적이 평균태양과 진태양과의 각거리, 즉 중심차(中心差)이다. 마찬가지로 진태양이 1일 1도 이하씩 운행할 때의 행도(行度)는 축행도(縮行度)이고 축행도의 평균태양 행도와의 차는 축가분(縮加分)이며 축적(縮積)은 이 축가분의 누적분을 말한다. 이때의 축적도 중심차를 의미한다.

위의 태양 영축의 표에서 진태양의 1일간의 행도는 동지일에서 1도 05분 10초 85로 최대가 되고, 하지일에 95분 15초 16으로 최소가 되며, 춘분과 추분일에서의 행도는 각각 1도가 된다. 동지일에서 춘분까지는 1일간의 실제 행도가 1도 이상이 되어 태양의 평균 행도인 1도와의 차분(差分)인 영가분의 누적분이 동지 후 88.91일, 즉 춘분날에는 24014분 4161, 약 2도 4014가 된다. 따라서 평균 행도로 동지 후 적일인 88.91일은 88도 91이 되고 이때 실제 태양의 영적 2도 4014를 더하면 결국 91.31도가 되므로 태양은 동지에서 춘분까지의 1상한 91.31도를 88.91일 만에 운행하는 것이 된다.

마찬가지로 1일간의 실제 행도가 1도 이하가 되는 하지에서 추분까지도 태양의 평균 행도인 1도와의 차분(差分)인 축가분의 누적분이 하지 후 93.71일, 즉 추분날에는 24013분 5032, 약 2도 4014로 된다. 평균 행도로 하지 후 적일(積日)인 93.71일은 93도 71이 되므로 이때의 축적 2도 4014로 감하면 91.31도가 되고 따라서 하지에서 추분까지의 91.31도, 즉 1상한을 93.71일 동안 운행하는 것이 된다.

수시력은 일행영축의 계산 중 중심차 문제를 해결하기 위하여 1원 3차 방정식인 평립정 3차(平立定三差) 보간식을 이용하여 정차(定差), 평차(平差), 입차(立差)의 계수를 구하는 초차법(招差法)을 사용하였다. 위의 표에서 동지 전후의 상한을 예로 하여 적일과 영행도 그리고 영가분의 차(差)와 그 차의 차로부터 정차와 평차 그리고 입차를 구하는 방법과 그 관계를 알아보면 다음과 같다.

표 4-3. 동지 전후 태양영축의 표

적일(x)	영행도	영가분(Δ^1_x)	(Δ^2_x)	(Δ^3_x)	(Δ^4_x)	영축적($f(x)$)
일	도 분	분	분	분	분	분
0	1 05 1085	510 8569				0 0000
			4 9386			
1	1 05 0591	505 9183		0 0186		510 8569
			4 9572		0 0000	
2	1 05 0096	500 9611		0 0186		1016 7752
			4 9758		0 0000	
3	1 04 9598	495 9853		0 0186		1517 7363
			4 9944			
4	1 04 9099	490 9909				
⋮						
85	1 00 2467	24 6739				23954 9125
			6 5196			
86	1 00 1815	18 1543		0 0186		23979 5864
			6 5382		0 0000	
87	1 00 1161	11 6161		0 0186		23997 7407
			6 5568			
88	1 00 0505	5 0593				24009 3568
88.91	1	0 0000				24014 4161

임의의 적일(積日)에서 영가분은 그 전일과 후일 두 영가분의 합의 평균보다 0.0093분만큼이 크다. 즉, 적일을 x라 하고 영가분을 $\triangle^1_{x_1}$, 영적을 $f(x)$라 할 때,

$$\triangle^1_x - (\triangle^1_{x+1} + \triangle^1_{x-1})/2 = 0.0093$$

$$(\triangle^1_x - \triangle^1_{x-1}) - (\triangle^1_{x+1} - \triangle^1_x) = -0.0186$$

$$\triangle^2_x - \triangle^2_{x-1} = -0.0186$$

$$\triangle^3_{x-1} = -0.0186$$

가 된다. 여기서 $\triangle^2_x$과 $\triangle^3_x$은 각각 적일 x에서의 영가분의 차와 그 차의 차를 의미하며, $\triangle^3_x$가 일정하다는 것은 영적 $f(x)$가 적일 x의 3차식임을 나타내는 것이다. 즉,

$$f(x) = ax - bx^2 - cx^3 (a>0, \ b>0, \ c>0)$$

로, 여기서의 계수 a, b, c를 정차, 평차, 입차라 부르고 합쳐서 평립정 3차라 하는데 이들 계수는 실측한 태양 영축의 값들에 초차법을 사용하여 구한다.115) 위의 식은 역으로 정차, 평차, 입차의 계수 a, b, c가 알려졌을 때임의의 적일 x에서 중심차인 영적 $f(x)$를 구하는 공식으로도 사용된다.

수시력과 『칠정산 내편』에는 없고 대통력의 법원(法原)에 실려 있는 '태양영축평립정삼차지원(太陽盈縮平立定三差之原)'의 입성(立成)에는 1년 사상한(四象限) 중 영초축말한(盈初縮末限) 88.92일의 경우는 각 단을 14.82일씩 6단으로 등분하였고, 축초영말한(縮初盈末限) 93.72일의 경우는 각 단을 15.62일씩 6단으로 등분하여 각 상한의 정차와 평차 그리고 입차를 구하였다. 이와 같이 적일을 1일간의 간격으로 하지 않고 각 상한을 6단(段)으로 등분한 약 2주간의 간격으로 계산한 것은 1일 사이의 평차(平差)와 그 차의 차가 너무 작아지면 오차가 커질 것을 피하기 위함이었다.116) 영초축말한과 축초영말한의 경우 입성은 다음과 같다.117)

---

115) 李殷晟, "招差法과 古代曆法에서의 그 應用", 『천문학회지』, 제7권 1호, p.20, 1974.

116) 李殷晟, 앞의 논문, pp.20-22, 1974.

117) 『明史』 卷 33, 志 9, 曆 3.

표 4-4. 영초축말한(盈初縮末限)의 초차법

段別	積日(x)	積差(y)	日平差(y/x)	一差	二差	三差
	일	분	분	분	분	분
1	14.82	7058.025	476.25	38.45	1.38	0.00
2	29.64	12976.362	437.80	39.83	1.38	0.00
3	44.46	17693.7462	397.97	41.21	1.38	0.00
4	59.28	21148.7328	356.76	42.59	1.38	
5	74.10	23279.9970	314.17	43.97		
6	88.92	24026.184	270.20			

표 4-5. 축초영말한(縮初盈末限)의 초차법

段別	積日(x)	積差(y)	日平差(y/x)	一差	二差	三差
	일	분	분	분	분	분
1	15.62	7058.9904	451.92	36.47	1.33	0.00
2	31.24	12978.658	415.45	37.80	1.33	0.00
3	46.86	17696.679	377.65	39.12	1.33	0.00
4	62.48	21150.7296	338.52	40.46	1.33	
5	78.10	23278.486	298.06	41.79		
6	93.72	24017.6244	256.27			

위의 표에서 적차(積差) y는 각 단의 영적과 축적의 누적분이며, 적차를 각 단의 적일로 나눈 일평차(日平差) y/x는 각 단의 1일 평균차를 의미한다. 영초축말한의 표로부터 얻어지는 평립정 3차의 계수는 a = 513.32分/日, b = 2.46分/日², c = 0.0031分/日³이며 축초영말한의 표로부터 얻어지는 계수는 a = 476.06分/日, b = 2.21分/日², c = 0.0027分/日³이다. 이들 계수는 태양영축의 실측한 값들로부터 얻어지나 역으로 임의의 적일(積日) x에서 진태양과 평균태양의 각거리를 나타내는 영적(盈積) 또는 축적(縮積)을 구할 때 사용된다. 영초축말한의 경우 영적 $f(x)$와 축초영말한의 경우 축적 $f(x)$를 구하는 식은 다음과 같다.

$$f(x) = x \cdot (513.32 - 2.46x - 0.0031x^2) : \text{영초축말한의 중심차}$$
$$f(x) = x \cdot (476.06 - 2.21x - 0.0027x^2) : \text{축초영말한의 중심차}$$

위의 표에서 영초축말한과 축초영말한의 경우 그 최대 중심차를 갖는 적일은 각각 88.92일과 93.72일이다. 따라서 위의 식에 각각 이 적일을 대입하여 계산하면

$$f(88.92) = 24014.25308분 : \text{영초축말한의 중심차(오차: } -11.9분)$$
$$f(93.72) = 24013.26795분 : \text{축초영말한의 중심차(오차: } -4.4분)$$

가 된다. 따라서 이 값들은 위의 표에 계산된 수치와 거의 일치하므로 대통력법원에 계산된 평립정 3차의 계수가 정확한 값임을 알 수 있다.

2) 달의 지질운동(遲疾運動)

달이 지구 주위를 타원 궤도로 운동하므로 달의 운동도 태양의 운동과 같이 천구상에서 부등 운동을 한다. 달의 운행 속도는 Kepler의 제 2법칙에 따라 근지점에서 최대가 되고 원지점에서 최소가 되나 달은 황도와 5.9도 경사진 백도상을 운행함으로써 천구상에서 태양의 운동보다 훨씬 복잡한 운동을 한다. 고대 중국인들은 이미 2세기 경에 황백도의 교점이 19년을 주기로 서쪽(역행)으로 이동한다는 사실과, 근지점이 9년을 주기로 동쪽(순행)으로 이동한다는 사실을 발견하였다. 그리고 황백 교점의 이동과 근지점의 이동에 대한 지식으로 삭망월과 더불어 교점월과 근점월의 정확한 값을 알 수 있었다. 달의 부등 운동을 처음으로 역법에 도입한 것은 3세기 초 유홍(劉洪)의 건상력(乾象曆)으로 근지점에 대한 달의 운동 주기를 27.55336일(현재 값 27.55455일)로 정하고 실제 달은 1일 최고 14와 10/19도(10.5263도)에서 12와 5/19도(12.2632도) 사이를 움직인다고 하였

224

다.118) 수시력은 근점월을 현재의 값과 일치하는 27.5546일로 정하고, 달이 근지점을 통과한 일수 즉 입전일(入轉日)에 따라 속도에 빠르고 느림이 생기므로 각 입전일 1일 동안의 운행 도수와 근지점으로부터 입전일까지 달이 이동한 각거리를 계산하였다. 계산표에 의하면 달의 운동 속도가 최고가 되는 근지점에서의 운행 도수는 14.6764도 그리고 그 반대가 되는 원지점에서의 운행 도수는 12.0462도이다.

황백도의 교점이 역행하는 것은 태양이 달의 공전 궤도면에 회전 능률을 작용시켜 달의 궤도를 위로 올리려 하기 때문으로, 이로 인해 달의 궤도면과 황도면이 만나는 교선이 황도를 따라 서쪽으로 이동하게 되는 것이다. 또한 근지점이 동쪽으로 이동하는 것은 달이 합과 충에 있게 되는 삭과 망에서, 달의 공전 궤도를 장축방향으로 늘어나게 하는 태양의 차등 중력 효과로 인하여 궤도상에서 장축선이 회전하기 때문이다.119)

『칠정산 내편』은 역일(曆日)편에 있는 태음한수지질도(太陰限數遲疾度)와 태음편에 있는 지질전정 및 적도(遲疾轉定及積度)의 수표에 달의 부등 운동에 관한 계산을 하였다. 태음한수지질도는 달의 궤도인 백도(白道)를 336등분 하여 336한(限)으로 정하고, 다시 반으로 나누어 근지점과 원지점을 각각 초한(初限)으로 시작하여 168한(限)까지 각 한수(限數)마다의 운행 각도를 계산하였다. 그리고 지질전정 및 적도의 수표는 근지점으로부터의 경과일수, 즉 각 입전일(入轉日) 1일 동안 달이 황도상을 운행하는 도수인 지질전정도(遲疾轉定度)를 계산하였다.

태음한수지질도는 달이 근지점에서부터 원지점까지의 공전 궤도상에서는 실제의 운동 속도가 평균 운동 속도보다 빠르고, 반대로 원지점에서 근지점 사이에서는 평균 운동 속도보다 느리므로 각각을 질력(疾曆)과 지력(遲曆)의 구간으로 나누고 다시 그 구간을 168한으로 나눈 다음, 각 한수마다의 달의 지질(遲疾) 운행 속도를 계산한 것으로 다음의 표 4-6과 같다.

---

118) 藪內淸『中國の天文曆法』(平凡社: 東京), p.310, 1963.

119) Zeilik, M & Smith, E. P., *Introductory Astronomy and Astrophysics*, (Saunders College Publishing; philadelphia), pp.54-55, 1987.

표 4-6. 태음한수지질도(太陰限數遲疾度)

限數	遲疾曆日率		損益分		遲疾度		疾曆限行度	遲曆限行度
	일		익 분		도 분		질 도	지 도
0한	0	0000	11	081575	0	000000	1 2071	0 9855
1한	0	8020	11	023425	11	081575	1 2065	0 9861
2한	0	1640	10	963325	22	105000	1 2059	0 9867
3한	0	2460	10	901275	33	068325	1 2053	0 9873
4한	0	3280	10	837275	43	969600	1 2047	0 9879
5한	0	4100	10	771325	54	806875	1 2040	0 9866
6한	0	4920	10	703425	65	579200	1 2033	0 9893
7한	0	5740	10	633575	76	281625	1 2026	0 9900
8한	0	6560	10	561775	86	915200	1 2019	0 9907
9한	0	7380	10	488025	97	476975	1 2012	0 9914
10한	0	8200	10	412325	1 07	965000	1 2004	0 9922
11한	0	9020	10	334675	1 18	377325	1 1996	0 9929
12한	0	9840	10	255075	1 28	712000	1 1988	0 9937
13한	1	0661	10	173525	1 38	967075	1 1980	0 9946
14한	1	1481	10	090025	1 49	140600	1 1972	0 9954
15한	1	2301	10	004575	1 59	230625	1 1963	0 9962
16한	1	3121	9	917175	1 69	235200	1 1955	0 9971
17한	1	3941	9	817825	1 79	152375	1 1946	0 9980
18한	1	4761	9	736525	1 88	980200	1 1937	0 9989
19한	1	5581	9	643275	1 98	716725	1 1927	0 9999
20한	1	6401	9	548075	2 08	360000	1 1918	1 0008
21한	1	7221	9	450925	2 17	908075	1 1908	1 0018
22한	1	8041	9	351825	2 27	359000	1 1898	1 0028
23한	1	8861	9	250775	2 36	710825	1 1888	1 0038
24한	1	9681	9	147775	2 45	961600	1 1878	1 0048
25한	2	0502	9	042825	2 55	109375	1 1867	1 0059
26한	2	1322	8	935925	2 64	152200	1 1856	1 0069
27한	2	2142	8	827075	2 73	088125	1 1846	1 0080
28한	2	2962	8	716275	2 81	915200	1 1835	1 0091
29한	2	3782	8	603525	2 90	631475	1 1823	1 0103
30한	2	4602	8	488825	2 99	235000	1 1812	1 0114

限　數	遲疾曆日率	損益分	遲疾度	疾曆限行度	遲曆限行度
	일	익　분	도　분	질　도	지　도
31한	2 5422	8 372175	3 07 723825	1 1800	1 0126
32한	2 6242	8 253575	3 16 096000	1 1788	1 0138
33한	2 7062	8 133025	3 23 449575	1 1776	1 0150
34한	2 7882	8 010525	3 32 482600	1 1764	1 0162
35한	2 8702	7 886075	3 40 493125	1 1752	1 0174
36한	2 9522	7 759675	3 48 379200	1 1739	1 0187
37한	3 0342	7 631325	3 56 138875	1 1726	1 0200
38한	3 1163	7 501025	3 63 770200	1 1713	1 0213
39한	3 1983	7 368775	3 71 271225	1 1700	1 0226
40한	3 2803	7 234575	3 78 640000	1 1686	1 0239
41한	3 3623	7 098425	3 85 804575	1 1673	1 0253
42한	3 4443	6 960325	3 92 973000	1 1659	1 0267
43한	3 5263	6 820275	3 99 933325	1 1645	1 0281
44한	3 6083	6 678275	4 06 753600	1 1631	1 0295
45한	3 6903	6 534325	4 13 431875	1 1616	1 0309
46한	3 7723	6 388425	4 19 966200	1 1602	1 0324
47한	3 8543	6 240575	4 26 354625	1 1587	1 0339
48한	3 9363	6 090775	4 32 595200	1 1572	1 0354
49한	4 0183	5 939025	4 38 685975	1 1557	1 0369
50한	4 1004	5 785325	4 44 625000	1 1541	1 0384
51한	4 1824	5 629675	4 50 410325	1 1526	1 0400
52한	4 2644	5 472015	4 56 040000	1 1510	1 0416
53한	4 3464	5 312525	4 61 512075	1 1494	1 0432
54한	4 4284	5 151025	4 66 824600	1 1478	1 0448
55한	4 5104	4 987575	4 71 975625	1 1462	1 0464
56한	4 5924	4 822175	4 76 963200	1 1445	1 0481
57한	4 6744	4 654825	4 81 785375	1 1428	1 0497
58한	4 7564	4 485525	4 86 440200	1 1411	1 0514
59한	4 8384	4 314275	4 90 925725	1 1394	1 0531
60한	4 9204	4 141075	4 95 240000	1 1377	1 0549

限數	遲疾曆日率	損益分	遲疾度	疾曆限行度	遲曆限行度
	일	익 분	도 분	질 도	지 도
61한	5 0024	3 965925	4 99 381075	1 1359	1 0566
62한	5 0844	3 788825	5 03 347000	1 1342	1 0584
63한	5 1665	3 609775	5 07 135825	1 1324	1 0602
64한	5 2485	3 428775	5 10 745600	1 1306	1 0620
65한	5 3305	3 245825	5 14 174375	1 1287	1 0638
66한	5 4145	3 060925	5 17 420200	1 1269	1 0657
67한	5 4945	2 874075	5 20 481125	1 1250	1 0675
68한	5 5765	2 685275	5 23 355200	1 1231	1 0694
69한	5 6585	2 494525	6 26 040475	1 1212	1 0713
70한	5 7405	2 301825	5 28 535000	1 1193	1 0733
71한	5 8225	2 107175	5 30 836825	1 1174	1 0752
72한	5 9045	1 910575	5 32 944000	1 1154	1 0772
73한	5 9865	1 712025	5 34 854575	1 1134	1 0792
74한	6 0685	1 511525	5 36 566600	1 1114	1 0812
75한	6 1506	1 309075	5 38 078125	1 1094	1 0832
76한	6 2326	1 104675	5 39 387200	1 1073	1 0852
77한	6 3146	0 898325	5 40 491875	1 1053	1 0873
78한	6 3966	0 690025	5 41 390200	1 1032	1 0894
79한	6 4786	0 479775	5 42 080225	1 1011	1 0915
80한	6 5606	0 267575	5 42 560000	1 0990	1 0936
81한	6 6426	0 053425	5 42 827575	1 0968	1 0958
82한	6 7246	0 035616	5 42 881000	1 0966	1 0960
83한	6 8066	0 017808	5 42 916616	1 0965	1 0961
84한	6 8886	0 017808	5 42 934424	1 0961	1 0965
85한	6 9706	0 035616	5 42 916616	1 0960	1 0966
86한	7 0526	0 053425	5 42 881000	1 0958	1 0968
87한	7 1346	0 267575	5 42 827575	1 0936	1 0990
88한	7 2167	0 479775	5 42 560000	1 0915	1 1011
89한	7 2987	0 690025	5 42 080225	1 0894	1 1032
90한	7 3807	0 898325	5 41 390200	1 0873	1 1053

限數	遲疾曆日率	損益分	遲疾度	疾曆限行度	遲曆限行度
	일	익 분	도 분	질 도	지 도
91한	7 4627	1 104675	5 40 491875	1 0852	1 1073
92한	7 5447	1 309075	5 39 387200	1 0832	1 1094
93한	7 6267	1 511525	5 38 078125	1 0812	1 1114
94한	7 7087	1 712025	5 36 566600	1 0792	1 1134
95한	7 7907	1 910575	5 34 854575	1 0772	1 1154
96한	7 8727	2 107175	5 32 944000	1 0752	1 1174
97한	7 9547	2 301825	5 30 836825	1 0733	1 1193
98한	8 0367	2 494525	5 28 535000	1 0713	1 1212
99한	8 1187	2 685275	5 26 040475	1 0694	1 1231
100한	8 2008	2 874075	5 23 355200	1 0675	1 1250
101한	8 2828	3 060925	5 20 481125	1 0657	1 1269
102한	8 3648	3 245825	5 17 420200	1 0638	1 1287
103한	8 4468	3 428775	5 14 174375	1 0620	1 1306
104한	8 5288	3 609775	5 10 745600	1 0602	1 1324
105한	8 6108	3 788825	5 07 135825	1 0584	1 1342
106한	8 6928	3 965925	5 03 347000	1 0566	1 1359
107한	8 7748	4 141075	4 99 381075	1 0549	1 1377
108한	8 8568	4 314275	4 95 240000	1 0531	1 1394
109한	8 9388	4 485525	4 90 925725	1 0514	1 1411
110한	9 0208	4 654825	4 86 440200	1 0497	1 1428
111한	9 1028	4 822175	4 81 785375	1 0481	1 1445
112한	9 2848	4 987575	4 76 963200	1 0464	1 1462
113한	9 2669	5 151025	4 71 975625	1 0448	1 1478
114한	9 3489	5 312525	4 66 824600	1 0432	1 1494
115한	9 4309	5 472075	4 61 512075	1 0416	1 1510
116한	9 5129	5 629675	4 56 040000	1 0400	1 1526
117한	9 5949	5 785325	4 50 410325	1 0384	1 1541
118한	9 6769	5 939025	4 44 625000	1 0369	1 1557
119한	9 7589	6 090775	4 38 685975	1 0354	1 1572
120한	9 8409	6 240575	4 32 595200	1 0339	1 1587

限數	遲疾曆日率	損益分	遲疾度	疾曆限行度	遲曆限行度
	일	익 분	도 분	질 도	지 도
121한	9 9229	6 388425	4 26 354625	1 0324	1 1602
122한	10 0049	6 534325	4 19 966200	1 0309	1 1616
123한	10 0869	6 678275	4 13 431875	1 0295	1 1631
124한	10 1689	6 820275	4 06 753600	1 0281	1 1645
125한	10 2510	6 960325	3 99 933325	1 0267	1 1659
126한	10 3330	7 098425	3 92 973000	1 0253	1 1673
127한	10 4150	7 234575	3 85 874575	1 0239	1 1686
128한	10 4975	7 368775	3 78 640000	1 0226	1 1700
129한	10 5790	7 501025	3 71 271225	1 0213	1 1713
130한	10 6610	7 631325	3 63 770200	1 0200	1 1726
131한	10 7435	7 759675	3 56 138875	1 0187	1 1739
132한	10 8250	7 886075	3 48 379200	1 0174	1 1752
133한	10 9070	8 010525	3 40 493125	1 0162	1 1764
134한	10 9890	8 133025	3 32 482600	1 0150	1 1776
135한	11 0710	8 253575	3 24 349575	1 0138	1 1788
136한	11 1530	8 372175	3 16 096000	1 0126	1 1800
137한	11 2350	8 488825	3 07 723825	1 0114	1 1812
138한	11 3171	8 603525	2 99 235000	1 0103	1 1823
139한	11 3991	8 716175	2 90 631475	1 0091	1 1835
140한	11 4811	8 827075	2 81 915200	1 0080	1 1846
141한	11 5631	8 935925	2 73 688125	1 0069	1 1856
142한	11 6451	9 042825	2 64 152200	1 0059	1 1867
143한	11 7271	9 147775	2 55 109375	1 0048	1 1878
144한	11 8091	9 250775	2 45 961600	1 0038	1 1888
145한	11 8911	9 351825	2 36 710825	1 0028	1 1898
146한	11 9731	9 450925	2 27 359000	1 0018	1 1908
147한	12 0551	9 548075	2 17 908075	1 0008	1 1918
148한	12 1371	9 643275	2 08 360000	0 9999	1 1927
149한	12 3191	9 736525	1 98 716725	0 9989	1 1937
150한	12 3012	9 827825	1 88 980200	0 9980	1 1946

限數	遲疾曆日率	損益分	遲疾度	疾曆限行度	遲曆限行度
	일	익 분	도 분	질 도	지 도
151한	12 3832	9 917175	1 79 152375	0 9971	1 1955
152한	12 4652	10 004575	1 69 235200	0 9962	1 1963
153한	12 5472	10 090025	1 59 230625	0 9954	1 1972
154한	12 6292	10 173525	1 49 140600	0 9946	1 1980
155한	12 7112	10 255075	1 38 967075	0 9937	1 1988
156한	12 7932	10 334675	1 28 712000	0 9929	1 1996
157한	12 8752	10 412325	1 18 377325	0 9922	1 2004
158한	12 9572	10 488025	1 07 965000	0 9914	1 2012
159한	13 0392	10 561775	97 476975	0 9907	1 2019
160한	13 1212	10 633575	86 915200	0 9900	1 2026
161한	13 2032	10 703425	76 281625	0 9893	1 2032
162한	13 2852	10 771325	65 578200	0 9886	1 2040
163한	13 3673	10 837275	54 806875	0 9879	1 2047
164한	13 4493	10 901275	43 969600	0 9873	1 2053
165한	13 5313	10 963325	33 068325	0 9867	1 2059
166한	13 6133	11 023425	22 105000	0 9861	1 2065
167한	13 6953	11 081575	11 081575	0 9855	1 2071
168한	13 7773	0 000000	0 000000	0 0000	0 0000

위의 표는 근점월 27.55455일을 336한으로 나누고 다시 근점월의 2분의 1 인 13.7773일을 168한으로 나누어 각 한수에 해당하는 근지점으로부터의 일 수(日數)를 태양이 1한 동안에 움직이는 행도 820분의 누가분으로 계산하 는 지질력일율(遲疾歷日率)과, 달의 실제 운동이 평균 운동보다 앞서는 근 지점에서부터 원지점까지 168한의 질력 구간에서는 근지점을 초한으로, 그 리고 평균 운동보다 뒤지는 원지점에서 근지점까지 168한의 지력 구간에서 는 원지점을 초한으로 하여 각 질력과 지력 구간의 매 한수마다의 달의 실 제 행도인 질력한행도(疾曆限行度)와 지력한행도(遲曆限行度)를 구하였다. 그리고 평균 한행도 1도 0961분과의 차인 손익분(損益分)과 이 손익분의

누가분인 지질도(遲疾度)를 구하였다. 여기에서 지질도는 곧 실제 달의 위치와 평균운동을 하는 달의 위치와의 차를 나타내는 값이다. 질력과 지력에서 각각 초한으로 하는 근지점과 원지점에서는 실제의 달과 평균운동을 하는 달이 같은 위치에 있게 되므로 지질도의 값이 0으로 최소가 되며, 84한에서는 실제의 달과 평균 달의 위치가 가장 차이가 나는 곳으로 지질도의 값이 5도 42분 934424초로 최대가 된다. 이 시점부터 달은 평균 한행도보다 느리게 운동을 하게 되며 다시 168한의 지점에서 지질도의 값이 0이 되면서 실제의 달과 평균 달이 같은 위치에 오게 된다. 위의 표에서 근점월의 일수와 한수 그리고 태양의 한행분과 달의 평균 한행도는 다음의 관계를 갖는다.

$$1근점월 = 27.5546일 = 336한$$
$$1일 = 12.194한, 1한 = 0.082일$$
$$태양의 한행분 = 0.0820일/한 = 820분/일$$
$$달의 평균 한행도 = (365.2575도 × 근점월/항성월) ÷ 336한$$
$$= 1.0963도/한$$

위의 표에는 각 한수에서 달이 실제 움직인 행도(行度)와 평균 행도, 그리고 그 차(差)와 그 차의 누가분(累加分) 등이 계산되었다. 이 계산에서도 태양 영축의 표에서와 같이 초차법이 사용되었다. 태음지질의 계산에 사용된 초차법의 입성은 태양 영축의 경우와 마찬가지로 수시력과 『칠정산 내편』에는 없으나 태통력의 법원에 태음지질평립정삼차지원(太陰遲疾平立定三差之原)의 이름으로 실려 있다. 이 입성은 다음과 같다.[120]

---

120) 『明史』 卷 33, 志 9, 曆 3.

표 4-7. 태음지질평립정삼차지원(太陰遲疾平立定三差之原)

段別	積限(x)	積差(y)	日平差(y/x)	一差	二差	三差
	일	도 분	분	초	초	
1	12	1 28 7120	10 7260	47.76	9.36	0.00
2	24	2 45 9616	10 2484	57.12	9.36	0.00
3	36	3 48 3792	9 6772	66.48	9.36	0.00
4	48	4 32 5952	9 0124	75.84	9.36	0.00
5	60	4 95 2400	8 2540	85.20	9.36	
6	72	5 32 9440	7 4020	94.56		
7	84	5 42 3376	6 4564			

태음한수지질도에서 1근점월 4상한을 336한으로 정하였으므로 1상한은 84한이 된다. 위의 입성은 84한의 1상한을 다시 7단(段)으로 등분하고 각 단에 12한씩을 배당하여 각 단에서의 한평차(限平差)와 1차 및 2차의 수치들을 나타냈다.[121] 이 입성으로부터 얻어지는 평정립 3차의 계수는 a = 11.11分/限, b = 0.0281分/限^2, c = 0.000325分/限^{3}이다. 따라서 구하고자 하는 적한(積限) x에서 실제의 달과 평균 달이 떨어져 있는 각거리, 즉 중심차는 다음의 식으로 계산된다.

$$f(x) = x \cdot (11.11 - 0.0281x - 0.00035x^2)$$

『칠정산 내편』의 지질전정 및 적도의 수표에는 근지점으로부터의 경과일수인 각 입전일에서의 달의 전정도(轉定度)만을 계산하였으나 수시력경에 실린 지질전정 및 적도의 수표에는 입전일에 따른 초말한과 지질도 그리고 전정도와 전정도의 누가분인 전적도에 대한 계산을 하였다. 이는 달의 빠르고 느린 운행 도수를 경과 입전일에 따라 계산한 표로서 수시력경에 실린 지질전정 및 적도의 계산은 다음과 같다.

---

121) 『明史』 卷 33, 志 9, 曆 3.

표 4-8. 지질전정 및 적도(遲疾轉定及積度)

입전일(入轉日)	초말한(初末限)	지질도(遲疾度)	전정도(轉定度)	전적도(轉積度)
	한 분	도	도	도
0(初)	초 0 00	질 0 0000	14 6764	0(初)
1	초 12 20	질 1 3077	14 5573	14 6764
2	초 24 40	질 2 4963	14 4029	29 2337
3	초 36 60	질 3 5305	14 2130	43 6366
4	초 48 80	질 4 3748	13 9877	57 8496
5	초 61 00	질 4 9938	13 7271	71 8372
6	초 73 20	질 5 3522	13 4446	85 5644
7	말 82 60	질 5 4281	13 2353	99 0090
8	말 70 40	질 5 2947	12 9475	112 2443
9	말 58 20	질 4 8735	12 6948	125 1918
10	말 46 00	질 4 1996	12 4777	137 8866
11	말 33 80	질 3 3086	12 2960	150 3643
12	말 21 60	질 2 2359	12 1496	162 6603
13	말 9 40	질 1 0168	12 0462	174 8099
14	초 2 80	지 0 0000	12 0852	186 8561
15	초 15 00	지 1 5923	12 2122	198 9413
16	초 27 20	지 2 7488	12 3752	211 1535
17	초 39 40	지 3 7422	12 5730	223 5287
18	초 51 60	지 4 5380	12 8063	236 1017
19	초 63 80	지 5 1004	13 0753	248 9080
20	초 76 00	지 5 3938	13 3377	261 9833
21	말 79 80	지 5 4248	13 5712	275 3210
22	말 67 60	지 5 2223	13 8511	288 8922
23	말 55 40	지 4 7399	14 0955	302 7433
24	말 43 20	지 4 0131	14 3046	316 8388
25	말 31 00	지 3 0772	14 4782	331 1434
26	말 18 80	지 1 9677	14 6163	345 6216
27	말 6 60	지 0 7201	14 7154	360 2379

위의 지질전정 및 적도의 표에서 입전일은 달의 근지점 통과 일수를 뜻하는 것으로서 근점월 27.5546일의 정수일인 0일에서 27일까지에 대하여 계산하였다. 1근점월 336한을 다시 근지점과 원지점을 각각 초한으로 하는 168한으로 나누면 그 반인 84한인 지점은 말한의 시작점이 된다. 따라서 초말한은 하루에 12한 20분씩 운행하는 달의 입전일에서의 한수를 다시 질(疾)과 지(遲)의 초한과 말한의 한수로서 나타낸 것이다. 지질도는 각 입전일에서 실제의 달과 평균 달이 떨어져 있는 각거리를 의미하는 것으로 각각 질력과 지력의 말한이 시작되는 날에 가장 큰 값을 갖는다. 전정도는 입전일 당일 하루 동안 달이 실제 천구상을 운행하는 도수를 나타낸다. 위의 전정도 값에 따르면 달은 근지점이 시작되는 입전 초일에 최고 속도인 14.6764도를 움직이며, 원지점이 시작되는 입전 후 13일에 가장 느린 12.0462도를 움직인다. 전적도는 경과 입전일에 따른 전정도의 누적분으로 근지점으로부터 달까지의 실제 각거리를 나타낸다.

태음한수지질도(太陰限數遲疾度)와 지질전정 및 적도(遲疾轉定及積度)는 근지점으로부터의 위치를 각각 한수(限數)와 일수(日數)로서 나타낼 때, 달의 부등 운동이 매 한수와 매 일수에 대하여 어떻게 변화하는지를 계산한 표라고 할 수 있다. 일식과 월식의 계산에서 태양과 달이 처음으로 접하여 식이 일어나기 시작하는 초휴(初虧)에서 식심(食甚)까지의 경과 시간인 정용분(定用分)을 구하고자 할 때. 우선 식이 일어나는 위치에서 달의 태양에 대한 상대 운동속도 값을 알아야 한다. 이는 식이 일어나는 위치를 한수(限數)로 나타낼 때 그 한(限)에서의 달의 운행각도와 태양이 한행(限行)을 움직이는 각도와의 차로서 구할 수 있으며 이때 태음한수지질도의 표가 사용된다.

3) 오행성의 영축 운동

　태양 주위를 타원 궤도로 운동하고 있는 행성은 태양이나 달의 운행과
같이 운행 속도에 영축 현상이 생긴다. 태양의 영축 입성표는 동지를 근지
점 그리고 하지를 원지점으로 하여 각각 동지 전후 88.91도와 하지 전후
93.71도에 대하여 매일의 태양 행도를 계산하였다. 태음의 지질 입성표는
근점월을 336한으로 정하고 이를 반으로 나누어 168한으로 한 다음, 각각
근지점과 원지점을 초한(初限)으로 시작하여 168한까지 각 한수마다의 지
질 한행도(限行度)를 계산하였다. 이에 대하여 오행성의 영축 입성표는 행
성의 1주천 도수를 주천도와 같은 365도 25분 75초로 정하고 그 절반인 반
주천(半周天)을 다시 12등분한 15도 21분 90초 625를 1책(策)으로 하여,
초책(初策, 0策)에서 11책까지 각 책수(策數)에 대한 영축 행도 값을 계산
하였다. 즉 반주천에 해당하는 영력과 축력의 구간을 각각 12등분한 각 구
간에서 행성의 영축 운동을 계산한 것이다.
　『칠정산 내편』에 실린 오행성의 영축 입성표에는 각 책수에 해당하는 손
익율(損益率)과 영축적도의 값이 계산되어 있다. 여기서 손익율은 행성이
운행하는 빠르고 느린 정도를 1책의 각도인 15.2190625를 기준으로 하여
행성의 운행이 이에 못 미치면 손(損), 이를 넘으면 익(益)으로 나타낸 수
치이며 영축적도의 값은 행성의 실제 위치와 평균 위치의 차를 각거리로
나타낸 수치로서 손익율의 누적분이 영축적도 값이 된다.
　오행성의 영축 운동 계산에도 초차법이 사용되었다. 대통력의 법원에 실
린 각 행성의 평립정삼차지원(平立定三差之原)의 입성을 보면 행성의 행도
를 각각 8단(段)으로 나누고 각 단의 적차(積差)와 범평차(汎平差) 그리고
범평교(汎平較)와 범입교(汎入較)로부터 각 상한(象限)의 정차와 평차 그
리고 입차를 계산해 놓았다. 실제 관측한 각 행성의 행도를 8단으로 나누
어 각 단의 적차를 구하는 방법은 태양의 영축 운동이나 달의 지질 운동의
경우와 같다.[122]

① 목성의 영축 운동과 초차법

목성의 중심차는 각 책에서 목성의 실제 위치와 평균 위치의 차를 나타
내는 영축적의 도수로 표현된다. 목성의 영축 행도를 나타내는 손익율과
영축적의 도수는 각 책에서 다음과 같이 계산되었다.

표 4-9. 목성의 영축 행도

策　數	損益率	盈積度	損益率	縮積度
	도　분	도　분	도　분	도　분
0(初)	益 1　59	0	益 1　59	0
1	1　42	1　59	1　42	1　59
2	1　20	3　01	1　20	3　01
3	93	4　21	93	4　21
4	61	5　14	61	5　14
5	24	5　75	24	5　75
6	損　24	5　99	損　24	5　99
7	61	5　75	61	5　75
8	93	5　14	93	5　14
9	1　20	4　21	1　20	4　21
10	1　41	3　01	1　41	3　01
11	1　59	1　59	1　59	1　59

위의 표는 근일점을 초책으로 하는 영력의 구간과 원일점을 초책으로 하
는 축력의 구간에서 목성의 영축 운동을 각 책에 따라 계산한 것이다. 영
력의 구간에서 초책으로부터 5책까지는 목성의 실제 행도가 평균 행도보다
빠르며 6책에서 11책까지는 평균 행도보다 느린 것을 알 수 있다. 반면에
축력의 구간에서는 이와 반대로 초책에서 5책까지는 목성의 실제 행도가
평균 행도보다 느리나 6책에서 11책까지는 빠른 것을 알 수 있다. 그리고
각각 영력과 축력의 경우 목성은 6책의 위치에서 실제의 위치가 평균 위치

---

122) 『明史』卷 33, 志 9, 曆 3.

와 가장 멀어지는 곳임도 알 수 있다. 즉 영력의 구간에서 목성은 평균 위치보다 앞서 운행하되, 6책의 위치에서 앞서 운행하는 목성의 위치와 평균 위치와의 차가 가장 크게 되고 6책 이후에는 그 차가 적어져서 축력의 초한에서 같은 위치에 오는 것이다. 그리고 이와 반대로 축력의 구간에서 목성은 평균 위치보다 뒤져 운행하되 6책의 위치에서 가장 그 차가 크고, 그 이후 그 차가 감소하여 영력의 초한에서 또 같은 위치에 오는 것이다. 목성의 영축 운동에서 중심차 계산에 사용되는 평립정삼차지원의 표는[123] 다음과 같다.

표 4-10. 목성의 평립정삼차지원

段 別	積日(x)	積 差	汎平差	汎平較	汎立較
	일	도	분	초	초
1	11.50	1 215297115	10 567801	39 1621	6 2421
2	23.00	2 340521400	10 176180	45 4043	6 2421
3	34.50	3 354137265	9 722137	51 6465	6 2421
4	46.00	4 234609120	9 205672	57 8887	6 2421
5	57.50	4 960401375	8 626785	64 1309	6 2421
6	67.00	5 509978440	7 985476	70 3721	6 2421
7	80.50	5 861804725	7 281745	76 6153	
8	92.00	5 994344640	6 515592		

위의 표는 주천(周天)의 1상한에 대한 목성의 영축 운동 값을 계산한 것이다. 이는 목성의 영축 운동이 근일점과 원일점의 좌우 상한(象限)에서 뿐만 아니라 영력과 축력의 좌우 상한에서도 대칭이 된다고 본 것이다. 즉 영력과 축력의 반주천 2상한을 12책으로 나누어 계산한 목성의 영축 운동을 다시 반으로 나누어 1상한으로 한 다음, 이를 8단계로 나누어 각 단의 적차를 계산한 것이다. 위의 표에서 적일(積日)로 표현된 일수는 사실상 주천 상한을 92등분한 시간의 단위를 나타내며, 적차(積差)는 각 단에서

123) 『明史』 卷 33, 志 9, 曆 3.

목성의 실제 위치가 평균 위치와 떨어진 각 거리, 즉 중심차를 나타낸다. 평범차는 각 단 간의 적차의 차를 나타내며 평범교는 평범차의 차, 그리고 평입교는 평범교의 차를 나타낸다. 목성의 경우, 주천 상한을 적일 92로 나누었을 때의 최대 적차 5.99434464도와 반주천을 11책으로 나누었을 때 6책에서의 최대 영축적도 값 5.99도는 모두 최대 중심차를 나타내는 것으로 이들 값이 일치함을 알 수 있다.

위의 평립정삼차지원의 표로부터 계산된 평립정 3차의 계수는 대통력 법원에 a = 10.897分/日, b = 0.025912分/日², c = 0.000236分/日³으로 계산되어 있다. 그러므로 임의의 적일 x에서 목성의 중심차를 나타내는 적차 (積差) $f(x)$는 다음의 식으로 나타낼 수 있다.

$$f(x)=x \cdot (10.897-0.025912x-0.000236x^2) : \text{목성의 중심차}$$

위의 식에 역으로 중심차가 가장 큰 적일 x = 92을 대입하여 계산하면

$$f(92)=5.99434463\text{도}$$

가 된다. 이 값은 표에 계산된 수치와 일치하므로 대통력 법원에 계산된 평립정 3차의 계수가 정확한 값임을 알 수 있다.

② 화성의 영축 운동과 초차법

화성의 영축 운동은 다른 행성의 경우와 달리 영초축말한과 축초영말한의 두 구간으로 나누어 계산되었다. 이는 화성의 궤도 이심률이 다른 행성보다 크므로 태양의 영축 운동 경우와 마찬가지로 근일점과 원일점의 좌우 구간에서는 대칭이 되나 각각 영력과 축력의 좌우 상한에서는 대칭이 되지 않기 때문이다. 정확히 하자면 다른 행성의 경우도 영초축말한과 축초영말

한의 두 구간으로 나누어 계산해야 되지만 화성과 수성을 제외하고는 행성의 궤도 이심률이 모두 0에 가까우므로 영력과 축력의 좌우 상한에서 근사적으로 대칭이 된다고 보았다. 영력과 축력의 구간을 각각 11책으로 나눈 화성의 영축 운동은 각 책에 대하여 다음과 같이 계산되었다.

표 4-11. 화성의 영축 행도

策 數	損益率	盈積度	損益率	縮積度
	도 분	도 분	도 분	도 분
0(初)	益 11 58	0	益 4 60	0
1	7 97	11 58	4 56	4 60
2	4 60	19 55	4 34	9 16
3	1 47	24 15	3 94	13 50
4	損 1 55	25 62	3 37	17 44
5	1 66	25 70	2 60	20 81
6	2 60	23 41	1 66	23 41
7	3 37	20 81	1 55	25 70
8	3 94	17 44	損 1 47	25 62
9	4 34	13 50	4 60	24 15
10	4 56	9 16	7 97	19 55
11	4 60	4 60	11 58	11 58

위의 표는 영력과 축력의 구간에서 각각 화성의 영축 행도가 대칭이 되지 않음을 보여준다. 화성은 영력의 구간에서 초책에서 3책까지의 실제 행도는 평균 행도보다 빠르나 4책 이후에는 평균 행도보다 느리고, 반면에 축력의 구간에서는 초책에서 7책까지의 실제 행도는 평균 행도보다 느리나 8책 이후에는 빠른 것을 알 수 있다. 즉 영력의 3책과 축력의 8책에서 영축적도 값이 25도 62분이 되어 그 중심차가 최대가 된다. 이러한 사실을 Kepler의 제 2법칙에 따라 해석하면 화성이 초책에서 3책까지 운행한 궤도상의 면적이 4책에서 11책까지 운행한 궤도상의 면적과 같음을 나타내는

것이다.

명사 역지에 실린 화성의 평립정삼차지원 입성[124]에는 근일점과 원일점을 좌우로 한 영초축말한의 61일과 축초영말한의 122일의 구간으로 나누고 다시 각각의 구간을 8단계로 나누어 화성의 영축 운동을 계산하였다. 이는 태양의 평립정삼차지원 입성에서 동지 전후 88.91일의 영초축말한과 하지 전후 93.71일의 축초영말한을 각각 6단계로 나누어 계산한 것과 같다. 화성의 평립정삼차지원 입성은 다음과 같다.

표 4-12. 화성의 평립정삼차지원(영초축말)

段別	積日(x)	積 差	汎平差	汎平較	汎立較
	일	도	분	분	초
1	7.6250	6 26825122818559375	82 065734843750	6 139847296875	13 197921875
2	15.2500	11 60017574359375000	76 066726167500	6 007868078125	13 197921875
3	22.8750	16 02596379251953125	70 058858109375	5 875888859375	13 197921875
4	30.5000	19 66901362125000000	64 182969250000	5 743909640625	13 197921875
5	38.1250	22 27989147607421875	58 439059609375	5 611930421875	13 197921875
6	45.7500	24 43133624125000000	52 827129187500	5 479951203125	13 197921875
7	53.3750	25 61837472000000000	47 347177984375	5 347971984375	
8	61.0000	25 61951566000000000	41 999206000000		

표 4-13. 화성의 평립정삼차지원(축초영말)

段別	積日(x)	積 差	汎平差	汎平數	汎立較
	일	도	분	분 초	초
1	15.25	4 53125185796875	29 7131269375	13 26483125	13 5769775
2	30.50	9 10296145125000	29 8457752500	26 84180875	65 5872975
3	45.75	13 53167090177375	29 5783550625	92 42910625	39 5821375
4	61.00	17 47897904000000	28 6540640000	1 32 01124375	39 5821375
5	76.25	20 84366306640625	27 3339515625	1 71 59338125	39 5821375
6	91.50	23 43133624125000	25 6180177500	2 11 17551875	39 5821375
7	106.75	25 09243528346875	23 5062625625	2 50 75765625	
8	122.00	25 61837472000000	20 9986860000		

124) 『明史』 卷 33, 志 9, 曆 3.

위에 있는 영초축말한과 축초영말한의 표는 각각 적일을 61일과 122일로 하고 있다. 이것은 영력과 축력의 반주천을 각각 183등분한 시간의 단위를 183일이라 정하고, 영초축말한에 61일 그리고 축초영말한에 122일을 배분한 것이다. 위의 표에서 영초축말한의 경우는 61일 만에 그 적차(積差)가 극대가 되고 축초영말한의 경우는 122일 만에 그 적차가 극대가 된다. 이때 적차의 극대 값은 영초축말한과 축초영말한에서 약 25도 62분이 되어 다른 어느 행성의 경우보다 그 차가 크다는 사실을 알 수 있는데 이는 화성이 근일점 이후 61일 동안 운행한 궤도상의 면적이 원일점 이후 122일 동안 운행한 궤도상의 면적과 같다는 것을 의미하기도 한다.

위의 평립정삼차지원의 표로부터 계산된 평립정 3차의 계수는 대통력 법원에 영초축말한의 경우는 $a = 88.4784分/日$, $b = 0.831189分/日^2$, $c = 0.001135分/日^3$으로, 축초영말한의 경우는 $a = 29.9763分/日$, $b = 0.030235分/日^2$, $c = 0.000851分/日^3$으로 계산되었다. 따라서 화성의 중심차는 영초축말한과 축초영말한의 경우 다음의 식으로 계산될 수 있다.

$$f(x) = x \cdot (88.4784 - 0.831189x - 0.001135x^2) : \text{영초축말한의 중심차}$$
$$f(x) = x \cdot (29.9763 - 0.030235x + 0.000851x^2) : \text{축초영말한의 중심차}$$

위의 식을 검증하기 위하여 역으로 영초축말한과 축초영말한의 식에 각각 중심차가 가장 큰 적일 $x = 61$과 $x = 122$를 대입하여 보면

$$f(61) = 25.61951566\text{도} : \text{영초축말}$$
$$f(122) = 25.61839692\text{도} : \text{축초영말}$$

가 계산된다. 이 값은 표에 계산된 수치와 거의 일치하므로 화성의 평립정 3차 계수 역시 정확한 값임을 알 수 있다.

③ 토성의 영축 운동과 조차법

목성의 경우와 같이 토성의 영축 운동 역시 영력과 축력의 좌우 상한에서 대칭이 된다고 보았다. 토성의 영축 행도와 영축적의 도수는 각 책수에 대하여 다음과 같이 계산하였다.

표 4-14. 토성의 영축 행도

策 數	損益率	盈積度	損益率	縮戚度
	도 분	도 분	도 분	도 분
0(初)	益 2 20	0	益 1 63	0
1	1 95	2 20	1 49	1 63
2	1 64	4 15	1 28	3 12
3	1 27	5 79	1 00	4 40
4	84	7 06	65	5 40
5	35	7 90	23	6 05
6	損 35	8 25	損 23	6 28
7	84	7 90	65	6 05
8	1 27	7 06	1 00	6 40
9	1 64	5 79	1 28	4 40
10	1 95	4 15	1 49	3 12
11	2 20	2 20	1 63	1 63

토성의 영축 운동을 영력과 축력의 좌우 상한에서 대칭이 된다고 보았으므로 반주천을 12등분한 초책에서 5책까지와 6책에서 11책까지의 좌우 상한에서 토성의 영축 행도는 서로 대칭이 되며 그 중심차는 6책에서 극대가 된다. 영력의 구간은 초책에서 토성의 실제 위치가 평균 위치보다 앞서기 시작하여 6책에서 8도 25분로 극대가 되고 6책 이후 그 차가 적어져서 축력 구간의 초책에 이르는 순간 같은 위치에 있게 된다. 그리고 축력의 구간은 초책에서 토성의 실제 위치가 평균 위치보다 뒤지기 시작하여 6책에서 6도 28분로 극대가 되고 6책 이후 그 차가 적어져서 영력의 초책에 이

르는 순간 같은 위치에 있게 된다. 위의 표는 토성의 영축 운동이 영력과 축력의 좌우 상한에서 대칭이 되고 6책에서 극대가 됨을 보이나 영력과 축력의 6책에서 중심차는 각각 8도 25분과 6도 28분으로 영력 구간의 중심차가 축력의 구간보다 크다는 것을 알 수 있다. 이는 토성의 영축 운동이 영력과 축력의 좌우 상한에서는 대칭이 되나 근일점과 원일점의 좌우 상한에서는 대칭이 되지 않는 다는 것을 의미하는 것으로 목성의 영축 운동과는 또 다른 형태를 보이고 있다. 토성의 영축 운동에서 중심차 계산에 사용되는 평립정삼차지원의 입성[125]은 다음과 같다.

표 4-15. 토성의 평립정삼차지원

段　別	積日(x)	積　差		汎平差	汎平較	汎立較
	일	도		분	초	초
1	11.50	1	24197426875	10 79977625	30 527325	8 75495
2	23.00	2	41373569000	10 49450300	39 282275	8 75495
3	34.50	3	48507968625	10 10168025	48 037225	8 75495
4	46.00	4	42580168000	9 62130800	56 792175	8 75495
5	57.50	5	20569709375	9 05328625	65 547125	8 75495
6	67.00	5	79456135000	8 39791500	74 303075	8 75495
7	80.50	6	16241100475	7 65489425	83 057075	
8	92.00	6	27837808000	6 82432400		

위의 표에서 적일(積日)로 표현된 일수는 목성의 경우와 같이 주천 상한을 92등분한 시간의 단위를 나타내며, 적차(積差)는 각 단에서 토성의 실제 위치가 평균 위치와 떨어진 각 거리, 즉 중심차를 나타낸다. 평범차는 각 단 간의 적차의 차를 나타내며 평범교는 평범차의 차, 그리고 평입교는 평범교의 차를 나타낸다. 토성의 영축 행도를 책수로 나타낸 입성에는 각각 영력과 축력의 구간에서 그 최대 중심차가 달리 계산되었다. 따라서 토성의 경우, 평립정삼차지원의 입성은 각각 영력과 축력의 구간에서 달리

---

125)『明史』卷 33, 志 9, 曆 3.

계산되어야 한다. 그러나 명사에는 위의 표와 같이 축력의 구간에 대한 입성만을 싣고 있다.

위의 평립정삼차지원의 표로부터 계산된 평립정 3차의 계수는 대통력 법원에 $a = 11.0175分/日$, $b = 0.015126分/日^2$, $c = 0.000331分/日^3$로 계산되어 있다. 그러므로 임의의 적일 x에서 토성의 중심차를 나타내는 적차 (積差) $f(x)$는 다음의 식으로 나타낼 수 있다.

$$f(x) = x \cdot (11.0175 - 0.015126x + 0.000331x^2)$$

또한 위의 식을 검증하기 위하여 중심차가 가장 큰 적일 $x=92$를 대입하면

$$f(92) = 6.27837808도$$

로 계산된다. 이는 표에 기록된 값과 완전히 일치하므로 토성의 평립정 3차 계수도 정확한 값임을 알 수 있다.

④ 금성의 영축 운동과 초차법

영력과 축력의 좌우 상한에서 금성의 영축 운동도 대칭이 된다고 보았다. 금성은 오행성 중 가장 이심률이 작으므로 영력과 축력의 좌우 상한에서 영축 운동을 대칭으로 보아도 무방하다. 금성의 영축 행도와 영축적의 도수는 각 책수에 대하여 다음과 같이 계산하였다.

표 4-16. 금성의 영축 행도

策　數	損益率	盈積度	損益率	縮積度
	분	도 분	분	도 분
0(初)	益 53	0	益 53	0
1	50	53	50	53
2	44	1 03	44	1 03
3	35	1 47	35	1 47
4	23	1 82	23	1 82
5	8	2 05	8	2 05
6	損　8	2 13	損　8	2 13
7	23	2 05	23	2 05
8	35	1 82	35	1 82
9	44	1 47	44	1 47
10	50	1 03	50	1 03
11	53	53	53	53

　금성의 영축 운동은 목성의 경우와 같은 형태를 보인다. 즉 영력과 축력의 좌우 상한에서 대칭이 될 뿐만 아니라 극대가 되는 6책의 중심차도 같은 값을 가진다. 금성의 경우 중심차의 극대 값은 2도 13분으로 다른 어느 행성의 극대 값보다 작다. 이것은 어느 다른 행성의 이심률보다 작다는 것을 의미하는 것으로 현대 천문학에서 계산된 행성의 이심률과 비교해 보면 실제 금성의 이심률은 0.007로 가장 작은 값을 가짐을 알 수 있다. 금성의 영축 운동에서 중심차의 계산을 적일에 따라 나타낸 평정립삼차지원의 입성126)은 다음과 같다.

---

126) 『明史』 卷 33, 志 9, 曆 3.

표 4-17. 금성의 평립정삼차지원

段別	積日(x)	積差	汎平差	汎平較	汎立較
	일 도	분	초	초
1	11.50	0 40213409875	3 49681825	5 597625	3 72945
2	23.00	0 79139366000	3 44084200	9 327075	3 72945
3	34.50	1 15491208125	3 34757125	13 065525	3 72945
4	46.00	1 74982276000	3 21700600	16 785975	3 72945
5	57.50	1 75325709375	3 04914625	20 515425	3 72945
6	67.00	1 96235448000	2 84399200	24 244875	3 72945
7	80.50	2 09424231625	2 60154325	27 974325	
8	92.00	2 13605600000	2 32180000		

금성의 경우도 목성의 경우와 같이 주천 상한을 적일 92로 나누었을 때의 최대 적차 2.136156도와 반주천을 11책으로 나누었을 때 6책에서의 최대 영축적도 값 2.13도가 일치함을 알 수 있다. 즉 목성의 경우와 같이 금성의 영축 운동도 영력과 축력의 좌우 상한과 근일점과 원일점의 좌우 상한에서 모두 대칭이 된다는 것을 의미한다. 그러나 사실은 목성과 금성의 최대 중심차가 각각 5.99도와 2.13도가 되므로 이들은 모두 타원 궤도를 운행하고 있다는 것을 의미한다. 따라서 정확히 계산하자면 목성과 금성의 경우도 화성의 경우와 같이 영초축말한과 축초영말한으로 나누어 계산하여야 한다.

위의 평립정삼차지원의 표로부터 계산된 평립정 3차의 계수는 대통력 법원에 a = 3.5155分/日, b = 0.000003分/日^2, c = 0.000141分/日^{3}으로 계산되어 있다. 그러므로 임의의 적일 x에서 금성의 중심차를 나타내는 적차(積差) $f(x)$는 다음의 식으로 나타낼 수 있다.

$$f(x) = x \cdot (3.5155 - 0.000003x + 0.000141x^2)$$

또한 위의 식을 검증하기 위하여 중심차가 가장 큰 적일 x = 92를 대입하면

$f(92) = 2.136056$

으로 계산된다. 이 역시 표에 기록된 값과 완전히 일치하므로 금성의 평립
정 3차 계수도 정확한 값임을 알 수 있다.

⑤ 수성의 영축 운동과 초차법

 수성의 영축 운동 역시 영력과 축력의 좌우 상한에서 대칭이 된다고 보
았다. 그러나 수성의 궤도 이심률은 오행성 중 다른 어느 행성보다 크므로
수성의 영축 운동을 대칭으로 본 것은 잘못이다. 금성과 수성과 같은 내행
성의 경우는 태양에 대하여 일정한 한도각 내에서 관측되므로 외행성의 경
우보다 관측할 수 있는 시간이 적다. 더구나 태양에 가장 가까운 수성은
최대이각이 작아 항상 수평선 근처에서 잠깐 동안 떴다가 지므로 관측하기
어려울 뿐만 아니라 관측할 수 있는 일수도 적다. 따라서 고대 역법에서
정한 내행성의 항성 주기값은 외행성과 달리 그 값이 정확하지 않았으며
수성은 영축 운동의 경우도 마찬가지였다. 입성에 계산된 수성의 영축 행
도와 영축적의 도수를 알아보면 다음과 같다.

표 4-18. 수성의 영축 행도

策 數	損益率	盈積度	損益率	縮積度
	분	도 분	분	도 분
0(初)	益 58	0	益 58	0
1	54	58	54	58
2	47	1 12	47	1 12
3	37	1 59	37	1 59
4	24	1 96	24	1 96
5	8	2 20	8	2 20
6	損 8	2 28	損 8	2 28
7	24	2 20	24	2 20
8	37	1 96	37	1 96
9	47	1 59	47	1 59
10	54	1 12	54	1 12
11	58	58	58	58

위의 표에 계산된 수성의 영축 운동은 금성과 목성의 경우와 같은 형태를 보인다. 즉 영력과 축력의 좌우 상한에서 대칭이 될 뿐만 아니라 영력과 축력에서 극대가 되는 6책의 중심차도 같은 값을 가진다. 그러나 화성보다 이심률이 큰 수성의 경우, 이 계산표는 잘못된 것이다. 아마도 관측값의 오차가 아닌가 생각한다. 위의 계산 결과에 따르면 6책에서의 최대중심차는 2도 28분이며 이는 금성의 경우보다 조금 큰 값이 된다. 그러나 정확한 관측에 따라 계산을 하였다면 수성의 중심차는 이보다 훨씬 더 큰값으로 계산될 것이다. 수성의 영축 운동에서 중심차의 계산을 적일에 따라 나타낸 평립정삼차지원의 입성[127]은 다음과 같다.

---

127) 『明史』 卷 33, 志 9, 曆 3.

표 4-19. 수성의 평립정삼차지원

段別	積日(x)	積差		汎平差	汎平較	汎立較
	일	도		분	초	초
1	11.50	0	44084735375	3 83345525	8 083925	3 72945
2	23.00	0	86310168000	3 75261600	11 813375	3 72945
3	34.50	1	25389637625	3 63448225	15 542825	3 72945
4	46.00	1	60036484000	3 47905400	19 272275	3 72945
5	57.50	1	88963104375	3 28633125	23 001725	3 72945
6	67.00	2	10885666000	3 05631400	26 732175	3 72945
7	80.50	2	24529211375	2 78900225	30 460625	
8	92.00	2	28564432000	2 48439600		

『칠정산 내편』에는 수성의 항성주기를 1년으로 하고 있지만 실제는 그보다 훨씬 적은 88일이다. 위의 평립정삼차지원의 표에 있는 92일의 적일은 단지 주천 상한을 92등분한 시간적 단위를 의미하는 것이며 주천 상한의 일수가 아니다. 즉 적일로서의 92일은 항성주기보다 훨씬 작은, 88/4일 정도의 시간을 의미하는 것이다.

위의 평립정삼차지원의 표로부터 계산된 평립정 3차의 계수는 대통력 법원에 $a = 3.8790分/日$, $b = 0.002165分/日^2$, $c = 0.000141分/日^3$으로 계산되어 있다. 그러므로 임의의 적일 x에서 수성의 중심차를 나타내는 적차(積差) $f(x)$는 다음의 식으로 나타낼 수 있다.

$$f(x) = x \cdot (3.8790 - 0.002165x + 0.000141x^2)$$

또한 위의 식을 검증하기 위하여 중심차가 가장 큰 적일 $x=92$를 대입하면

$$f(92) = 2.2856$$

로 계산된다. 이 역시 표에 기록된 값과 완전히 일치하므로 수성의 평립정

3차 계수의 계산도 정확한 것임을 알 수 있으나 영력과 축력의 좌우 상한에서 수성의 영축 운동을 대칭으로 계산한 위의 표는 잘못된 관측에 의한 결과이므로 이에 대한 옳고 그름을 논하는 것은 무의미하다.

4) 태양과 달 그리고 행성의 최대 중심차와 이심률의 관계

태양과 달 그리고 오행성의 영축 운동 입성 표에 계산된 최대 중심차는 태양과 달 그리고 각 행성에 따라 차이가 있다. 이것은 궤도 이심률이 서로 다르기 때문에 나타나는 현상으로 입성에 기록된 최대 중심차와 현재 밝혀진 궤도 이심률 간의 관계를 조사하여 보면 다음과 같다.

표 4-20. 태양과 달 그리고 오행성의 최대중심차와 이심률

	金 星	地 球	木 星	달	土 星	火 星	水 星
最大 中心差	2도 13	2도 40	5도 99	5도 43	6도 27	25도 62	2도 28
이심률	0.007	0.017	0.048	0.055	0.056	0.093	0.206

위의 표는 이심률의 크기 순서에 따라 최대중심차를 기록한 것이다. 이에 따르면 달보다 이심률이 작은 목성의 최대중심차가 오히려 달보다 조금 크게 기록되어 있는 것과, 관측이 잘못된 수성의 경우를 제외하면 각각 최대 중심차가 궤도 이심률의 크기와 관계가 있음을 보인다. 『명사』에 실린 평립정삼차지원의 표에는 태양과 화성의 경우에만 영초축말한과 축초영말한의 구간으로 나누어 계산하고 있고 그 나머지는 모두 영력과 축력의 좌우 상한에서 대칭이 된다고 보았다. 태양의 영축 운동은 결국 지구의 영축 운동을 말하는 것으로 지구의 이심률이 다른 행성의 이심률보다 작은 데도 불구하고 영력과 축력을 다시 영초축말한과 축초영말한으로 나누고 있는 것은 규표(圭表)에 의한 태양의 그림자 관측으로부터 태양이 하루 동안 움

직이는 변화뿐만 아니라 춘·추분과 동·하지 때의 시각을 보다 정확히 측정할 수 있었기 때문에 이라고 생각한다. 즉 다른 천체의 운행보다 태양의 운행을 비교적 정확하게 측정할 수 있었기 때문이라고 본다.

4. 일출입의 계산

  일출입의 시각은 태양의 적위와 관측 지방의 위도에 따라 다르다. 수시력은 동지와 하지 이후 1도(度)마다 황도적도(黃道積度)에 대응되는 태양의 적위를 구하여 각각에 대응하는 반주야분(半晝夜分)을 구한 후, 이에 보간법을 사용하여 매일의 일출입의 시각을 구하였다. 『칠정산 내편』에서 일출입의 시각과 관련된 수표는 역일(曆日)과 중성 편 그리고 내편에 마지막 장에서 찾아볼 수 있다. 역일 편에는 동지일과 하지일 이후 182일까지 매일(每日)의 일출분(日出分) 값이 실려 있고, 중성(中星) 편에는 황도출입적도내외도와 반주야분의 수표에 동지점과 하지점을 기점으로 하여 춘분과 추분까지의 91.31도 1상한에 대해 매(每) 1도마다 태양의 적위에 해당하는 황도출입적도내외도와 낮과 밤의 길이를 반으로 나눈 반주야분의 값들이 실려 있다. 그리고 내편의 마지막 장에는 동지와 하지 이후의 일출입과 주야의 시각을 나타내는 이지 후 일출입주야신각(二至後日出入晝夜晨刻)의 표가 실려 있다. 역일과 중성 편에 실려 있는 수표의 일출분 값과 반주야분의 값은 1일을 10000분(分)으로 하는 시각법에 따라 분의 값으로 표시하였으나 마지막 장에 실린 일출입과 주야의 시각은 1일을 100각(刻)으로 나누고 다시 일 이하의 시각을 12신(辰)과 그 미만을 각(刻)으로 표현하는 진과 각의 시각법으로 나타내었다.

  매일의 일출입분은 동지와 하지로부터 매일의 황도 도수를 계산한 다음, 황도 매도에 대하여 계산한 반주야분의 값을 도(度)와 도 사이에서 비례보간 하여 구한다. 즉 황도 적도 n도에 대한 반주야분의 값이 $f(n)$이고 구하고자 하는 날의 황도 도수가 n도와 $n+1$도 사이인 $n+\triangle n$도에 있을 때 반주야분 $f(n+\triangle n)$은

$$f(n+\triangle n) = f(n+\triangle n) + \triangle n \times \{f(n+\triangle n) - f(n)\}/100$$

으로 계산된다. 반야분은 일출분과 같고 일입분은 하루 10000분에서 일출분의 값을 감하여 얻으므로 매일의 반주야분 값을 계산하면 매일의 일출입과 주야의 시각이 계산된다.

수시력과 『칠정산 내편』의 중성 편에는 황도 매도에 대하여 태양의 적위와 일출입분 값이 계산된 황도출입 적도내외도와 반주야분의 입성이 실려 있다. 이 입성에 계산된 반주야분의 값은 황도출입적도내외도와, 동지와 하지 간의 일출입 시각차를 나타내는 지차(至差)로부터 계산되었다. 이에 대하여는 내편의 마지막 장에[128] "『칠정산 내편』은 한양의 일구(日晷)에 의거하여 지차(至差)를 추산해서 매일의 일출입 및 주야(晝夜)의 진각(辰刻)을 얻어서, 이것을 우리나라에서 쓰기로 정했다."라는 내용을 기록하고 있어 『칠정산 내편』에서 일출입의 시각을 어떻게 계산하였는지 더욱 분명하게 한다. 매일의 일출입분과 주야각은 황도 매도에 따라 계산된 수표로부터 구하므로 여기에 계산된 태양의 적위와 일출입 등의 값을 현대의 구면삼각법에 의한 결과와 비교하여 계산의 정확성을 조사해 보았다.

현대의 구면 삼각법에 의한 결과를 입성에 계산된 값과 비교하기 위하여 입성의 계산 방법에 따라 첫째, 각도법을 중국도(中國度)로 통일하였고 둘째, 시각법을 당시의 방법에 따라 1일을 10000분으로 계산하는 한편 셋째, 황도 적도에 대한 계산의 기점을 동지와 하지로 하였으며 넷째, 황도 경사각의 값을 당시의 값인 23.9030도(度)로 하여 계산의 초기값을 일치시켰다. 구면 삼각법에 의한[129] 태양의 적위 $\delta_\odot$ 계산은 다음으로 표현된다.

---

128) 『世宗實錄』 卷 158, 七政算內篇 下.

$$\sin \delta_{\odot} = \sin \varepsilon \cdot \sin \lambda_{\odot} \cdots\cdots (1)$$

여기서 ε는 황도 경사각이며 $\lambda_{\odot}$는 동지와 하지로부터 계산되는 황도 적도이다. 만약 대기의 굴절 효과와 태양의 시차를 고려하지 않는다면 일출입 시각에서 태양의 천정거리는 90도이다. 따라서 일몰 때의 시간각 H는

$$\cos H_{\odot} = - \tan \phi \cdot \tan \delta_{\odot} \cdots\cdots (2)$$

로 주어진다. 여기서 ϕ는 관측자의 위도이므로 일출시각 SR과 일입 시각 SS는

$$SR = 12^{h} - H, \ \ SS = 12^{h} + H \cdots\cdots (3)$$

가 된다. 구면삼각법에 의한 계산 결과와 중성 편에 있는 황도출입적도내외도와 반주야분의 표에 실린 값들을 표 4-21에 비교하였다.

---

129) Smart, W. M., *Text Book on Spherical Astronomy*(Cambridge Univ, Pres: Cambridge), pp.46-47, p.69, 1962.

표 4-21. 황도출입적도내외도와 반주야분(黃道出入赤道內外度及半畫夜分)

(黃道積度)	(內外度)		(內外差)		(冬畫夏夜)		(夏畫冬夜)		(畫夜差)	
$\lambda_\odot$	$\delta_\odot A$	$\delta_\odot B$	$\Delta\delta_\odot A$	$\Delta\delta_\odot B$	SRA	SRB	SSA	SSB	ΔTA	ΔTB
度	度	度	度	度	分	分	分	分	分	分
0	23.9030	23.9029	0.33	0.38	1956.50	1957.01	3043.50	3042.99	0.08	0.10
1	23.8997	23.8992	0.99	1.13	1956.58	1957.11	3043.42	3042.89	0.27	0.30
2	23.8898	23.8879	1.66	1.88	1956.85	1957.41	3043.15	3042.59	0.43	0.50
3	23.8732	23.8691	2.31	2.62	1957.28	1957.91	3042.72	3042.09	0.61	0.70
4	23.8501	23.8429	2.99	3.37	1957.89	1958.60	3042.11	3041.40	0.78	0.89
5	23.8202	23.8092	3.67	4.12	1958.67	1959.50	3041.33	3040.50	0.95	1.09
6	23.7837	23.7680	4.32	4.86	1959.62	1960.59	3040.38	3039.41	1.12	1.29
7	23.7405	23.7194	4.98	5.60	1960.74	1961.87	3039.26	3038.13	1.00	1.48
8	23.6907	23.6634	5.83	6.34	1962.04	1963.35	3037.96	3036.65	1.48	1.67
9	23.6324	23.5999	5.18	7.08	1963.52	1965.03	3036.48	3034.97	1.64	1.86
10	23.5706	23.5291	7.02	7.81	1965.16	1966.89	3034.84	3033.11	1.83	2.05
11	23.5004	23.4510	7.69	8.54	1966.99	1968.95	3033.01	3031.05	2.00	2.24
12	23.4235	23.3656	8.39	9.27	1968.99	1971.19	3031.01	3028.81	2.18	2.43
13	23.3396	23.2730	9.08	9.99	1971.17	1973.62	3028.83	3026.38	2.35	2.61
14	23.2448	23.1731	9.75	10.70	1973.53	1976.23	3026.48	3023.77	2.52	2.79
15	23.1513	23.0661	10.47	11.42	1976.04	1979.03	3023.96	3020.97	2.70	2.97
16	23.0466	22.9519	11.14	12.12	1978.74	1982.00	3021.26	3018.00	2.88	3.15
17	22.9352	22.8307	11.85	12.82	1981.62	1985.15	3018.38	3014.85	3.03	3.32
18	22.8267	22.7024	12.54	13.52	1984.65	1988.48	3015.35	3011.52	3.22	3.50
19	22.6913	22.5672	13.52	14.21	1987.87	1991.97	3012.13	3008.03	3.39	3.66
20	22.5588	22.4251	14.35	14.89	1991.26	1995.64	3008.74	3004.36	3.56	3.83
21	22.4453	22.2762	14.26	15.57	1994.82	1999.47	3005.18	3000.53	3.74	3.99
22	22.2727	22.1205	15.37	16.24	1998.56	2003.46	3001.44	2996.54	3.91	4.15
23	22.1190	21.9581	16.06	16.91	2002.47	2007.61	2997.53		4.07	4.31
24	21.9584	21.7890	16.78	17.56	2006.54	2011.92	2993.46	2988.08	4.24	4.46
25	21.7906	21.6134	17.47	18.21	2010.78	2016.38	2989.22	2983.62	4.41	4.61
26	21.6159	21.4313	18.20	18.85	2015.19	2021.00	2984.81	2979.00	4.57	4.76
27	21.4339	21.2427	18.90	19.49	2019.76	2025.75	2980.24	2974.25	4.74	4.90
28	21.2449	21.0479	19.60	20.11	2024.50	2030.65	2975.50	2969.35	4.91	5.04
29	21.0489	20.8467	20.27	20.73	2029.41	2035.70	2970.59	2964.30	5.04	5.18
30	20.8462	20.6394	20.99	21.34	2034.45	2040.87	2965.55	2959.13	5.21	5.31

(黃道積度)	(內外度)		(內外差)		(冬晝夏夜)		(夏晝冬夜)		(晝夜差)	
$\lambda_\odot$	$\delta_\odot A$	$\delta_\odot B$	$\Delta\delta_\odot A$	$\Delta\delta_\odot B$	SRA	SRB	SSA	SSB	ΔTA	ΔTB
度	度	度	度	度	分	分	分	分	分	分
31	20.6363	20.4260	21.68	21.94	2039.66	2046.18	2960.34	2953.82	5.37	5.44
32	20.4195	20.2066	22.35	22.53	2045.03	2051.62	2954.97	2948.38	5.52	5.56
33	20.1960	19.9812	23.03	23.12	2050.55	2057.19	2949.45	2942.81	5.65	5.69
34	19.9657	19.7501	23.71	23.69	2056.20	2062.87	2943.80	2937.13	5.81	5.81
35	19.7286	19.5131	24.37	24.26	2062.01	2068.68	2937.99	2931.32	5.95	5.92
36	19.4849	19.2705	25.03	24.81	2067.96	2074.60	2932.04	2925.40	6.09	6.03
37	19.2346	19.0224	25.66	25.36	2074.05	2080.63	2925.95	2919.37	6.22	6.14
38	18.9780	18.7688	26.31	25.90	2080.27	2086.78	2919.73	2913.22	6.35	6.25
39	18.7149	18.5098	26.93	26.43	2086.62	2093.02	2913.38	2906.98	6.47	6.35
40	18.4456	18.2455	27.52	26.95	2093.09	2099.37	2906.91	2900.63	6.60	6.45
41	18.1704	17.9760	28.14	27.46	2099.69	2105.82	2900.31	2894.18	6.72	6.54
42	17.8890	17.7015	28.72	27.95	2106.41	2112.36	2893.59	2887.64	6.83	6.64
43	17.6018	17.4219	29.29	28.44	2113.24	2119.00	2886.76	2881.00	6.94	6.72
44	17.3089	17.1375	29.84	28.92	2120.18	2125.72	2879.82	2874.28	7.05	6.81
45	17.0105	16.8483	30.38	29.39	2127.23	2132.53	2872.77	2867.47	7.14	6.89
46	16.7067	16.5543	30.90	29.85	2134.37	2139.43	2865.63	2860.57	7.24	6.97
47	16.3977	16.2558	31.41	30.30	2141.61	2146.40	2858.39	2853.60	7.33	7.05
48	16.0836	15.9528	31.91	30.74	2148.94	2153.45	2851.06	2846.55	7.42	7.12
49	15.7645	15.6454	32.36	31.17	2156.36	2160.58	2843.64	2839.42	7.50	7.20
50	15.4409	15.3337	32.85	31.59	2163.16	2167.77	2836.14	2832.23	7.58	7.26
51	15.1124	15.0178	33.26	32.00	2171.44	2175.04	2828.56	2824.96	7.64	7.33
52	14.7798	14.6979	33.64	32.40	2179.08	2182.37	2820.92	2817.63	7.71	7.39
53	14.4438	14.3739	34.07	32.78	2186.79	2189.76	2813.21	2810.24	7.77	7.45
54	14.1027	14.0461	34.45	33.16	2194.56	2197.21	2805.44	2802.79	7.84	7.51
55	14.7582	13.7145	34.81	33.53	2202.40	2204.72	2797.60	2795.28	7.89	7.57
56	13.4101	13.3792	35.13	33.89	2210.29	2212.29	2789.71	2787.71	7.93	7.62
57	13.0586	13.0403	35.47	34.23	2218.22	2219.91	2781.78	2780.09	7.98	7.67
58	12.7039	12.6980	35.78	34.57	2226.20	2227.58	2773.80	2772.42	8.03	7.72
59	12.3461	12.3523	36.07	34.90	2234.23	2235.30	2765.77	2764.70	8.06	7.77
60	11.9854	12.0033	36.33	35.21	2242.29	2243.07	2757.71	2756.93	8.09	7.81
61	11.6221	11.6512	36.59	36.52	2250.38	2250.88	2749.62	2749.12	8.12	7.85
62	11.2562	11.2960	36.83	35.81	2258.50	2258.73	2741.50	2741.27	8.16	7.89
63	10.8879	10.9379	37.85	36.10	2266.66	2266.63	2733.34	2733.37	8.17	7.93
64	10.5174	10.5769	37.24	36.37	2274.83	2274.56	2725.17	2725.44	8.19	7.97
65	10.1450	10.2132	37.44	36.64	2284.02	2282.53	2716.98	2717.47	8.21	8.00
66	9.7706	9.8468	37.61	36.89	2291.23	2290.53	2708.77	2709.47	8.23	8.04
67	9.3945	9.4779	37.76	37.14	2299.46	2298.57	2700.54	2701.43	8.23	8.07
68	9.0169	9.1065	37.91	37.37	2307.69	2306.63	2692.31	2693.37	8.24	8.10
69	8.6378	8.7328	38.07	37.59	2315.93	2314.73	2684.07	2685.27	8.26	8.12
70	8.2571	8.3568	38.17	37.81	2324.19	2322.85	2675.81	2677.15	8.26	8.15

(黃道積度)	(內外度)		(內外差)		(冬晝夏夜)		(夏晝冬夜)		(晝夜差)	
$\lambda_\odot$	$\delta_\odot A$	$\delta_\odot B$	$\Delta\delta_\odot A$	$\Delta\delta_\odot B$	SRA	SRB	SSA	SSB	ΔTA	ΔTB
度	度	度	度	度	分	分	分	分	分	分
71	7.8754	7.9788	38.28	38.01	2332.45	2331.00	2667.55	2669.00	8.27	8.17
72	7.4926	7.5986	38.38	38.20	2340.72	2339.18	2659.28	2660.82	8.27	8.20
73	7.1088	7.2166	38.47	38.39	2348.99	2347.37	2651.01	2652.53	8.27	8.22
74	6.7241	6.8327	38.54	38.56	2357.26	2355.59	2642.74	2644.41	8.27	8.24
75	6.3387	6.4471	38.62	38.72	2365.53	2363.83	2634.47	2636.17	8.27	8.26
76	5.9525	6.0599	38.67	38.88	2373.80	2372.09	2626.20	2627.91	8.27	8.28
77	5.5658	5.6711	38.73	39.02	2382.07	2380.37	2617.93	2619.63	8.26	8.29
78	5.1785	5.2809	38.77	39.15	2390.33	2388.66	2609.67	2611.34	8.26	8.31
79	4.7908	4.8894	38.81	39.28	2398.59	2396.97	2601.41	2603.03	8.26	8.32
80	4.4027	4.4966	38.85	39.39	2406.85	2405.29	2593.15	2594.71	8.26	8.33
81	4.0142	4.1027	38.88	39.49	2415.11	2413.62	2584.89	2586.38	8.26	8.34
82	3.6254	3.7078	38.89	39.58	2423.37	2421.97	2576.63	2578.03	8.23	8.36
83	3.2365	3.3120	38.90	39.67	2431.60	2430.32	2568.40	2569.68	8.23	8.36
84	2.8475	2.9153	38.92	39.74	2439.83	2438.69	2560.17	2561.31	8.23	8.37
85	2.4583	2.5179	38.93	39.80	2448.06	2447.06	2551.94	2552.94	8.23	8.38
86	2.0690	2.1199	38.94	39.85	2456.29	2455.44	2543.71	2544.56	8.23	8.38
87	1.6796	1.7214	38.94	39.90	2464.52	2463.82	2535.48	2536.18	8.23	8.39
88	1.2902	1.3224	38.95	39.93	2472.75	2472.21	2527.25	2527.79	8.23	8.39
89	0.9007	0.9231	38.95	39.95	2480.98	2480.60	2519.02	2519.40	8.23	8.40
90	0.5112	0.5236	38.95	39.97	2489.21	2489.00	2510.79	2511.00	8.22	8.40
91	0.1217	0.1239	12.17	12.39	2497.43	2497.40	2502.57	2502.60	2.57	2.60
91.31	0.0000	0.0000	0.00	0.00	2500.00	2500.00	2500.00	2500.00	0.00	0.00

위의 표에서 A는 황도출입적도내외도와 반주야분의 표에 실린 값이고 B 는 구면삼각법에 의한 결과이다. $\delta_\odot$는 동지와 하지로부터의 황도적도(黃 道積度)이고 $\delta_\odot$는 태양의 적위를 나타내는 내외도(內外度)이며 동주하야 (冬晝夏夜)와 하주동야(夏晝冬夜)로 나타낸 SR과 SS는 각각 동지와 하지 후 반주분과 반야분을 의미하는 일출과 일입시각을 나타낸다. 그리고 $\Delta\delta_\odot$ 는 황도 적도 1도 사이의 내외도의 차이고 ΔT는 황도 적도 1도 차에 따른 반주야분의 차이다.

위의 결과에 따라 수표와 구면 삼각법에 의한 일출 시각의 변화를 그림 4-3에 비교하였다. 그리고 그림 4-3의 결과와 비교하기 위하여 일출 시각의 계산에 필요한 식 (1)에 적위 $\delta_\odot$를 수표에 계산된 적위와 같은 값으로 대입하여 일출 시각을 계산한 다음 그 결과를 그림 4-4에 비교하였다. 즉 그림 4-3은 수표와 구면 삼각법에 의한 일출 시각의 변화를 나타낸 것이고, 그림 4-4는 수표의 적위 값으로 일출 시각을 계산하여 다시 수표의 결과와 비교한 것이다.

그림 4-3. 冬至와 夏至 후 黃道每度에 따른 태양의 일출 시각 변화

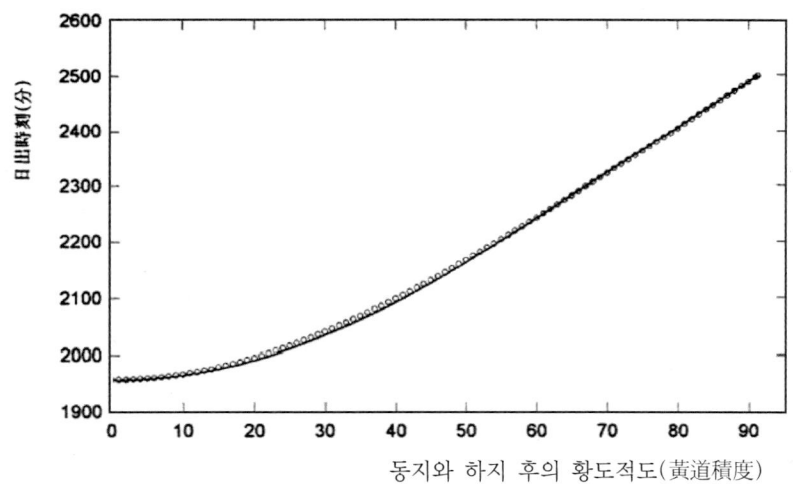

동지와 하지 후의 황도적도(黃道積度)

실선은 황도적도 내외도와 반주야분의 입성에 실린 값이며, 작은 원은 식 (1), (2), (3)에 의해 계산한 값이다.

그림 4-4. 冬至와 夏至 후 黃道每度에 따른 태양의 일출 시각 변화

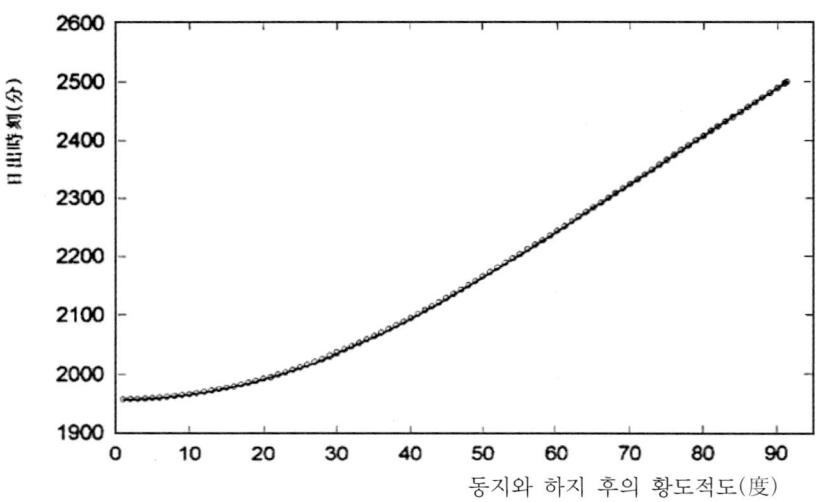

실선은 황도적도 내외도와 반주야분의 입성에 실린 값이며, 작은 원은 입성에 실린
태양의 적위 값을 사용하여 식 (2), (3)에 의해 계산한 값이다.

위의 그림에서 미세한 차이이긴 하지만 그림 4-4의 곡선이 그림 4-3의
곡선보다 잘 일치함을 볼 수 있다. 그리고 그림 4-3의 곡선에서 일출 시각
이 잘 일치하지 않는 부분은 동지와 하지 이후 황도적도(黃道積度)가 10도
에서 60도 사이가 되는 곳임을 알 수 있다. 이는 수표에 계산된 적위 값으
로 일출 시각을 계산하였을 때의 결과가 수표에 계산된 일출 시각과 더욱
잘 일치함을 나타내는 것이다. 따라서 그림 4-3의 곡선에서 일출 시각이
잘 일치하지 않는 이유는 주로 태양의 적위 값에 따른 오차에 기인한다는
사실을 알 수 있다. 수표에서 황도적도 내외도로 표현되는 태양의 적위는
황도 매도(每度)에 해당하는 태양의 적경을 회원술(會元術)을 사용하여 구
한 다음 다시 삼각형의 각 단간의 비례 관계를 이용하여 구한다. 이 방법
에 의한 태양의 적위 계산은 앞에서 지적한 대로 회원술의 호시(弧矢) 공
식으로 인하여 오차를 크게 하는 요인이 되었고, π를 3으로 계산함으로써

주천(周天) 직경을 정확하게 얻을 수 없었던 까닭에 구면 삼각법에 의한 결과보다 정확하지 못하였다. 그러나 위의 그림에서 보듯이 일출입의 시각 계산이 약간의 오차는 보이지만 구면삼각법에 의한 결과와 거의 가깝게 근접하게 나타나므로 이 방법은 구면삼각법이 개발되지 않았던 당시로서는 상당히 진보적이고 독창적인 계산법이었다고 평할 수 있다.

5. 일월식의 계산

『칠정산 내편』에 의한 일월식 계산은 『칠정산 내편 정묘년 교식가령(七政算內篇 丁卯年 交食假令)』에 그 상세한 계산 과정과 결과가 수록되어 있어 계산법의 설명만으로는 이해하기 힘든 부분과 실제의 계산 과정에서 부딪히는 여러 문제에 훌륭한 참고가 된다. 앞장에서 밝힌 대로 가령의 정묘년은 세종 29년(1447)으로 새로이 편찬된 『칠정산 내편』에 따라 실제의 일월식을 계산한 예이다. 이 가령은 실제의 교식을 계산 예로 남겨서 후세의 편의를 도모한 세종의 뜻에 따라 이순지와 김담이 명을 받아 편찬한 것이다.[130] 정묘년 8월의 일식과 월식에 대한 계산은 세조 4년(1458)에 이순지가 김석제(金石悌)와 함께 편찬한 『교식추보법(交食推步法)』에서 다시 다루어지는데 그 값이 『교식가령』의 결과와 다르게 계산되어 있음을 알 수 있다. 따라서 『교식가령』과 『교식추보법』을 통하여 『칠정산 내편』에 의한 일월식의 계산 과정을 알아보는 동시에 두 가령에 어떠한 차이점이 있는지 비교해 보고자 한다.

일식과 월식의 계산에서 가장 먼저 수행되어야 하는 것은 일식과 월식이 일어나는 정삭과 정망일의 계산이다. 정삭과 정망일은 우선 계산하고자 하

---

130) 兪景老, 『韓國科學技術史資料大系』 天文學篇 3, 七政算內篇 解題, (驪江出版社: 서울), 1985.

는 해의 천정 동지와 천정 경삭일을 구한 다음, 식이 일어나는 달의 경삭과 경망일을 구하여 태양의 영축차와 달의 지질차로부터 계산된 가감차를 가감하여 얻는다. 그러나 『교식가령』과 『교식추보법』의 계산은 바로 정삭과 정망을 구하는 가감차의 계산 방법이 다르므로 인하여 그 다음에 연결되는 계산 값들과 일월식의 계산 결과가 서로 다르게 계산되었음을 알 수 있다. 위의 두 가령은 역원을 갑자년(1444년)으로 바꾸어 이에 대응하는 응수(應數)의 값들을 모두 1444년으로 고쳐 계산하였다. 이 두 가령을 예로 하여 정묘년 8월의 정삭과 정망의 계산 과정을 알아보면 다음과 같다.

1) 丁卯年 8月의 定朔과 定望의 계산

① 천정동지(天正冬至)

가령의 정묘년은 1447년이므로 갑자년의 역원과는 3년의 차가 있다. 따라서 역원으로부터의 경과 연수인 거산(距算)은 3이 되고 갑자년의 기응(氣應)은 9만 5875분으로 계산되어 있으므로 정묘년의 천정동지는 다음으로 계산된다.

천정동지 = (중적 + 기응) − 60 × n

　　　　 = (거산×세실 + 기응) − 60 × n

　　　　 = (3×365만 2425분 + 9만 5875분) − 60 × 18

　　　　 = (1095만 7275분 + 9만 5875분) − 60 × 18

　　　　 = 25만 3150분

천정동지 일분 = 25만 3150분 ÷ 1만 = 25일 3150분

② 천정경삭(天正經朔)

천정경삭은 천정동지 바로 전의 삭(朔)을 뜻한다. 천정경삭과 천정동지 사이의 일수인 윤여(閏餘)를 구하여 천정동지에서 감하여 계산한다. 이때 윤여를 구하는 데 필요한 갑자년의 윤응(閏應)은 21만 0570분으로 계산되어 있으므로 정묘년의 천정경삭은 다음으로 계산된다.

천정경삭 = 천정동지 - 윤여
       = 천정동지 - (윤적 - 삭실 × m)
       = 천정동지 - (중적 + 윤응 - 삭실 × m)
       = 25만 3150분 - (1095만 7275분 + 21만 0570분 - 29만 5305분 93초 × 37)
       = 25만 3150분 - 24만 1525분 71초
       = 1만 1624분 29초
천정경삭 일분 = 1만 1624분 29초 ÷ 1만 = 1일 1624분 29초

③ 천정경삭(天正經朔)의 입축력(入縮曆)

천정경삭은 동지가 되기 전의 삭이므로 축력(縮曆)에 해당한다. 따라서 천정경삭이 축력에 들어선 일수 즉 입축력(入縮曆)은 하지점으로부터 천정경삭까지의 일수를 말하며, 하지에서 천정동지까지의 일수에서 천정경삭과 천정동지 사이의 일수인 윤여를 감하여 얻는다. 8월의 삭과 망이 영력과 축력에 들어선 날수는 천정경삭의 입축력으로부터 구한다.

천정경삭의 입축력 = 반세주 - 윤여
             = 182일 6212분 5 - 24만 1525분 71초
             = 158일 4686분 79초

④ 천정경삭(天正經朔)의 입전일(入轉日)

천정경삭의 입전일은 달이 근지점을 통과한 후 천정경삭까지의 일수를 말한다. 원동지 직전 달의 근지점으로부터 천정경삭까지의 일수를 근점월의 최대 배수로 나누어 남은 나머지가 곧 천정경삭일의 입전일과 분초가 된다. 갑자년의 전응(轉應)은 2만 0574분으로 계산되어 있으므로 정묘년 천정경삭의 입전일은 다음으로 계산된다.

원동지 직전 달의 근지점에서 천정 경삭까지의 일수 = 전응 + 중적 - 윤여
천정 경삭의 입전일 = (전응 + 중적 - 윤여) - (근점월×최대배수)
    = (2만 0574분 + 1095만 7275분 - 24만 1525분 71초) - (27만 5546분 × 38)
    = 26만(일) 5575분 29초

⑤ 천정경삭(天正經朔)의 입교일(入交日)

천정경삭의 입교일은 달이 황백 교점을 통과한 후 천정경삭까지의 일수를 계산하는 것으로 원동지 직전의 교점으로부터 천정경삭까지의 길이를 교점월의 최대 배수로 나누어 남은 나머지가 천정 경삭의 입교 범일과 분초가 된다. 원동지 직전의 교점으로부터 천정경삭까지의 길이는 중적에 교응(交應)을 더하고 윤여를 감하여 얻는다. 갑자년의 교응은 20만 2201분 88초로 계산되어 있으므로 정묘년 천정경삭의 입교일은 다음으로 계산된다.

천정 경삭의 입교 범일과 분초 = (교응 + 중적 - 윤여) - (교점월 × 최대배수)
    = (20만 2201분 88초 + 1095만 7275분 - 24만 1525분 71초) - (27만 2122분 24초 × 40)
    = 3만(일) 3061분 57초

⑥ 丁卯年 8月 경삭(經朔)과 경망(經望)

정묘년 8월의 경삭은 이해에 윤 4월이 끼었으므로 11월 천정경삭으로부터 10개월 후가 된다. 따라서 다음으로 계산된다.

8月 經朔 = 天正經朔 日分 + 10 × 朔實(= 20 × 망책)
        = 1일 1624분 29초 + 10 × 29일 5305분 93초
        = 296일 4683분 59초
8月 經朔 全分 = 296일 4683분 59 - 60 × 4
          = 296일 4683분 59 - 240
          = 56일 4683분 59초

8월 經望 = 8月 經朔日 + 望策
        = 56일 4683분 59초 + 14일 7652분 96초 19
        = 71일 2336분 55초 5
8月 經望 全分 = 71일 2336분 55초 5 - 60일
          = 11일 2336분 55초 5

⑦ 8월 경삭(經朔)과 경망(經望)의 入盈縮曆

정묘년 8월의 경삭과 경망의 입영축력은 천정 경삭의 입축력으로부터 계산하며 8월은 하지와 동지 사이에 있으므로 축력에 해당한다. 8월은 천정 동지로부터 10개월 후이므로 다음으로 계산된다.

천정경삭의 입축력에서 8월 경삭까지 총일수 = 천정경삭의 입축력 + (10 × 삭실)
                     = 158일 4686분 79초 + 10×29일 5305분 93초
                     = 453일 7746분 09초
8월 경삭의 입축력 일수 = 453일 7746분 09초 - (반세주 × 2)
                 = 453일 7746분 09초 - (182일 6212분 5 × 2)

$$= 88일 5321분 09초$$

8월 경망의 입축력 일수 = 8월 경삭의 입축력 일수 + 망책
$$= 88일 5321분 09초 + 14일 7652분 96초 19$$
$$= 103일 2974분 05초 19$$

⑧ 8월 경삭(經朔)과 경망(經望)의 入轉日

정묘년 8월의 경삭과 경망의 입전일은 천정 경삭의 입전일로부터 계산한다. 천정 경삭의 입전일에서 8월 경삭까지의 총일수를 구한 다음 근점월의 최대 배수로 감하여 남은 나머지가 8월 경삭의 입전일이 된다. 8월 경망의 입전일은 경삭의 입전일에 망책을 더하여 근점월의 일수보다 넘으면 이를 감하여 얻는다.

천정경삭의 입전일에서 8월 경삭까지 총일수 = 천정경삭의 입전일 + (10 × 삭실)
$$= 26일 5575분 29초 + 10 × 29일 5305분 93초$$
$$= 321일 8634분 59초$$
8월 경삭의 입전일 일수 = 321일 8634분 59초 − (근점월 × 11)
$$= 321일 8634분 59초 − (27일 5546분 × 11)$$
$$= 18일 7628분 59초$$
8월 경망의 입전일 일수 = (8월 경삭의 입전일 일수 + 망책) − 근점월
$$= 18일 7628분 59초 + 14일 7652분 96초 19 − 27일 5546분$$
$$= 5일 9735분 55초 19$$

⑨ 8월 경삭(經朔)과 경망(經望)의 入交日

정묘년 8월의 경삭과 경망의 입교일은 천정 경삭의 입교일로부터 계산한다. 천정 경삭의 입교일에서 8월 경삭까지의 총일수를 구한 다음 교점월의 최대 배수로 감하여 남은 나머지가 8월 경삭의 입교일이 된다. 8월 경망의

입교일은 경삭의 입교일에 망책을 더하여 교점월의 일수보다 넘으면 이를
감하여 얻는다.

천정경삭의 입교일에서 8월 경삭까지 총일수 = 천정경삭의 입교일 + (10 × 삭실)
= 3일 3061분 57초 + 10 × 29일 5305분 93초

8월 경삭의 입교일 일수 = 298일 6120분 87초 − (교점월 × 10)
= 298일 6120분 87초 − (27일 2122분 24초 × 10)
= 26일 4898분 47초

8월 경망의 입교일 일수 = (8월 경망의 입교일 일수 + 망책) − 교점월
= 26일 4898분 47초 + 14일 7652분 96초 19 − 27일 2122분 24초
= 14일 0492분 19초 5

⑩ 8월 경삭(經朔)과 경망(經望)의 영축차(盈縮差)

영축차의 계산은 앞의 3장에서 다음과 같이 설명하였다. 구하고자 하는
시각의 입한일(入限日: 동지와 하지로부터 경과 일수)이 t일과 $(t+1)$일
사이의 $(t+\triangle t)$일이 될 때, 영축차는 영축적을 일(日) 사이에서 보간 하
여 계산한다. 즉 $(t+\triangle t)$일의 영축적을 구하는 계산이다. 따라서 영축차의
계산은 영력과 축력을 동지와 하지로부터 경과한 일수인 입한일(入限日)로
나타낼 때 입한일의 일(日) 이하분 $\triangle t$를 그날의 영축가분 δx로 곱하고
10000으로 나누어 분의 값으로 고친 다음 그날 아래의 영축적 $x(t)$를 더
하고 다시 10000으로 나누어 도(度)와 분(分)의 값으로 계산한다.

$$盈縮差 = x(t+\triangle t) = x(t) + \delta x \cdot \triangle t/10000$$

a) 8월 經朔의 盈縮差

8월 경삭의 축력 초한은 88일 5321분 09초로 계산되었으므로 이 경우 입한일의 일 이하분 $\triangle t$는 5321분 09초가 되고 이날의 축적 $x(t)$와 축가분 δx를 "태양하지 전후 2상 축초 영말한의 표"에서 찾으면 23907분 06초 56과 32분 44초 81이 되므로 8월 경삭의 영축차는 다음으로 계산된다.

8월 經朔의 盈縮差 $= x(t) + \delta x \cdot \triangle t / 10000$
$= 23907분\ 06초\ 56\ +\ 32분\ 44초\ 81\ \times\ 5321분\ 09초 / 10000$
$= 2도\ 39분\ 24초\ 33$

b) 8월 經望의 盈縮差

8월 경망의 축력 말한은 79일 3238분 44초 5로 계산되었으므로 이 경우 입한일의 일 이하분은 3238분 44초 5가 되며 이날의 축적 $x(t)$와 축가분 δx을 "태양하지 전후 2상 축초 영말한의 표"에서 찾으면 23670분 99초 91과 63분 40초 09가 되므로 다음으로 계산된다.

8월 經望의 盈縮差 $= x(t) + \delta x \cdot \triangle t / 10000$
$= 23670분\ 99초\ 91\ +\ 63분\ 40초\ 09\ \times\ 3238분\ 44초\ 5 / 10000$
$= 2도\ 36분\ 91초\ 53$

⑪ 8월 경삭(經朔)과 경망(經望)의 지질차(遲疾差)

지질차의 계산은 앞의 3장에서 다음과 같이 설명하였다. 지질차(遲疾差)는 구하고자 하는 시각에 달이 한수(限數)로 n한과 (n + 1)한의 사이인 $(n + \triangle n)$한에 위치할 때 지질력의 일분초를 구하는 것이다. 즉 고찰 시각인 $(n + \triangle n)$한에서 실제의 달과 평균 달의 위치 차를 구하는 것으로 n한 이하의 분 $\triangle n$에서 생기는 달의 지질차를 한(限) 사이에서 보간 하여 얻은 다음 도수로 환산하여 n한의 지질도에 가감하여 계산한다. 계산에는 각 한수마다 달의 운행 속도를 계산한 "태음한수지질도(太陰限數遲疾度)"의 지질력 일률(日率)과 손익분(損益分) 그리고 지질도(遲疾度)의 값을 이용한다. n한의 지질도를 $f(n)$, $\triangle n$을 한 이하분(限下分)이라 할 때 지질차 $f(n+\triangle n)$은 다음과 같이 계산된다.

지질차(遲疾差) = $f(n+\triangle n)$ = $f(n)$ + (지질력 − 지질력 일률) × 손익분/820분

a) 8月 經朔의 遲疾差

8월 경삭의 입전일은 앞의 계산에서 18일 7628분 59초로 계산되었다. 1/2 근점월인 13일 7773분보다 크면 지력에 해당하고 작으면 질력에 해당한다. 8월 경삭의 지질력은 1/2 근점월보다 크므로 지력에 해당하며 입전일에서 1/2 근점월을 감하면 4일 9855분 59초를 얻는다. 이 값이 8월 경삭의 지력 전분이 된다. 이 지력에 해당하는 한수(限數)의 값을 "태음한수지질도"의 표에서 찾으면 60한이 되고 60한에서의 지도(遲度) $f(60)$은 4도 95분 24초가 된다. 그리고 지력(遲曆) 일률은 4일 9204분 80초이고 이때의 익분(益分)은 4분 14초 1075가 되므로 8월 경삭의 지차(遲差)는 다음과 같이 계산된다.

8월 經朔의 遲差 = $f(60)$ + (遲曆 − 遲曆 日率) × 益分/820분
= 4도 95분 24초 + (4일 9855분 59초 − 4일 9204분 80초) × 4분 14초 1075/820분
= 4도 98분 52초 65

b) 8月 經望의 遲疾差

8월 경망의 입전일은 앞의 계산에서 5일 9735분 55초 19로 계산되었다. 1/2 근점월인 13일 7773분보다 작으므로 질력에 해당하며 입전일 값이 그대로 8월 경망의 질력 전분이 된다. 이 질력에 해당하는 한수(限數)의 값을 "태음한수지질도"의 표에서 찾으면 72한이 되고 72한에서의 질도(疾度) $f(72)$는 5도 32분 94초 4가 된다. 그리고 이때 질력(疾曆) 일률은 5일 9045분 76초이고 익분(益分)은 1분 91초 0575가 되므로 8월 경망의 질차(疾差)는 다음과 같이 계산된다.

8월 經望의 疾差 = $f(72)$ + (疾曆 − 疾曆 日率) × 益分/820분
= 5도 32분 94초 4 + (5일 9045분 76초 − 5일 9045분 76초) × 1분 91초 1575/820분
= 5도 34분 55초 12

⑫ 정묘년(丁卯年) 8월 삭(朔)과 망(望)의 가감차(加減差)

가감차는 『교식가령』과 『교식추보법』 경우 서로 다르게 계산되고 있다. 교식가령과 달리 교식추보법은 가감차의 계산에서 대통력의 방법을 따르고 있다. 각각의 경우 8월 삭과 망의 가감차 계산은 다음과 같다.

a) 교식가령

8월 삭의 加差

(8月 朔의 遲差 − 8月 朔의 縮差) = 4도 985265 + 2도 392433

= 2도 592829

2도 592829×820분(太陽의 限行分) = 2126만 1197분 8

2126만 1197분 8 ÷ 1만 0549(60限의 遲曆限行度) = 2015분 5

8月 망의 減差

(8월 望의 疾差 + 8月 望의 縮差) = 5도 345512 + 2도 369153

= 7도 714665

7도 714665×820분(太陽의 限行分) = 6326만 0253분

6326만 0253분 ÷ 1만 1154(72限의 疾曆限行度) = 5671분 5306

b) 교식추보

8월 삭의 加差

(8월 삭의 遲差 − 8월 삭의 縮差) = 4도 985265 + 2도 392433

= 2도 592829

2도 592829×820분(태양의 한행분) = 2126만 1197분 8

2126만 1197분 8 ÷ (1만 0549 − 820분) = 2185분 5

8월 망의 減差

(8월 망의 疾差 + 8월 망의 縮差) = 5도 345512 + 2도 369153

= 7도 714665

7도 714665×820분(太陽의 限行分) = 6326만 0253분

6326만 0253분 ÷ (1만 1154 − 820분) = 6122분 5650 28

⑬ 정묘년(丁卯年) 8월의 정삭(定朔)과 정망(定望)

정삭(定朔)과 정망(定望)은 경삭과 경망에 가감차를 가감하여 얻는다. 『칠정산내편 정묘년 교식가령』과 『교식추보법』에서 계산한 정삭과 정망은 각각 다음과 같다.

a) 교식가령

8월 定朔의 全分 = 8월 經朔의 全分 + 加差
　　　　　　　　 = 56일 4683분 59초 + 2015분 50초
　　　　　　　　 = 56일 6699분 09

8월 定望의 全分 = 8월 經望의 全分 + 減差
　　　　　　　　 = 11일 2336분 55초 5 − 5671분 53초
　　　　　　　　 = 10일 6665분 015

b) 교식추보

8월 定朔의 全分 = 8월 經朔의 全分 + 加差
　　　　　　　　 = 56일 4683분 59초 + 2185분 50초
　　　　　　　　 = 56일 6869분 09

8월 定望의 全分 = 8월 經望의 全分 + 減差
　　　　　　　　 = 11일 2336분 55초 5 − 6122분 56초 5
　　　　　　　　 = 10일 6213분 99

2) 정묘년 교식가령과 교식추보법의 일월식 계산

『칠정산내편 정묘년 교식가령』과 『교식추보법』에 계산된 정묘년 8월의 정삭과 정망의 계산 과정을 알아보았다. 『교식추보법』은 근본적으로 『칠정산』

내편법을 따르면서도 가감차의 계산은 대통력의 방법을 따르고 있고 태양의
한행분 값을 820분보다 정확한 820분 08로 계산하고 있으며 월식의 계산에
사용되는 상수 값 4920을 4919.92로 고쳐 계산하고 있다. 일식과 월식의 계산
에 사용된 값들을 통하여 두 가령의 계산 과정을 알아보면 다음과 같다.

표 4-22. 정묘년 교식가령과 교식추보법의 일식 계산 비교

8月 朔의 계산값	丁卯年 交食假令				交食推步法			
8月 經朔 全分	56日	4683分	59		56日	4683分	59	
8月 經朔 入縮曆	88日	5321分	09		88日	5321分	09	
8月 經朔 入轉日	18日	7628分	59		18日	7628分	59	
8月 經朔 縮差	2度	39分	24秒	33	2度	39分	24秒	33
8月 經朔 遲差	4度	98分	52秒	62	4度	98分	52秒	62
8月 經朔 加差		2015分	50			2185分	50	
8月 定朔 全分	56日	6699分	09		56日	6869分	09	
中後分		1699分	09			1869分	09	
時差		584分	22			609分	57	
食甚定分		7283分	31			7478分	66	
食甚 入縮曆	88日	7920分	81		88日	8116分	16	
食甚 縮差	2度	00分	32秒	76	2度	39分	33秒	40
食甚 入縮曆定度	86度	39分	88秒	05	86度	41分	82秒	76
南北汎差	0度	46分	81秒	54	0度	46分	63秒	54
南北定差	0度	04分	84秒	57(加)	0度	01分	24秒	08(加)
東西汎差	4度	44分	57秒	24	4度	44分	58秒	26
東西定差	4度	06分	03秒	86(減)	4度	40分	78秒	76(減)
正交定限度	353度	62分	80秒	71	353度	24分	45秒	32
陰曆交前度	1度	50分	08秒	23	1度	50分	08秒	23
日食分初		7分	64秒	45		8分	12秒	23
定限行度	0度	97分	82秒	1	0度	97分	82秒	35
定用分		570分	27			576分	35	
初虧時刻		6713分	04			6902分	31	
食甚時刻		7283分	31			7478分	66	
復圓時刻		7853分	58			8055分	01	

표 4-23. 정묘년 교식가령과 교식추보법의 월식 계산 비교

8月 望의 계산값	丁卯年 交食假令			交食推步法		
8月 經望 全分	11日	2336分 555		11日	2336分 555	
8月 經望 入縮曆日	103日	2974分 055		103日	2974分 055	
8月 經望 入轉日	5日	9735分 555		5日	9735分 555	
8月 經望 入交日	14日	0429分 195		14日	0429分 195	
8月 經望 縮差	2度	36分 91秒	53	2度	36分 91秒	53
8月 經望 疾差	5度	34分 55秒	12	5度	34分 55秒	10
8月 經望 減差		5671分 5306			6121分 93	
8月 定望 全分	10日	6665分 015		10日	6214分 625	
酉前分		1665分 015			1214分 625	
時差		83分 498			87分 8537	
食甚定分		6748分 36			6302分 47	
食甚 入縮曆	102日	7385分 86		102日	6939分 97	
食甚 縮差	2度	37分 26秒	96	2度	37分 29秒	78
食甚 入縮曆定度	100度	36分 58秒	90	100度	32分 10秒	19
正交定限度	353度	62分 80秒	71	353度	24分 45秒	32
陰曆交後度	3度	47分 04秒	27	3度	47分 04秒	27
日食分秒		11分 01秒	10		11分 01秒	10
定限行度	1度	04分 67秒		1度	04分 67秒	91
定用分		679分 68			679分 61	
旣內分		176分 77			176分 75	
旣外分		502分 91			502分 86	
初虧時刻		6068分 68			5622分 86	
食旣時刻		6571分 59			6125分 72	
食甚時刻		6748分 36			6302分 47	
生光時刻		6925分 13			6479分 22	
復圓時刻		7428分 04			6982分 08	

위의 표는 두 가령에서 일월식의 계산에 사용한 값들을 계산 순서에 따라 정리한 것이다. 정삭과 정망의 계산에 사용된 가감차의 값이 다르게 계

산됨에 따라 그 뒤에 연결되어 계산되는 값들이 모두 다르게 계산되고 있다. 정삭과 정망의 계산은 앞에서 알아보았으므로 위의 값들을 통하여 이 이후의 계산 과정을 일식과 월식의 경우로 나누어 알아보면 다음과 같다.

(일식)

8월의 정삭일은 교식가령에 56일 6699분 09로 계산되었고 교식추보에는 56일 6869분 09로 계산되었다. 정삭의 계산 이후 일식의 계산 과정과 그 결과를 알아보면 다음과 같다.

① 중후분(中後分)

중후분은 정삭의 일하분(日下分)이 오중(午中)으로부터 얼마나 떨어져 있는가를 알아보는 계산이다. 따라서 정삭의 일하분에서 반일주 감하여 얻는다.

a) 교식가령
中後分 = 6699분 09 - 5000분
     = 1199분 09

b) 교식추보
中後分 = 6869분 09 - 5000분
     = 1869분 09

② 시차(時差)와 식심정분(食甚定分)

시차의 계산은 정삭과 식심이 일어나는 시각(식심정분)과의 차이를 말한다. 따라서 정삭의 시각이 달라지면 시차의 값도 자연히 달라지게 된다. 시차와 식심정분의 계산은 다음과 같다.

a) 교식가령

時差 = |食甚 時刻(食甚定分) − 定朔의 時刻(定朔의 日下分)|

   = 중후분 × (반일주 − 중후분) × 1/100 × 1/96

   = 1199분 09 × (5000분 − 1199분 09) × 1/100 × 1/96

   = 584분 22

食甚定分 = 定朔의 日下分 + 時差

   = 6699분 09 + 584분 22

   = 7283분 31

b) 교식추보

時差 = |食甚 時刻(食甚定分) − 定朔의 時刻(定朔의 日下分)|

   = 중후분 × (반일주 − 중후분) × 1/100 × 1/96

   = 1869분 09 × (5000분 − 1869분 09) × 1/100 × 1/96

   = 609분 57

食甚定分 = 定朔의 日下分 + 時差

   = 6869분 09 + 609분 57

   = 7478분 66

③ 식심 입축력(食甚入縮曆)

식심의 입축력은 하지 이후 식심까지의 일수를 말한다. 정삭의 입축력에 시차를 보정하여 계산한다.

a) 교식가령

定朔의 入縮曆 = 經朔의 入縮曆 + 加差

   = 88일 5321분 09 + 2015분 50

   = 88일 7336분 59

食甚의 入縮曆 = 定朔의 入縮曆 + 時差

$$= 88일\ 7336분\ 59\ +\ 584분\ 22$$
$$= 88일\ 7920분\ 81$$

b) 교식추보

定朔의 入縮曆 = 經朔의 入縮曆 + 加差
$$= 88일\ 5321분\ 09\ +\ 2185분\ 50$$
$$= 88일\ 7506분\ 59$$

食甚의 入縮曆 = 定朔의 入縮曆 + 時差
$$= 88일\ 7506분\ 59\ +\ 609분\ 57$$
$$= 88일\ 8116분\ 16$$

④ 식심 입축력정도(食甚入縮曆定度)

식심 입축력정도는 하지 이후 식심까지 태양이 운행한 각도를 말하는 것으로서 식심의 입축력 일수에 축차를 감하여 구한다.

a) 교식가령

食甚의 入縮曆定度 = 食甚의 入縮曆 日數 − 縮差
$$= 88일\ 7920분\ 81\ -\ 2도\ 00분\ 32초\ 76$$
$$= 86도\ 39분\ 88초\ 05$$

b) 교식추보

食甚의 入縮曆定度 = 食甚의 入縮曆 日數 − 縮差
$$= 88일\ 8116분\ 16\ -\ 2도\ 39분\ 33초\ 40$$
$$= 86도\ 41분\ 82초\ 76$$

⑤ 남북범차(南北汎差)

남북범차는 황백도의 교점이 계절에 따라 적도 남북으로 이동함에 따라 변화하는 시차(視差)의 계산이다. 남북범차는 동지와 하지 이후 식심이 어느 위치에 있는가를 초말한으로 나타낼 때 다음의 식으로 계산된다.

a) 교식가령

$$南北汎差 = 4도 \ 46분 \ - \ (初末限)^2/1870$$
$$= 4도 \ 46분 \ - \ (86도 \ 39분 \ 88초 \ 05)^2/1870$$
$$= 0도 \ 46분 \ 81초 \ 54$$

b) 교식추보

$$南北汎差 = 4도 \ 46분 \ - \ (初末限)^2/1870$$
$$= 4도 \ 46분 \ - \ (86도 \ 41분 \ 82초 \ 76)^2/1870$$
$$= 0도 \ 46분 \ 63초 \ 54$$

⑥ 남북정차(南北定差)

남북정차는 남북범차를 반주분(半晝分) 사이에서 보간 하여 계산한다.

a) 교식가령

$$南北定差 = 0도 \ 46분 \ 81초 \ 54 \ \times \ |1 \ - \ 距午正分/半晝分|$$
$$= 0도 \ 46분 \ 81초 \ 54 \ \times \ |1 \ - \ (2283분 \ 31/2546분 \ 41)|$$
$$= 0도 \ 04분 \ 84초 \ 57(加)$$

b) 교식추보

$$南北定差 = 0도 \ 46분 \ 63초 \ 54 \ \times \ |1 \ - \ 距午正分/半晝分|$$
$$= 0도 \ 46분 \ 63초 \ 54 \ \times \ |1 \ - \ (2478분 \ 66/2546분 \ 41)|$$
$$= 0도 \ 01분 \ 24초 \ 08(加)$$

⑦ 동서범차(東西汎差)

동서범차는 계절에 따라 달의 시교점이 적도를 따라 실교점으로부터 편이 되는 시차 때문에 시교점이 황도상에서 이동되는 도수이다. 동서범차는 황도와 적도가 이루는 각도에 따라 변화하며 이 각도는 동지와 하지로부터 경과한 시간의 2차 함수가 된다.

a) 교식가령

東西汎差 = 食甚의 入縮曆定度 × (半歲周 - 食甚의 入縮曆定度)/1870

= 86도 39분 88초 05 × (182일 6212분 5 - 86도 39분 88초 05)/1870

= 4도 44분 57초 24

b) 교식추보

東西汎差 = 食甚의 入縮曆定度 × (半歲周 - 食甚의 入縮曆定度)/1870

= 86도 41분 82초 76 × (182일 6212분 5 - 86도 41분 82초 76)/1870

= 4도 44분 58초 26

⑧ 동서정차(東西定差)

동서정차는 관측자가 지구 중심에 있지 않고 지면에 있기 때문에 교점을 향하는 관측자의 방향이 식심이 일어나는 시각에 따라 달라지는 시차이다. 동서정차는 교점을 정면으로 바라보게 되어 시차가 생기지 않는 정오를 기준으로 하여 시차가 가장 크게 되는 일출과 일몰까지의 각 1상한(象限) 2500분 사이에서 정오로부터 떨어진 식심의 시각을 보간 하여 구한다.

a) 교식가령

東西定差 = 東西汎差 × 距午正分/2500

= 4도 44분 57초 24 × 2283분 31/2500

= 4도 06분 03초 86(減)

b) 교식추보

東西定差 = 東西汎差 × 距午正分/2500

          = 4도 44분 58초 26 × 2478분 66/2500

          = 4도 40분 78초 76(減)

⑨ 정교정한도(正交定限度)

정교도(正交度)에 남북정차와 동서정차의 시차를 보정하여 정교의 정한도를 구한다.

正交度 = 交終度 − 관측자의 달의 視差

      = 363도 79분 34초 − 6도 15분 34초

      = 357도 64분

a) 교식가령

正交定限度 = 正交度 ± 南北定差 ± 東西定差

            = 357도 64분 + 0도 04분 84초 57 − 4도 06분 03초 86

            = 353도 62분 80초 71

b) 교식추보

正交定限度 = 正交度 ± 南北定差 ± 東西定差

            = 357도 64분 + 0도 01분 24초 08 − 4도 40분 78초 76

            = 353도 24분 45초 32

⑩ 음력교전도(陰曆交前度)

식이 교점에서 일어나지 않고 황도 이북과 이남의 음력과 양력에서 있게 될 때 교점으로부터 식이 일어나는 정삭까지의 전후 각도를 말한다. 음력교전도는 정교정한도에서 교정도를 감하여 구한다.

a) 교식가령

陰曆交前度 = 正交定限度 - 交定度

= 353도 62분 80초 71 - 351도 74분 37초 09

= 1도 88분 43초 62

b) 교식추보

陰曆交前度 = 正交定限度 - 交定度

= 353도 24분 45초 32 - 351도 74분 37초 09

= 1도 50분 08초 23

⑪ 일식분초(日食分初)

음력과 양력에서 정삭이 교점으로부터 떨어진 각도(陰陽曆去交前後度)를 구하여 각각 음력과 양력의 일식 한계에서 감한 후 음력과 양력의 정법으로 나누면 일식의 식분을 나타내는 일식분초가 계산된다. 8월의 정삭은 음력한이므로 음력한 8도에서 음력 교전도를 감한 후 정법으로 나누어 일식분초를 구한다.

a) 교식가령

食分 = (陰曆限 - 去交前後度) × 1/80

= (8도 - 1도 88분 43초 62) × 1/80

= 7분 64초 45

b) 교식추보

食分 = (陰曆限 - 去交前後度) × 1/80

= (8도 - 1도 50분 08초 23) × 1/80

= 8분 12초 39

⑫ 정한행도(定限行度)

정한행도는 달의 태양에 대한 상대 운동 도수를 뜻하는 것으로 정삭의 시각에 달의 한행도에서 태양의 한행분을 감하여 구한다. 정삭에서 달의 한행도는 정삭의 입지질력에 달의 1일 행도 12한 20분을 곱하여 정한(定限)을 구한 다음 태음한수지질도에서 정한에 해당하는 한행도를 찾아서 구한다.

a) 교식가령

定朔 入遲疾曆 = 經朔 入遲疾曆 ± 加減差

定限 = 定朔 入遲疾曆 × 12한 20분

　　　 = (4도 98분 52초 65 + 2015분 5) × 12한 20분

　　　 = 63.279143한

　　　　63한에서의 달의 지력 한행도는 1도 06분 02초이므로

定限行度 = 1도 06분 02초 - 820분

　　　　　 = 0도 97분 82초 1

b) 교식추보

定朔 入遲疾曆 = 經朔 入遲疾曆 ± 加減差

定限 = 定朔 入遲疾曆 × 12한 20분

　　　 = (4도 98분 52초 65 + 2185분 5) × 12한 20분

　　　 = 63.486543한

定限行度 = 1도 06분 22초 - 820분 08

　　　　　 = 0도 97분 82초 35

⑬ 정용분(定用分)과 초휴(初虧)와 복원(復圓)의 시각

일식에서 정용분(定用分)은 달이 태양을 가리기 시작하는 초휴(初虧)의 순간부터 식의 중심까지 가는 데 걸리는 시간으로 초휴에서 식심까지의 거

리를 달이 태양에 대하여 움직이는 상대 속도로 나누어 계산한다. 초휴의 시각은 식심정분에서 정용분을 감하여 얻고 복원(復圓)의 시각은 식심정분에 정용분을 가하여 얻는다.

a) 교식가령

정용분(定用分) = 초휴에서 식심까지의 거리 ÷ 달의 태양에 대한 상대속도

$$= \sqrt{(20분 - 일식분) \times 일식분} \times 5740/정한행도$$

$$= \sqrt{(20분 - 7분\ 64초\ 45) \times 7분\ 64초\ 45} \times 5740/(97.821)$$

$$= 570분\ 27$$

초휴(初虧) = 식심정분 - 정용분

= 7283분 31 - 570분 27

= 6713분 04

복원(復圓) = 식심정분 + 정용분

= 7283분 31 + 570분 27

= 7853분 58

b) 교식추보

정용분(定用分) = 초휴에서 식심까지의 거리 ÷ 달의 태양에 대한 상대속도

$$= \sqrt{(20분 - 일식분) \times 일식분} \times 5740/정한행도$$

$$= \sqrt{(20분 - 8분\ 12초\ 23) \times 8분\ 12초\ 23} \times 5740/(97.8235)$$

$$= 576분\ 35$$

초휴(初虧) = 식심정분 - 정용분

= 7478분 66 - 576분 35

= 6902분 31

복원(復圓) = 식심정분 + 정용분

= 7478분 66 + 576분 35

= 8055분 01

(월식)

8월의 정망일은 『교식가령』에 10일 6665분 015로 계산되었고 『교식추보법』에는 10일 6214분 625로 계산되었다. 정망의 계산 이후 월식의 계산 과정과 그 결과를 알아보면 다음과 같다.

① 유전분(酉前分)

월식이 일어나는 시간이 자정과 오중을 전후로 하여 얼마만큼 떨어진 곳에서 일어나는가 알아보는 계산이다. 유전분(酉前分)은 일하분이 1/2 이상, 3/4 이하가 될 때 일하분(日下分)에서 반일주를 감하여 얻는다.

a) 교식가령

酉前分 = 6665분 015 - 5000분
    = 1665분 015

b) 교식추보

酉前分 = 6214분 625 - 5000분
    = 1214분 625

② 시차(時差)와 식심정분(食甚定分)

시차는 월식의 식심 시각과 정망 시각의 시간차를 의미하며 일주(日周)에서 유전분을 감한 값을 다시 100으로 나누어 계산한다. 그리고 식심정분은 정망의 일하분에 시차를 보정하여 얻는다.

a) 교식가령

時差 = |食甚 時刻(食甚定分) - 定望의 時刻(定望의 日下分)|
   = (日周 - 酉前分) × 1/100

$$= (10000분 - 1665분 015) \times 1/100$$
$$= 83분 498$$

食甚定分 = 定望의 日下分 + 時差
$$= 6665분 015 + 83분 498$$
$$= 6748분 36$$

b) 교식추보

時差 = |食甚 時刻(食甚定分) - 定望의 時刻(定望의 日下分)|
$$= (日周 - 酉前分) \times 1/100$$
$$= (10000분 - 1214분 625) \times 1/100$$
$$= 87분 8537$$

食甚定分 = 定望의 日下分 + 時差
$$= 6214분 625 + 87분 8537$$
$$= 6302분 47$$

③ 식심 입축력(食甚入縮曆)과 식심 입축력정도(食甚入縮曆定度)

식심의 입축력은 하지 이후 식심까지의 일수를 말하며 식심 입축력정도
는 식심의 입축력일수에 영축차를 가감하여 계산한다.

a) 교식가령

食甚의 入縮曆日數 = 經望의 入縮曆日數 + 定望日 + 食甚定分 - 經望日 全分
$$= 103일 2974분 055 + 10일 + 6748분 36 - 11일 2336분 555$$
$$= 102일 7385분 86$$

食甚의 入縮曆定度 = 食甚의 入縮曆 - 縮差
$$= 102일 7385분 86 - 2도 37분 25초 36$$
$$= 100도 36분 58초 90$$

b) 교식추보

食甚의 入縮曆日數 = 經望의 入縮曆日數 + 定望日 + 食甚定分 − 經望日 全分
$\qquad$ = 103일 2974분 055 + 10일 + 6302분 47 − 11일 2336분 555
$\qquad$ = 102일 6939분 97

食甚의 入縮曆定度 = 食甚의 入縮曆 − 縮差
$\qquad$ = 102일 6939분 97 − 2도 37분 29초 78
$\qquad$ = 100도 32분 10초 19

④ 음력교후도(陰曆交後度)

식이 교점에서 일어나지 않고 황도 이북과 이남의 음력과 양력에서 있게 될 때 교점으로부터 식이 일어나는 정망까지의 전후 각도를 말한다. 교정 도가 교중도보다 작으면 양력에 있게 되고 크면 음력에 있게 되며, 양력에 들어선 각도가 전준보다 크면 양력 교전도가 되고 음력에 들어선 각도가 후준보다 작으면 음력 교후도가 된다. 음력 교후도는 교정도에서 교중도를 감하여 구한다. 이 경우는 정망의 계산이 고려되지 않으므로 『교식가령』과 『교식추보법』의 결과는 같다.

a) 교식가령

交定度 = 交省度 − 縮差 = (經望의 入交汎日 × 月平行) − 縮差
$\qquad$ = 14일 0492분 19초 5 × 13도 36분 87초 5 − 2도 36분 91초 53
$\qquad$ = 185도 36분 71초 27

陰曆交後度 = 交定度 − 交中度
$\qquad$ = 185도 36분 71초 27 − 181도 89분 67초
$\qquad$ = 3도 47분 04초 27

b) 교식추보

交定度 = 交常度 − 縮差 = (經望의 入交汎日 × 月平行) − 8月望 縮差
$\qquad$ = 14일 0492분 19초 5 × 13도 36분 87초 5 − 2도 36분 91초 53

$$= 185도\ 36분\ 71초\ 27$$
$$陰曆交後度\ =\ 交定度\ -\ 交中度$$
$$=\ 185도\ 36분\ 71초\ 27\ -\ 181도\ 89분\ 67초$$
$$=\ 3도\ 47분\ 04초\ 27$$

⑤ 월식분초(日食分初)

정망이 교점으로부터 떨어진 각도를 월식의 한계 도수인 13도 05분에서 감한 후, 월식의 최대 식분이 15분이 되도록 정한 정법 87로 나누면 월식 분초가 계산된다. 즉 8월 정망의 경우는 위에서 구한 음력 교후도를 월식 한에서 감하여 정법으로 나누어 주면 월식분초를 얻는다. 『교식가령』과 『교식추보법』에서 음력 교후도의 값이 같게 계산되었으므로 월식분초의 결과도 같게 계산된다.

$$식분(食分)\ =\ (月食限\ -\ 去交前後度)\ \times\ 1/80$$
$$=\ (13도\ 05분\ -\ 3도\ 47분\ 04초\ 27)\ \times\ 1/87$$
$$=\ 11분\ 01초\ 10$$

⑥ 정한행도(定限行度)

정망의 정한행도는 정망의 시각에 1한 동안 달이 태양을 앞서가는 상대 운동 도수를 구하는 것으로 정망에서 달이 1한 동안 움직인 운행도수를 구한 다음 태양의 한행분을 감하여 구한다. 정삭에서 달의 한행도는 정삭의 입지질력에 달의 1일 행도 12한 20분을 곱하여 정한(定限)을 구한 다음 태음한수지질도에서 정한에 해당하는 한행도를 찾아서 구한다.

a) 교식가령
　定望 入遲疾曆 = 經望 入遲疾曆 ± 定望의 加減差

$$= 5일\ 9735분\ 555\ -\ 5671분\ 5306$$

$$= 5일\ 4064분\ 0244$$

定限 = 定望 入遲疾曆 × 12한 20분

$$= 5일\ 4064분\ 0244초 × 12한\ 20분$$

$$= 65.95810977$$

　　　65한에서의 달의 疾曆 限行度는 1도 12분 87초이므로

定限行度 = 1도 12분 87초 - 820분

$$= 1도\ 04분\ 67초$$

b) 교식추보

定望 入遲疾曆 = 經望 入遲疾曆 ± 定望의 加減差

$$= 5일\ 9735분\ 555\ -\ 6121분\ 93$$

$$= 5일\ 3613분\ 62초\ 5$$

定限 = 定望 入遲疾曆 × 12한 20분

$$= 5일\ 3613분\ 62초\ 5 × 12한\ 20분$$

$$= 65.40862250한$$

定限行度 = 1도 12분 87초 99 - 820분 08

$$= 1도\ 04분\ 67초\ 91$$

⑦ 정용분(定用分), 기내분(旣內分), 기외분(旣外分)

　정용분은 일식에서 달이 초휴에서 식심까지 움직이는 데 걸리는 시간으로 초휴에서 식심까지의 거리를 달이 태양에 대하여 움직이는 상대 속도로 나누어 계산한다.

a) 교식가령

정용분(定用分) = 초휴에서 식심까지의 거리 ÷ 달의 태양에 대한 상대속도

$$= \sqrt{(30분-월식분초)×월식분초} × 4920/정한행도$$

$$= \sqrt{11.0110분×(30분-11.0110분)} × 4920/104.67$$

$$= 679분\ 68초$$

기내분(旣內分) = 식기에서 식심까지의 시간

$$= \sqrt{(월식분초-10분) \times [15분-(월식분초-10분)]} \times 4920/정한행도$$

$$= \sqrt{(11.0110분-10분) \times [15분-(11.0110분-10분)]} \times 4920/104.67$$

$$= 176분\ 77초$$

기외분(旣外分) = 초휴에서 식기까지 또는 식심에서 생광까지의 시간

$$= 정용분\ -\ 기내분$$

$$= 679분\ 68초\ -\ 176분\ 77초$$

$$= 502분\ 91초$$

b) 교식추보

정용분(定用分) = $\sqrt{(30분-월식분초) \times 월식분초} \times 4920/정한행도$

$$= \sqrt{11.0110분 \times (30분-11.0110분)} \times 4919.92/104.6791$$

$$= 679분\ 61초$$

기내분(旣內分) = 식기에서 식심까지의 시간

$$= \sqrt{(월식분초-10분) \times [15분-(월식분초-10분)]} \times 4920/정한행도$$

$$= \sqrt{(11.0110분-10분) \times [15분-(11.0110분-10분)]}$$
$$\times 4919.92/104.6791$$

$$= 176분\ 75분$$

기외분(旣外分) = 초휴에서 식기까지 또는 식심에서 생광까지의 시간

$$= 정용분\ -\ 기내분$$

$$= 679분\ 61초\ -\ 176분\ 75초$$

$$= 502분\ 86초$$

⑧ 초휴(初虧), 식기(食旣), 식심(食甚), 생광(生光), 복원(復圓)의 시각

a) 교식가령

초휴(初虧) = 식심정분 - 정용분

$$= 6748분\ 36\ -\ 679분\ 68초$$

$$= 6068분\ 68$$

식기(食既) = 초휴 + 기외분

　　　　 = 6068분 68 + 502분 91초

　　　　 = 6271분 59

식심(食甚) = 초휴 + 정용분

　　　　 = 6068분 68 + 679분 68초

　　　　 = 6748분 36

생광(生光) = 식심분 + 기내분

　　　　 = 6748분 36 + 176분 77초

　　　　 = 6925분 13

복원(復圓) = 생광 + 기외분

　　　　 = 6925분 13 + 502분 91초

　　　　 = 7428분 04

b) 교식추보

초휴(初虧) = 식심정분 - 정용분

　　　　 = 6302분 47 - 679분 61초

　　　　 = 5622분 86

식기(食既) = 초휴 + 기외분

　　　　 = 5622분 86 + 502분 86초

　　　　 = 6125분 72

식심(食甚) = 초휴 + 정용분

　　　　 = 5622분 86 + 679분 61초

　　　　 = 6302분 47

생광(生光) = 식심분 + 기내분

　　　　 = 6302분 47 + 176분 75초

　　　　 = 6479분 22

복원(復圓) = 생광 + 기외분

　　　　 = 6479분 22 + 502분 86초

　　　　 = 6982분 08

3) 칠정산 내편에 의한 일월식 계산 결과의 정확도

『칠정산 내외편』이 완성된 이후로 서운관에서는 일월식의 계산을 내편과 외편 그리고 중수 대명력에 의한 세 가지 역법으로 추산하였다.[131] 그리고 시헌력이 시행된 이후에도 시헌력에 의한 일월식의 추보와 함께 이들 세 역법에 의한 일월식 추보가 계속되었다. 이러한 추보 방식이 언제까지 계속되었는지 명확하지 않다. 다만 영조 26년(1750) 11월의 월식 추보 이후 로는 이들 세 역법에 의한 추보 기록이 보이지 않으며 순조시대 (1801-1834) 이후의 일월식 예보에서 『조선왕조실록』은 분명히 시헌력의 추보만을 전하고 있다.

『칠정산 내편』에 의한 일월식 예보 시각은 위에 설명한 두 가령을 비롯 하여 『조선왕조실록』과 『승정원일기』 등에서 그 기록을 찾아볼 수 있다. 그러나 두 가령의 경우와 달리 전하는 대부분의 기록들은 예보 시각을 정확히 기록하고 있지 않고 있어서 그 정확성을 검토하기가 불가능하였다. 따라서 『조선왕조실록』과 『승정원일기』에 전하는 기록은 일월식의 예보 시각을 각(刻)의 단위까지 전하는 기록만을 모아 현대의 계산 결과[132]와 비교하였고, 식이 일어나는 시각을 비롯하여 식심 시각과 복원의 시각 그리고 식의 정도와 식이 일어나는 천구상의 위치까지 전하는 두 가령의 경우는 다음과 같이 따로 비교하였다.

---

131) 『世宗實錄』卷 101: 4a(25年 7月 己未).

132) 현대 방법에 의한 일월식 계산은 Macintosh에 내장된 Voyger Ⅱ program을 이용하였다.

표 4-24. 丁卯年 8月 日食의 계산 결과

	丁卯年 交食假令	交食推步法	현재의 계산법
食甚宿次	翼宿 18度 05分 2244	翼宿 17度 76分 1685	11h 43.9m. + 01° 44′
日食分初	7分 64秒 45	8分 12秒 39	7分 33秒 33
初虧時刻	申正 0刻 556分 48	申 2刻 427分 72	酉初 0刻 883分(17:10)
食甚時刻	酉初 1刻 1219分 72	酉初 3刻 1143分 92	酉正 1刻 466分(18:20)
復圓時刻	酉正 3刻 642分 96	戌初 1刻 460分 12	戌初 0刻 1166分(19:14)

표 4-25. 丁卯年 8月 月食의 계산 결과

	丁卯年 交食假令	交食推步法	현재의 계산법
食甚宿次	奎宿 3度 58分 0579	奎宿 3度 16分 5678	00h 36.8m. + 03° 30′
日食分初	11分 01秒 10	11分 01秒 10	
初虧時刻	未正 2刻 424分 16	未初 2刻 0074分 32	未正 1刻 633分(14:21)
食旣時刻	申 3刻 259分 08	未正 2刻 1018分 08	申初 1刻 1050分(15:27)
食甚時刻	申正 0刻 980分 32	申初 0刻 0629分 64	申正 0刻 833分(17:10)
生光時刻	申正 2刻 701分 56	申初 2刻 0350分 64	申正 3刻 983分(18:55)
復圓時刻	酉初 3刻 536分 48	申正 3刻 0184分 96	戌初 3刻 816分(19:57)

정묘년 8월의 일식 계산은 『교식가령』보다 『교식추보법』의 계산 결과가 현재의 계산 결과와 더욱 잘 일치함을 보이나 월식의 계산은 반대로 『교식가령』이 『교식추보법』의 결과보다 현재의 결과와 더욱 잘 일치함을 보인다. 『교식가령』은 『칠정산 내편』의 방법을 그대로 따르고 있는 반면 앞에서 언급한 대로 『교식추보법』은 가감차의 계산에서 대통력의 방법을 따랐고 태양의 한행분 값을 820분보다 정확한 820분 08로 계산하였으며 월식의 계산에 사용되는 상수 값 4920을 4919.92로 고쳐 계산하였다. 이 상수 값들은 수시력의 방법도 대통력의 방법도 아니며 『칠정산 내편』의 방법도 아니다. 『교식가령』보다 뒤에 간행된 『교식추보법』은 분명히 『칠정산 내편』에 의한 일월식 계산 방법에 수정을 가한 것이라고 생각이 된다. 그러나 위의 표는 월식의 계산에서 오히려 그 오차가 더 크게 계산되었음을 보여준다.

『교식추보법』의 서문[133]에는 세조(世祖)가 역법이 가업(家業)임을 언급하면서 이순지에게 세종조에서 역법의 일을 전승했으니 김석제(金石悌)와 더불어 세종께서 만드신 『교식추보법』과 『산송(算誦)』에 대하여 가령과 주해를 지어서 바치라고 명한 내용이 보인다. 이로 미루어 『교식추보법』은 이미 세종시대에 완성된 것임을 알 수 있다. 『교식가령』이 있음에도 불구하고 같은 시대에 『교식추보법』을 새로이 만들게 된 정확한 이유는 알 수 없다. 그리고 『교식추보법』이 편찬된 이후의 일월식 추보가 『교식가령』에 따른 것인지 『교식추보법』을 따른 것인지도 확실하지 않다.

『칠정산 내편』에 의한 일월식의 추보 시각을 각(刻)의 단위까지 전하는 기록은 다음의 표와 같다.

표 4-26. 七政算內篇에 의한 일식 계산과 현재의 계산 결과 비교

	七政算 內篇의 推步(기록)	현재의 계산 결과	차이 값
1447. 08. 01(庚申)	申正 0刻 556分 48(16h 07m)	酉初 0刻 883分(17h 10m)	1h 03m
1720. 01. 01(戊辰)	酉初 1刻(초휴) (17h 14m)	戌初 2刻 1100分(19h 42m)	2h 28m
1747. 07. 01(己丑)	申正 2刻(초휴) (16h 29m)	酉正 1刻 466分(18h 20m)	1h 51m

표 4-27. 七政算內篇에 의한 월식 추보와 현재의 계산 결과 비교

	七政算 內篇의 推步(기록)	현재의 계산 결과	차이 값
1447. 08. 15(甲戌)	未正 2刻 424分 16(14h 34m)	未正 1刻 633分(14h 21m)	12m
1670. 02. 15(丙申)	酉初 3刻(초휴) (17h 43m)	酉初 2刻 933分(17h 40m)	3m
1706. 01. 16(辛巳)	酉正 0刻(복원) (18h 00m)	戌初 1刻 216分(19h 17m)	1h 17m
1738. 12. 16(甲午)	卯正 2刻(초휴) (06h 29m)	卯初 1刻 883分(05h 25m)	1h 04m
1750. 11. 15(戊辰)	酉初 0刻(복원) (17h 00m)	酉正 0刻 333分(18h 04m)	1h 04m

위에 조사된 자료에서 정묘년(1447) 8월의 일월식 기록과 『승정원일기』에 전하는 영조 23년(1747) 7월의 일식 기록과 영조 14년(1738) 12월의 월

---

133) 李純之, 金石悌, 『交食推步法』 序.

식 기록을 제외하고는 모두 『조선왕조실록』에 전하는 기록이다. 『조선왕조실록』에 전하는 예보 시각은 대부분이 시(時) 단위까지였으며 각(刻)의 단위까지 전하는 기록들은 위의 표에 조사된 내용이 전부이다. 따라서 위의 자료만으로는 내편에 의한 일월식 계산의 오차를 정확히 말하기가 어렵다. 다만 위의 기록들로 보아 『칠정산 내편』의 편찬 년도와 멀어질수록 그 오차가 커지고 있음이 분명하며 월식의 계산이 일식의 계산보다 정확도가 높았다는 사실을 알 수 있다.

제5장 칠정산 내편과 참고 역법의 비교

『칠정산 내편』은 수시력을 기본으로 하면서 대통력과 대통력통궤의 장점을 보완하여 보다 이해하기 쉽고 사용하기 편리하도록 만들었다. 이러한 사실은 『칠정산 내편』과 참고 역법인 수시력과 대통력에 수록된 내용의 비교를 통해서 알 수 있다. 따라서 각 역법에 실린 내용의 항목과 천문 상수 그리고 입성과 계산법을 비교하여 보면 『칠정산 내편』의 특징과 참고 역법과의 차이점 등을 보다 자세히 알 수 있다.

　이들의 비교를 위하여 『칠정산 내편』은 『조선왕조실록』을 참고하였고 수시력은 『원사(元史)』의 역지(曆志)와 세종시대에 간행된 왕순(王恂)의 『수시력 입성』을 참고하였다. 그리고 대통력과 대통력통궤는 『명사(明史)』의 역지와 이순지와 김담이 편찬한 6권의 통궤본을 참고로 하였다.

1. 내용의 항목 비교

　『원사』 역지에는 서문에 이어지는 수시력의(授時曆議) 상하(上下)와 수시력경(授時曆經) 상하로 나뉘어져 각각 수시력의 법원(法原)과 추보를 싣고 있고, 명사 역지에는 역법연혁(曆法沿革)에 이어 대통력법법원(大統曆法法原) 상하와 대통력법입성(大統曆法立成) 그리고 대통력법추보(大統曆法推步)의 세 부분으로 나뉘어져 각각 대통력의 법원과 입성 그리고 추보를 싣고 있다. 명사 역지와 달리 원사에는 입성을 전하지 않고 있다. 그러나 고려사 역지의 수시력에는 수시력입성이 실려 있고 별개로 원나라 왕순이 편찬한 『수시력입성』이 규장각본으로 전하고 있어, 수시력에 원래 입성이 없었던 것이 아니라 원사에서 단순히 입성을 실지 않은 것임을 알 수 있다. 이에 대하여 『칠정산 내편』은 법원이나 입성의 항목이 별도로 있지 않고 법원의 설명과 필요한 입성을 각 항목에 함께 싣고 있다. 각 역법에 실린 내용의 항목을 알아보면 다음과 같다.

표 5-1. 內容의 항목 비교

授時曆(元史)	大統曆(明史)	七政算內篇
曆一 (第52卷)	曆一 (第31卷)	上卷 (第156卷)
授時曆議 上卷	曆法沿革	天行諸率
驗氣		日行諸率
歲餘歲差	曆二 (第32卷)	月行諸率
冬至刻	大統曆法一上 法原	日月食
古今曆參考疏密	句股測望	第一 曆日
周天列宿度	弧矢割圓	
日躔	黃赤道差	中卷 (第157卷)
日行盈縮	黃赤道相求立成	第二 太陽
月行遲疾	黃赤道內外度	第三 太陰
白道交周	白道交周	第四 中星
晝夜刻		
	曆三 (第33卷)	下卷 (第158卷)
曆二 (第53卷)	大統曆法一下 法原	第五 交食
授時曆議 下卷	太陽盈縮平立定三差之原	日食
交食	太陰遲疾平立定三差之原	月食
定朔	五星盈縮平立定三差之原	第六 五星
不用積年日法	里差漏刻	第七 四餘星
	黃道每度晝夜刻立成	二至後日出入晝夜辰刻
曆三 (第54卷)		
授時曆經 上卷	曆四 (第34卷)	
第一 步氣朔	大統曆法二 立成	
第二 步發斂	太陽盈縮立成	
第三 步日躔	冬夏二至後晨昏分立成	
第四 步月離	太陰遲疾立成	
	五星盈縮入曆度率立成	

授時曆(元史)	大統曆(明史)	七政算內篇
曆四 (第55卷)		
授時曆經 下卷	曆五 (第35卷)	
第五 步中星	大統曆法三上 推步	
第六 步交會	步氣朔	
第七 步五星	步日纏	
	步月離	
	步中星	
	曆五 (第35卷)	
	大統曆法三下 推步	
	步交會	
	步五星	
	步四餘	

　원사 역지는 그 서문에 황제(黃帝)와 요순(堯舜)시대로부터 치력(治曆)을 중시하였던 사실과 한(漢)나라의 유흠(劉歆)이 적년일법(積年日法)을 세워 추보하는 법을 시작한 이래 후대의 역가들이 이를 따르게 되었음을 언급하면서 원(元)나라 초기에 금(金)의 중수 대명력을 이어서 사용하다가 수시력을 만들게 되기까지의 연유를 설명하고 있다. 이어서 수시력의(授時曆議) 상권에는 험기(驗氣)와 세여세차(歲餘歲差) 등의 법원을 설명하고 있다. 험기에는 지원 14년에서 17년 사이 98회에 걸쳐 측정한 그림자 길이의 값이 실려 있으며, 세여세차에는 1년의 길이인 365.2425일에서 60간지로 표현되는 역일(曆日)의 계산을 쉽게 하기 위하여 60의 배수인 360과의 차를 나타내는 세여(歲餘)와 해의 도수와 주천(周天)의 도수 차인 세차(歲差)를 설명하고 있다. 동지각(冬至刻)에는 역대 역법에서 정한 동지일과 수시력에서 측정한 동지 시각이 기록되어 있고 이어서 고금력참고소밀(古今曆參考疏密)에는 역대 역법의 동지와 수시력에서 정한 동지 간에 떨어진 시간차를 년수와 날로 기록하고 있다. 주천열수도(周天列宿度)에는 각 역법에서 정한 28수(宿)의 거도(距度)가 나열되어 있으며 일행영축(日行盈縮)과 월행지질(月行遲疾)에는 해와 달의 운동에 빠르고 느림이 있음을 설

명하고 있다. 백도교주(白道交周)에는 백·적도의 교점과 황·적도의 교점 간의 관계를 구하고 있고 주야각(晝夜刻)에는 하루를 100각으로 하여 12진 (辰)으로 나눌 때 1진이 8각 1/3이 됨과 동지와 하짓날 북경의 일출입 시각과 주야각을 언급하면서 입출입의 시각이 각 지방의 북극고도에 따라 같지 않음을 설명하고 있다. 수시력의(授時曆議) 하권에는 교식(交食)과 정삭(定朔) 그리고 적년(積年)과 일법(日法)에 대하여 기록하고 있다. 교식에는 역법에 따라 교식의 추보가 같지 않고 그 방법 또한 쉽지 않음을 언급하면서 과거에 일어났던 일식과 월식의 기록을 수시력의 추보와 비교하였다. 정삭의 항목에는 해와 달이 하루 평균 운행하는 행도에서 영축과 지질 운동에 따른 손익분(損益分)을 가감하여 정삭을 구한다는 설명과 함께 수(隋)의 유작(劉焯)이 처음으로 정삭을 채용하였으나 시행되지 못하였고 당(唐)의 부인균(傅仁均)이 만든 무인력(戊寅曆)에 와서 그 시행이 되었으나 정관(貞觀) 19년(645)에 큰 달이 연속해서 4번 있게 되는 일이 일어나 중단된 사실과 그 뒤 이순풍(李淳風)이 이를 조금 고쳐 진삭법(進朔法)으로 사용한 일 등에 대하여 언급하였다. 그리고 불용적년일법(不用積年日法)의 항목에는 과거 각 역법에서 사용한 적년과 일법을 소개하면서 적년 일법을 사용하지 않는 수시력에서 정한 지원(至元) 18년의 기응(氣應)과 윤응(閏應) 그리고 경삭(經朔)의 값을 전하고 있다.

수시력경(授時曆經) 상권에는 기삭(氣朔)과 발렴(發斂) 그리고 일전(日躔)과 월리(月離)에 대한 추보법을 그리고 수시력경 하권에는 중성(中星)과 교회(交會) 그리고 오성(五星)에 대한 추보법을 설명하였다.

『명사』 역지는 역대 역법의 연혁을 소개한 역상연혁(曆象沿革)에 이어 대통력의 법원을 밝히는 대통력법원 상하와 입성 그리고 추보의 항목으로 구성되어 있다. 대통력법원의 상권은 구고측망(句股測望), 호시할원(弧矢割圓), 황적도차(黃赤道差), 황적도상구호시제율입성(黃赤道相求弧矢諸率立成), 황적도내외도(黃赤道內外度), 백도교주(白道交周)의 항목으로 나뉘어져 있다. 상권의 법원에는 황도상에 있는 태양의 위치로부터 적도상의 위치와 그에 대응하는 태양의 적위를 구하는 문제에서 구면상의 각과 호(弧)의

관계를 직접 풀 수가 없어 호와 현(弦) 혹은 시(矢)와의 관계로 고치는 호
시할원법을 설명하고 있다. 그리고 이어 이 방법에 삼각형의 비례 관계를
이용하여 황적도의 변환을 한 계산의 결과를 황적도차와 황적도상구호시제
율입성에 싣고 있다. 마지막으로 백도교주에는 백도·적도의 교점과 황도·
적도의 교점 간의 관계를 구하는 계산을 설명하고 있다. 대통력법원의 하권
은 평립정삼차지원(平立定三差之原)의 각 항목에서 해와 달과 오행성의 중
심차 계산을 위한 입성과 그 계수를 구하고 있고, 이차각루(里差刻漏)에는
북극고도에 따라 동지와 하지에 태양이 출입하는 시각차가 같지 않음을 설
명하면서 이어지는 황도매도주야각입성(黃道每度晝夜刻立成)에는 황도상의
태양이 매 1도 운행하는 도수에 따라 계산된 주야각을 싣고 있다.

대통력법 입성에는 해와 달과 오행성의 부등 운동에 대한 계산표를 싣고
있고 대통력법 추보의 상권에는 기삭과 일전 그리고 월리와 중성에 대한
추보법을 그리고 하권에는 교회와 오성 및 사여(四餘)에 대한 추보법을 설
명하였다.

『칠정산 내편』은 상권에 천문상수와 역일의 추보를 싣고 있으며 중권에
태양과 태음 그리고 중성에 대한 추보를 그리고 하권에는 교식과 오성 및
사여성(四餘星)에 대한 추보를 싣고 있다. 수시력이나 대통력과 달리 계산
에 필요한 천문 상수를 서두에 제시하고 있고 추보에 필요한 입성과 법원
은 각 추보의 항목에 함께 싣고 있다. 그리고 동지와 하지 후 한양의 일출
입과 주야의 시각을 진(辰)과 각(刻)으로 나타낸 이지후일출입주야진각(二
至後日出入晝夜辰刻)의 표를 책의 말미에 싣고 있다.

수시력의 기삭과 발렴에 대한 추보는 대통력에서 기삭으로 통합하였고『
칠정산 내편』은 이 추보의 명칭을 역일로 바꾸었다. 또한『칠정산 내편』은
일전과 월리에 대한 추보의 명칭을 태양과 태음으로 바꾸었으며 대통력을
따라 사여에 대한 계산을 추보의 항목에 첨가하면서 그 명칭을 사여성으로
바꾸었다. 명사의 대통력은 법원의 항목에서 해와 달과 오행성의 중심차 계
산에 사용된 초차법을 평립정삼차지원(平立定三差之原)의 표로 설명하고
있고 또 입성의 항목에서 해와 달과 오행성의 부등 운동에 대한 입성을 따

로 싣고 있다. 그리고 할원호시도(割圓弧矢圖)를 비롯하여 월도거차도(月道
距差圖)와 이지출입차도(二至出入差圖) 등의 도해(圖解)를 함께 싣고 있어
일월오성(日月五星)의 부등 운동과 황적도의 환산 방법에 대해서『원사』이
상으로 상세하게 서술하고 있다. 따라서『명사』의 역지는『원사』의 역지와
함께 수시력 연구에 없어서는 안 될 중요한 자료로 평가된다.

가장 나중에 편찬된『칠정산 내편』은 역원과 세실소장 하는 법은 수시력
을 따르면서 응수의 일부 값은 1368년을 역원으로 하는 대통력을 따랐고
일월식 계산에 사용된 일부 상수 값 역시 대통력을 따르는 등 수시력과 대
통력의 장점을 선별하여 취하였다. 그러나 수시력의 입성을 내편에 옮겨
실으면서 입성에 잘못 기재된 수치를 그대로 옮긴 부분이 있고, 입성의 이
름은 수시력을 따르면서 그 내용은 대통력을 따라 입성의 제목과 내용이
맞지 않는 오류를 범하기도 하였다. 내용의 비교는『칠정산 내편』의 항목
을 기준으로 하여 역일, 태양, 태음, 중성, 교식, 오성, 사여성으로 나누어
각 항목의 세부 사항을 조사하였다.

1) 역일(曆日)의 항목

역일(曆日)은 절기(節氣)의 예보와 삭·현·망 등의 계산을 다룬 추보의
항목이다.『칠정산 내편』의 역일에 해당하는 각 역지의 항목과 그 항목의
내용을 조사하면 다음과 같다.

표 5-2. 曆日의 항목 비교

授時曆	大統曆	七政算內篇
(步氣朔)	(步氣朔)	(曆日)
推天正冬至	推天正冬至	推天正冬至
求次氣	推天正閏餘	推天正經朔
求弦望及次朔	推天正經朔	推沒日
求沒日	推天正盈縮	推滅日
求滅日	推天正遲疾	推五行用事
	推天正入交	氣候
(步發斂)	推各月經朔及弦望	推中氣去經朔
推五行用事	推各恒氣	推發斂加時
氣候	推閏在何月	推盈縮曆
推中氣去經朔	推各月盈縮曆	求盈縮初末限
推發斂加時	推初末限	太陽冬至前後二象盈初縮末限
	推盈縮差	太陽夏至前後二象縮初盈末限
	推各月遲疾曆	求盈縮差
	推遲疾限	推天正經朔入轉
	求遲疾差	太陰限數遲疾度
	推加減差	求遲疾差
	推定朔弦望	推加減差
	推各月入交	冬至後日出分
	推土王用事	夏至後日出分
	推發斂加時	求定朔弦望日
	推盈日	推天正經朔入交
	推虛日	
	推直日	

『칠정산 내편』의 역일에 해당하는 추보는 수시력에서 기삭(氣朔)과 발렴(發斂)의 두 부분으로 나누고 있고 대통력은 이를 기삭의 추보에서 모두 다루고 있다. 수시력은 기삭의 추보에 절기와 삭·현·망 그리고 몰일(沒日)과 멸일(滅日)의 계산을 실었으며 발렴의 추보에 오행(五行)의 배당과 기후(氣候) 그리고 윤월의 위치를 계산하는 방법과 일(日) 이하의 시각을 진(辰)과 각(刻)으로 구하는 방법을 실었다. 이에 대하여 대통력은 절기와 삭·현·망의 추보에서 태양의 영축차(盈縮差)와 달의 지질차(遲疾差)를 가감하여 정기(定氣)와 정삭(定朔)을 계산하는 방법과 천정경삭(天正經朔)의 입교일(入交日)로부터 각 월의 입교일을 추산하는 방법 등을 더하고 있다. 또한 대통력의 추보에는 수시력에 있는 몰일과 멸일에 대한 계산을 다루지지 않고 있으며 대신 영일(盈日)과 허일(虛日) 및 직일(直日)의 계산을 추가하고 있다. 여기서 영일과 허일은 각각 정기일과 정삭일을 의미하며 직일은 각 달의 정삭에서 달의 위치하고 있는 수도(宿度)를 나타낸다. 몰일은 평기(平氣)와 정기(定氣)가 일치하는 날이며 멸일은 평삭(平朔)과 정삭(定朔)이 일치하는 날이므로 대통력의 영일과 허일에 대한 추보는 수시력의 몰일과 멸일에 대응되는 추보라고 생각된다. 『칠정산 내편』은 역일의 추보에서 대통력을 따라 정기와 정삭 및 경삭의 입교일 계산을 더하고 있고 대통력에서 삭제한 몰일과 멸일의 계산을 다시 실었으며 이외에 태양의 동지전후이상영초축말한(冬至前後二象盈初縮末限)과 하지 전후이상축초영말한(夏至前後二象縮初盈末限)의 영축 운동 입성과 동지와 하지 후 한양의 일출입분(日出入分) 값을 추가하여 실었다.

위의 비교로부터 『칠정산 내편』의 역일 추보는 각각 수시력과 대통력의 내용을 절충하여 엮으면서도 계산을 위한 입성을 필요한 부분에 싣고 있는 점 등은 내편의 독자적인 체계에 따른 것임을 알 수 있다.

2) 태양(太陽)의 항목

태양의 추보에는 태양이 운행하는 행도와 천구상에서 태양이 소재하고 있는 위치를 추산하는 방법 등을 그 내용으로 하고 있다. 『칠정산 내편』의 태양에 해당하는 각 역지의 항목과 그 항목의 내용은 다음과 같다.

표 5-3. 太陽의 항목 비교

授時曆	大統曆	七政算內篇
(步日纏)	(步日纏)	(太陽)
推天正經朔弦望入盈縮曆	推天正冬至日躔赤道宿次	赤道宿度
求盈縮差	赤道度	推冬至赤道日度
求赤道宿度	黃道度	求四正赤道日度
推冬至赤道日度	求定象限度	求四正後赤道宿積度
求四正赤道日度	求四正定氣日	黃赤道率
求四正赤道宿積度	求四正相距日	推黃道宿度
黃赤道率	求四正加時黃道積度	推冬至加時黃道日度
推黃道宿度	求四正加時減分	黃道宿度
黃道宿度	求四正夜半積度	求四正加時黃道日度
推冬至加時黃道日度	求四正夜半黃道宿次	求四正定氣
求四正加時黃道日度	求四正夜半相距日	求四正相距日
求四正晨前夜半日度	求四正行度加減日差	太陽冬至前後二象行度
求四正後每日晨前夜半黃道日度	求每日夜半日度	太陽夏至前後二象行度
求每日午中黃道日度	黃道十二次宿度	求四正晨前夜半日度
求每日午中黃道積度		求四正相距度
求每日午中赤道日度		求累計度
黃道十二次宿度		求日差
求十二次時刻		求每日晨前夜半黃道日度
		求每日午中黃道日度
		求每日午中黃道積度
		求每日午中赤道日度
		黃道十二次宿度
		求十二次時刻

『칠정산 내편』의 태양에 대한 추보는 각각 수시력과 대통력의 보일전(步日纏)의 항목에 해당한다. 수시력은 이 항목에서 일전의 계산에 필요한 천문 상수의 제시와 천정경삭과 현·망일이 영축력에 들어선 일수와 영축차를 구하고 있고 이어서 동지 때 태양의 적도수도(赤道宿度)로부터 각 사정(四正)에 태양이 위치하는 적도수도를 계산하는 방법과 황적도 변환을 거친 후 동지를 비롯한 각 사정에서 태양의 황도수도(黃道宿度)를 구하는 방법 그리고 매일의 자정과 오중에 태양이 위치하고 있는 적도수도와 황도수도를 계산하는 방법 등을 싣고 있다. 이에 대하여 대통력은 천정경삭일의 입영축력과 영축차의 계산을 기삭의 추보에 싣고 있으므로 이를 생략하였고 나머지의 계산 방법은 수시력을 따랐다. 『칠정산 내편』은 태양의 계산에 필요한 천문 상수를 서두에 있는 일행제율(日行諸率)에 제시하였으므로 이를 생략하였고 천정경삭일의 입영축력과 영축차의 계산은 역일의 추보에 싣고 있으므로 이 역시 생략하였다. 그리고 대통력과 수시력에서 각각 입성의 항목에 싣고 있는 태양의 동지전후이상행도(冬至前後二象行度)와 하지 전후이상행도(夏至前後二象行度)를 태양의 항목에 실었다.

태양의 추보 항목 비교를 통하여 『칠정산 내편』은 계산에 필요한 입성을 추보의 항목에 함께 싣고 있는 점을 제외하고는 대통력의 서술 방식을 따르고 있음을 알 수 있다.

3) 태음(太陰)의 항목

태음은 달의 위치와 운동에 대한 계산을 그 내용으로 하고 있다. 달은 위상 변화에 따른 삭망 운동과 함께 황·백 교점에 대한 주기 운동 그리고 근지점에 대한 지질 운동을 하므로 이들의 관계를 고려하여 태음의 추보를 하고 있다. 『칠정산 내편』의 태음에 해당하는 각 역지의 항목과 그 항목의 내용은 다음과 같다.

표 5-4. 太陰의 항목 비교

授時曆	大統曆	七政算內篇
(步月離)	(步月離)	(太陰)
推天正經朔入轉	推朔後平交日	推定朔弦望加時黃道日月宿度
求弦望及次朔入轉	推平交入轉遲疾曆	推定朔弦望加時赤道月度
求經朔弦望入遲疾曆	推平交入限遲疾差	推朔後平交日及距後度
疾曆轉定及積度	推平交加減定差	推平交入轉遲疾曆
求朔弦望定日	推經朔加時中積	求平交入限遲疾差及加減定差
推定朔弦望加時日月宿度	推定交距冬至加時黃道積度及宿次	求平交及正交日辰
推定朔弦望加時赤道月度	黃道積度鈐	求經朔中積
推後平交入轉遲疾曆	推正交日辰時刻	推定交距冬至加時黃道積度及宿次
求正交日辰	推四正赤道宿次	求黃道正交在二至後初末限
推正交加時黃道月度	赤道積度鈐	求定差距差定限度
求正交在二至後初末限	推正交黃道在二至後初末限	求月離赤道正交宿度
求定差距差定限度	推定差度	求月離赤道正交後宿次積度入初末限
求四正赤道宿度	推距差度	求月離赤道正交後半交白道出入
求月離赤道正交宿度	推定限度	內外度及定差
求正交後赤道宿積度入初末限	推月度與赤道正交宿度	求晨昏分
求月離赤道正交後半交白道出入內外度及定差	推月度與赤道正交後積度入初末限	求定朔弦望加時及夜半晨昏入遲
求月離出入赤道內外白道去極度	推定差	求定朔弦望加時入遲相距及轉積度
求交月離白道赤道及宿次	推月定積赤道及宿次	求定朔弦望加時相距度及日差
求定朔弦望加時月離白道宿度	活象限例	求每日行定度
求定朔弦望加時及夜半晨昏入轉	推相距日	求每日黃道月行定積度
求夜半月度	推定朔弦望入盈縮曆及盈縮定差	求每日赤道月行定積度
求晨昏月度	推定朔弦望加時中積	求每日月離赤道交後積度及初末限
求每日晨昏月離白道宿次	推黃道加時定度	求月離出入赤道內外白道去極度
	推赤道加時定積度及宿次	求交月離白道定積度及宿次
	推正半中交後積度	求活象限
	推初末限	求各交距定朔弦望加時赤道積度及定
	推正半中交加時月道定積度	求定朔弦望加時月離白道宿度
	推定朔弦望加時月道宿次	遲疾轉定及積度
	推夜半入轉日	求定朔弦望夜半定積度及月度
	推加時入轉度	求定朔弦望晨昏定積度及月度
	遲疾轉定度鈐	求每日晨昏月離白道宿次
	推定朔弦望夜半入轉積度及宿次	赤道十二次宿度
	推晨昏入轉日及轉度	推赤道正交距宮界宿次積度
	推晨昏轉積及宿次	求宮界白道宿次
	推相距度	求白道交宮時刻
	推轉定積度	
	轉定積度鈐	
	推加減差	
	推每日離晨昏宿次	
	推月與赤道正交後宮界積度	
	推宮界定積度	
	推宮界宿次	
	推每月每日下交宮時刻	

『칠정산 내편』의 태음에 대한 추보는 각각 수시력과 대통력의 보월리(步月離)의 항목에 해당한다. 수시력은 이 항목에서 달의 운동에 대한 천문상수의 제시와 천정경삭(天正經朔)의 입전일 수 그리고 정삭·현·망일의 계산과 이때의 해와 달의 위치를 비롯하여 매일의 달의 위치를 계산하는 법 등을 내용으로 하고 있다. 이에 대하여 대통력과 『칠정산 내편』은 각각 기삭과 역일의 항목에서 천정경삭의 입전일과 정삭·현·망에 대한 계산을 하고 있으므로 보월리의 항목에서 이를 제외하였으나 대통력은 수시력의 추보 항목을 더욱 세분화하여 나누었다. 예를 들면 수시력의 삭후평교입전지질력(朔後平交入轉遲疾曆)은 대통력에서 삭후평교일(朔後平交日)과 평교입전지질력(平交入轉遲疾曆)으로 나누고 있고 수시력의 정차거차정한도(正差距差定限度) 경우는 대통력에서 정차와 거차. 정한도로 나누어 추보하고 있다. 이에 대하여 『칠정산 내편』은 대통력을 따라 추보의 항목을 세분한 경우도 있고 그대로 수시력을 따른 경우도 보인다. 이러한 정황으로 보아 태음의 추보에서 『칠정산 내편』은 수시력과 대통력의 형식을 절충하여 취한 것임을 알 수 있다.

4) 중성(中星)의 항목

중성에는 태양의 황도상의 도수에 따른 태양의 적위와 그에 대응되는 일출입 시각 및 주야각의 입성과 이 입성을 이용하여 매일의 일출분 및 주야각의 시각을 계산하는 방법 등을 그 내용으로 하고 있다. 『칠정산 내편』의 중성에 해당하는 각 역지의 항목과 그 항목의 내용을 조사하면 다음과 같다.

표 5-5. 中星의 항목 비교

授時曆	大統曆	七政算內篇
(步中星)	(步中星)	(中星)
黃道出入赤道內外去極度及半晝夜分	推每日夜半赤道	黃道出入赤道內外去極度及半晝夜分
求每日黃道出入赤道內外去極度	推夜半赤道宿度	求每日黃道出入赤道內外去極度
求每日半晝夜及日出入晨昏分	推晨距度及更差度	求每日半晝夜及日出入晨昏分
求晝夜刻及日出入辰刻	推每日夜半中星	求晝夜刻及日出入辰刻
求更點率	推昏旦中星	求更點率
求五更所在辰刻		求五更所在辰刻
求距中度更差度		求距中度更差度
求昏明五更中星		求昏明五更中星
求九服所在漏刻		

위의 조사에 따르면 수시력과『칠정산 내편』의 추보 내용은 거의 비슷하나 대통력에는 황도 매도에 대한 태양의 적위와 그에 대응되는 일출입분의 값의 입성과 경점을 구하는 항목이 빠져있음을 볼 수 있다. 그러나 대통력은 법원을 밝히는 상권과 하권에서 각각 태양의 적위를 나타내는 황적도내외도(黃赤道內外度)와 황도매도주야각(黃道每度晝夜刻)의 입성을 싣고 있으므로 대통력이 이들 입성을 단지 추보의 항목에 싣고 있지 않은 것임을 알 수 있다. 그리고 대통력에 실린 추보 항목의 내용을 자세히 살펴보면 혼단중성(昏旦中星)의 항목에 경점을 구하는 계산이 있어 이 역시 중성의 추보에 포함되어 있음을 알 수 있다.

항목의 비교를 통하여『칠정산 내편』에 있는 중성의 추보는 구복소재누각(九服所在漏刻)의 항목을 삭제한 것을 제외하면 완전히 수시력과 같음을 볼 수 있다. 또한 이순지와 김담이 편찬한『사여전도통궤(四餘躔度通軌)』의 발문[134]에 "다만 통궤 중 중성을 계산하는 한 편만은 전적으로 수시력경(授時曆經)의 구문(舊文)에 따라 증손한 바가 없으므로 인쇄하는 데에서 빠졌다."라는 내용이 있어『칠정산 내편』에서 중성 추보의 경우는 교정 없이 그대로 수시력을 따른 것임을 알 수 있다.

---

134)『四餘躔度通軌』跋文.

5) 교식(交食)의 항목

교식에는 일식과 월식이 일어나는 한계 각도를 비롯하여 일식과 월식이
일어나는 시각과 가리우는 정도 그리고 일어나는 위치 등의 추보 방법을
싣고 있다. 『칠정산 내편』의 교식에 해당하는 각 역지의 항목과 그 항목의
내용을 조사하면 다음과 같다.

표 5-6. 교식(交食)의 항목 비교

授時曆	大統曆	七政算內篇
(步交會)	(步交食)	(交食)
推天正經朔入交	陽食限	日月食限入交
求次朔望入交	陰食限	求定朔望及每日夜半入交
求定朔望及每日夜半入交	(推日食用數)	求定朔望加時入交
求定朔望加時入交	推交常度	(日食)
求交常交定度	推交定度	求定限行度
求日月食甚定分	推日食在正交中交限度	求交常交定度
求日月食甚入盈縮曆及日行定度	推中前中後分	求食在正交中交限度
求南北差	推時差	求中前中後分
求東西差	推食甚定分	求時差食甚及距午定分
求日食正交中交限度	推距午定分	求食甚入盈縮曆及定度
求日入陰陽曆去交前後度	推食甚盈縮差	求南北汎差
求月食入陰陽曆去交前後度	推食甚入盈縮曆行定度	求半晝分
求日食分初	推南北汎差	求南北定差
求月食分初	推南北定差	求東西汎差
求日食定用及三限辰刻	推東西汎差	求東西定差
求月食定用及三限五限辰刻	推東西定差	求食在正交中交定限度
求月食入更點	推正交中交定限度	求食入陰陽曆去交前後度
求日食所起	推日食入陰陽曆去交前後度	求日食分初
求月食所起	推日食分初	求定用及三限辰刻
求日月出入帶所見分數	推定用分	求日食所起
求日月食甚宿次	推初虧復圓時刻	求日入分

授時曆	大統曆	七政算內篇
	推日食起復方位	求日出入帶食所見分
	推食甚日躔黃道宿次	求日出入後未復光分
	推日帶食	(月食)
	(推月食用數)	求定限行度
	推交常度	求交常交定度
	推交定度	求卯酉前後分
	推食甚定分	求時差及食甚定分
	推食甚入盈縮曆行定度	求食甚入盈縮曆及定度
	推月食入陰陽曆	求食入陰陽曆去交前後度
	推交前交後度	求月食分初
	推月食分初	求定用及三限五限辰刻
	推月食定用分	求食入更點
	推月食三限時刻	求月食所起
	推月食五限時刻	求月出入帶食所見分
	推更點	求月出入後未復光分
	推月食入更點	求食甚宿次
	推月食起復方位	
	推食甚月離黃道宿次	
	推日帶食	

수시력은 보교회(步交會)의 추보에서 일식과 월식의 추보를 따로 구분하지 않고 있는 반면 대통력과 『칠정산 내편』은 교식의 추보에 각각 일식과 월식으로 나누어 계산하고 있음을 볼 수 있다. 그리고 대통력과 『칠정산 내편』은 수시력과 달리 식이 일어나는 식한(食限)을 먼저 제시하고 있고 동서차(東西差)와 남북차(南北差)의 시차(時差)의 계산에서 추보의 항목을 동서범차(東西汎差)와 정차(定差) 그리고 남북범차(南北汎差)와 정차로 나누고 있다. 그러나 수시력에 있는 동서차와 남북차의 내용을 조사해 보면 범차와 정차의 계산을 각 항목에서 함께 다루고 있으므로 이는 단지 추보의 항목을 세분한 것일 뿐 내용이 변한 것은 아니라는 사실을 알 수 있다. 따라서 위의 비교를 통하여 『칠정산 내편』의 교식 추보는 수시력보다 대통력의 형식을 따르고 있음을 알 수 있다.

6) 오성(五星)의 항목

오성에는 회합주기와 주천주기 등 각 행성과 관련된 천문상수와 행성의 겉보기 운동과 영축 운동을 고려한 행성의 위치 추보 등을 내용으로 하고 있다. 오성에 해당하는 각 역지의 항목과 그 항목의 내용을 조사하면 다음과 같다.

표 5-7. 오성(五星)의 항목 비교

授時曆	大統曆	七政算內篇
(步五星)	(步五星)	(五星)
木星	木星	木星
火星	火星	火星
土星	土星	土星
金星	金星	金星
水星	水星	水星
求天正冬後五星平合及諸段中積中星	推五星前後合	推天正冬後五星平合及諸段中積中星
求五星平合及諸段入曆	推五星中積日中星度	推五星平合及諸段入曆
求盈縮差	推五星盈縮曆	求盈縮差
求平合諸段定積	推五星盈縮差	求平合諸段定積及加時日分
求平合諸段所在月日	推定積日	求平合及諸段所在月日
求平合及諸段加時定星	推加時定日	求平合及諸段加時定星
求諸段初日晨前夜半定星	推所入月日	求諸段初日晨前夜半定星
求諸段日率度率	推定星	求諸段日率度率
求諸段平行分	推加時定星	求諸段平行分
求諸段增減差及日差	推加減分	求諸段增減差及日差
求前後伏遲退段增減差	推夜半定星及宿次	求前後伏遲退段增減差
求每日晨前夜半星行宿次	推日率度率	求每日晨前夜半星行宿次
求五星平合見伏入盈縮曆	推平行分	推黃道十二次交宮時刻
求五星平合及見伏行差	推汎差及增減差日差	求五星平合見伏入盈縮曆
求五星定合定見定伏汎積	推初日行分末日行分	求五星平合及見伏行差
求五星定合定積定星	推汎差諸段爲增減差縮差日差	求五星定合定見定伏汎積
求木火土三星定見伏定積日	推五星每日細行	求五星定合定積定星
求金水二星定見伏定積日	推五星順逆交宮時刻	求木火土星定見伏定積日
	推五星伏見	求金水二星定見伏定積日

수시력은 보오성(步五星)에서 각 행성의 천문상수와 영축 운동의 중심차 계산에 필요한 입차(立差)와 평차(平差) 및 정차(定差)의 계수 값을 제시하고 있다. 이어 겉보기 운동의 각 단계에 해당하는 각 단목에서 행성의 운행 도수를 나타내고 있고, 추보의 항목에는 오행성의 각 단에서 평균 운행 도수와 각 단에 드는 시각과 위치로부터 매일의 행도와 위치를 계산하는 방법 등을 설명하고 있다. 그러나 대통력의 경우 추보의 항목은 수시력과 비슷하나 각 행성의 천문상수를 제시하는 부분에서 중심차 계산에 필요한 계수의 값은 나타내지 않고 있음을 볼 수 있다. 이는 대통력이 법원을 설명하는 항목 중 오성의 평립정삼차지원(平立定差之原)의 입성에서 각 행성의 책수에 따른 행성의 운행 도수와 중심차 계산에 필요한 3차의 계수 값들을 이미 제시하고 있기 때문이다. 이에 대하여 칠정산 내편은 대통력과 같이 추보의 항목이 수시력과 비슷하나 각 행성의 천문상수를 제시하는 부분에서 중심차 계산에 필요한 3차의 계수를 실지 않고 있으며 법원의 항목에서 별도로 설명하고 있는 대통력과는 달리 이에 대한 언급이 없는 점과 수시력과 대통력의 경우 모두 입성의 항목에 싣고 있는 오성의 영축 입성을 추보의 항목에 함께 싣고 있는 점이 다르다.

따라서 오성 추보의 경우 중심차 계산에 대한 설명이 없는 점과 입성을 추보의 항목에 싣고 있는 점을 제외하고는 『칠정산 내편』이 대통력의 형식을 따르고 있음을 알 수 있다.

7) 사여성(四餘星)의 항목

사여성은 자기(紫氣)와 월패(月孛) 그리고 나후(羅睺)와 계도(計都)에 대한 운행 도수와 운행 주기 그리고 그 위치를 추산하는 방법 등을 싣고 있다. 수시력에는 사여성에 대한 추보 항목이 없고 수시력 입성에 그들의 매일 행도와 도율(度率)[135] 그리고 11한으로 나누고 있는 책수(策數)와 책

수의 도수를 기록하고 있다. 따라서 수시력은 입성에 실린 이들의 항목을
대신 비교하였다.

표 5-8. 사여성(四餘星)의 항목 비교

授時曆立成	大統曆	七政算內篇
(四暗星)	(步四餘)	(四餘星)
紫氣	四餘天文常數	紫氣
月孛	推四餘至後策	月孛
羅睺	推四餘周後策	羅計
計都	推四餘入各宿次初末度積日	推四餘至後策
策數(初限 – 11限)	推入初末度積日所在月日	推四餘周後策
	推四餘每日行度	推四餘入各宿次初末度積日
	推四餘交宮	推入初末度積日所在月日
	紫氣宿次日分立成	推四餘入十二次日時
	紫氣交官積日鈴	
	月孛宿次日分立成	
	月孛交宮積日鈴	
	羅計宿次日分立成	
	羅計交官積日鈴	

위의 표에 따르면 추보 항목의 이름이 각각 사암성(四暗星)과 보사여(步四
餘) 그리고 사여성으로 되어 있는 것을 볼 수 있다. 이들은 실제 보이는 천체
가 아니므로 사은성(四隱星) 또는 사은요(四隱曜)라고도 불리웠다. 수시력
입성에 보이는 사암성의 명칭은 이러한 사실과 관련하여 붙여진 이름인 듯하
다. 대통력은 간단하게 사여의 천문 상수를 제시한데 이어 사여의 위치 계산
에 대한 추보를 설명하고 있고 마지막으로 사여가 각 수(宿)를 지나는 데 걸
리는 일수와 각수 초도(初度)에 드는 적일(積日) 등에 대한 입성을 싣고 있
다. 이에 대하여 『칠정산 내편』은 천문상수와 관계 입성을 사여성 각각에 대
하여 싣고 있고 사여의 위치 계산에 대한 추보를 나중에 설명하고 있다.

135) 도율(度率)이란 사여(四餘)가 1도 운행하는 데 걸리는 일수를 말한다.

수시력 입성에 사여에 대한 천문상수와 책수 등을 전하는 점으로 보아 비록 추보의 항목이 수시력에 없다 하더라도 수시력을 사용하던 당시에 사여에 대한 계산이 이루어진 듯하다. 따라서 후에 편찬된 대통력은 이를 추보의 항목에 첨가하게 된 것이고 『칠정산 내편』 역시 이를 따른 듯하다.

2. 천문 상수 비교

1) 응수(應數) 비교

응수(應數)는 역원(曆元)에 준하는 상수로서 역원이 알려져 있지 않을 때 응수를 참고하면 역원을 계산할 수 있다. 각 역법에 기록된 응수에는 기응(氣應)과 윤응(閏應) 그리고 전응(轉應)과 교응(交應) 및 주응(周應)이 있다. 기응은 역원이 되는 해의 동지 즉 원동지(元冬至)와 원동지 바로 직전의 갑자일(甲子日) 자정 사이의 길이를 말하며, 윤응은 원동지와 그 직전의 삭(朔)과의 길이를 말한다. 전응은 원동지와 그 직전 달의 근지점과의 길이를 의미하며 교응은 원동지와 그 직전 황·백 교점과의 거리를 말한다. 그리고 주응은 적도 경도의 기점이 되는 허수(虛宿) 6도로부터 각 역법의 역원이 되는 해의 동지에 태양이 위치한 수도(宿度)까지의 경도차를 말한다. 이들의 응수 값을 조사하여 보면 다음과 같다.

표 5-9. 응수(應數)의 비교

曆名 應數	授時曆	大統曆		七政算內篇
		辛巳應數	大統應數	
曆元	至元 18年(辛巳)	至元 18年(辛巳)	洪武 17年(甲子)	至元 18年(辛巳)
	(1281)	(1281)	(1384)	(1281)
氣應	55萬 0600分	55萬 0600分	55萬 0375分	55萬 0600分
閏應	20萬 1850分	20萬 2050分	18萬 2170分 18秒	20萬 2050分
轉應	13萬 1904分	13萬 0205分	20萬 9690分	13萬 0205分
交應	26萬 0187分 86秒	26萬 0388分	11萬 5105分 08秒	26萬 0388分
周應	315萬 1075分	315萬 1075分	315萬 5625分	315萬 1075分

『명사』의 역지에는 윤응과 전응 그리고 교응의 3응(應)의 값에 대하여 1368년 유기(劉基)가 수시력의 역원을 따르면서 정한 신사(辛巳) 응수와 원통(元統)이 신사 역원을 홍무(洪武) 갑자년인 1384년으로 고치면서 정한 대통(大統) 응수의 두 가지가 실려 있다. 대통력의 신사 응수는 같은 역원의 수시력과 윤응과 전응 그리고 교응의 값에서 차이가 있는 것을 볼 수 있는데 이에 대하여 『명사』 역지[136]는 대통력에서 경삭(經朔)은 2각(刻) 빠르게 입전은 17각 약(弱) 느리게 그리고 정교의 시각은 2각 강(强) 빠르게 고쳤기 때문이라고 설명하고 있다. 또한 역지에는 대통력의 신사 응수 값이 원지(元志)와 서로 다른 것에 대하여 반드시 측험(測驗)이 따라야 응수를 고칠 수 있는 것이므로 수시력에서 어떻게 고쳐 썼는지 그 상세한 시말(始末)은 알 길이 없으나, 통궤의 술자(術者)는 수시력에서 고쳐 정한 수를 따른 것이며 수시력경(授時曆經)에는 단지 그 값을 정하지 않은 것이라는 설명이 있다. 따라서 대통력의 응수 값은 단지 수시력에서 고쳐 사용한 값을 기록한 것이라 생각되며, 역지에 전하는 내용으로 보아 가장 나중에 편찬된 『칠정산 내편』이 수시력의 역원을 따르면서도 왜 응수는 대통력의 신사 응수를 채택하였는지 이해할 수 있다.

---

136) 『明史』 卷 35.

2) 오성의 합응(合應)과 역응(曆應)의 비교

합응(合應)이란 원동지(元冬至, 역원이 되는 해의 동지인)의 바로 전에 행성이 합(合)의 위치에 있던 시점으로부터 원동지까지의 길이를 말하며 역응(曆應)이란 행성의 영력(盈曆)이 시작되는 시점으로부터 원동지까지의 길이를 말한다. 1281년을 역원으로 하는 수시력과 『칠정산 내편』 그리고 1384년을 역원으로 하는 대통력의 합응과 역응은 각 행성에 대하여 다음과 같은 차이를 가진다.

표 5-10. 오성의 합응과 역응의 비교

	授時曆		大統曆		七政算內篇	
	合應	曆應	合應	曆應	合應	曆應
목성	117萬 9726分	1899萬 9481分	243萬 2301分	538萬 2572分 215	117萬 9726分	1899萬 9481分
화성	56萬 7545分	547萬 2938分	240萬 14分	384萬 5789分 35	56萬 7545分	547萬 2938分
토성	17萬 5643分	5224萬 0561分	206萬 4734分	10600萬 3799分 32	17萬 5643分	5224萬 0561分
금성	571萬 6330分	11萬 9639分	237萬 9415分	10萬 4189分	571萬 6330分	11萬 9639分
수성	70萬 0437分	205萬 5161分	30萬 3212分	203萬 9711分	70萬 0437分	205萬 5161分

위의 표에 의하면 『칠정산 내편』의 합응과 역응은 역원이 같은 수시력의 값과 완전히 일치하며, 대통력의 경우는 역응의 계산에서 자리수를 분(分) 이하까지도 하고 있음을 알 수 있다. 그러나 앞장에서 오성의 항목을 비교한 조사에 따르면 중심차의 계산에 대한 설명이 없는 점과 입성을 추보의 항목에 싣고 있는 점을 제외하고는 『칠정산 내편』이 대통력의 형식을 따르고 있음을 보았다. 따라서 오성의 합응과 역응의 경우 『칠정산 내편』은 개정 없이 수시력의 값을 그대로 따라 사용하였고 서술 형식은 대통력을 따랐음을 알 수 있다.

3) 사여(四餘)의 천문 상수 비교

사여(四餘)가 추보의 항목에서 다루어진 것은 대통력이 처음으로 그 후에 편찬된 『칠정산 내편』은 대통력을 따라 추보의 항목에 사여를 첨가하게 되었다. 그러나 수시력에 비록 사여의 추보 항목이 없다 하더라도 수시력 입성에는 사여에 대한 천문 상수를 싣고 있어서 이미 수시력을 사용하던 시대에 사여에 대한 계산이 행하여지고 있었던 것으로 보인다. 수시력 입성에 전하는 천문상수는 대통력이나 『칠정산 내편』 그리고 사여전도통궤에 전하는 상수의 값과 약간의 차이가 있다. 이들의 차이점을 알아보면 다음과 같다.

표 5-11. 사여(四餘)의 천문 상수

사여(四餘)	授時曆立成		大統曆, 七政算內篇, 四餘縮度通軌	
	度率(日/度)	日行分(分/日)	度率(日/度)	日行分(分/日)
자기(紫氣)	28	3.571428	28	3.571429
월패(月孛)	8.85391048	11.294444	8.848492	11.301361
나후(羅睺)	18.30570528	5.37	18.59910776	5.376602
계도(計都)	18.30570528	5.37	18.59910766	5.376602

위의 표는 사여가 1도 운행하는 데 걸리는 일수를 나타내는 도율(度率)과 매일의 운행 도수를 나타내는 일행분(日行分)의 값을 비교하였다. 사여 중 자기(紫氣)의 운행 상수 값은 거의 같으나 월패(月孛)와 나계(羅計)의 값에서 약간의 차이가 있음을 볼 수 있다. 대통력이 어떠한 근거에서 수시력 입성의 값과 다르게 취하고 있는지 알 수 없다. 다만 현재의 계산으로 월패를 나타내는 달의 근지점과 원지점의 순행 주기는 8.85년이며 나후와 계도를 나타내는 승교점과 강교점의 역행 주기는 18.61년이므로 대통력에서 새로 정한 상수의 값이 수시력 입성의 값보다 현대의 값에 가깝다는 사실을 알 수 있다.

4) 사여(四餘)의 지후책(至後策) 비교

지후책(至後策)이란 사여성이 동지점을 통과한 후 원동지까지의 시간을 분(分)의 단위로 나타낸 값이다. 사여는 대통력에서 새로 첨가한 추보의 항목으로 수시력에는 사여의 추보가 없고 입성에도 지후책의 값은 실지 않고 있다. 그러나 이순지와 김담이 편찬한 『사여전도통궤』에는 사여의 지후책을 수시력의 역원인 지원(至元) 신사(辛巳)와 대통력의 역원인 홍무(洪武) 갑자(甲子)에 대하여 각각 계산해 놓고 있어 이 값을 『칠정산 내편』과 대통력의 값과 함께 비교하였다.

표 5-12. 사여(四餘)의 지후책(至後策) 비교

曆名 四餘	大統曆	四餘縮度通軌		七政算內篇
		辛巳爲元(1281)	洪武甲子(1384)	
紫氣	8194萬 9623分	1256萬 5224分	8194萬 9623分	1256萬 5224分
月孛	1220萬 4659分	2384萬 1092分	1220萬 4659分	2384萬 1092分
羅睺	5333萬 6217分	1680萬 8602分	5333萬 6217分	1680萬 8602分
計都	1936萬 9001分	5077萬 5818分	1936萬 9001分	5077萬 5818分

위의 표는 『칠정산 내편』과 대통력의 지후책 값이 각각 『사여전도통궤』의 신사위원(辛巳爲元)과 홍무갑자(洪武甲子)의 지후책과 일치함을 보여준다. 사여의 추보가 이미 유기(劉基)의 대통력에서 다루어졌는지 아니면 원통(元統)이 4권의 대통력법통궤를 만들 때 새로 첨가한 것인지는 알 수 없다. 다만 다른 통궤들과 달리 『사여전도통궤』는 지후책의 값을 수시력과 대통력법통궤의 역원에 대하여 모두 계산하고 있다. 이는 당시에 수시력의 역원을 따르는 내편의 편찬과 관련하여 신사위원의 지후책 값을 『사여전도통궤』에 미리 계산해 놓은 것으로 생각되며, 홍무갑자를 역원으로 하는 지후책의 값이 대통력에 전하는 것으로 보아 사여에 대한 추보는 원통의 대통력법통궤에서 새로 추가한 것으로 여겨진다.

3. 입성의 비교

수시력과 대통력은『칠정산 내편』과 달리 입성과 추보의 항목을 따로 하고 있으며 특히 대통력의 경우는 추보와 입성 외에도 법원(法原)의 항목을 추가하여 계산법의 원리와 그에 필요한 입성을 도해(圖解)와 함께 설명하고 있다.

태양과 달 그리고 오행성의 부등 운동에 대한 계산과 일출입 및 신혼분의 계산 값은 수시력과 대통력의 경우 입성의 항목에 따로 싣고 있으며 그외 계산에 필요한 입성들은 각 추보의 항목에 싣고 있다. 부등 운동의 계산을 다룬 입성에 일출입과 신혼분의 계산을 포함하고 있는 것은 일출입과 신혼분의 값 역시 태양의 적위 변화뿐만 아니라 태양의 영축 운동과 관계가 있기 때문이다. 그러나『칠정산 내편』은 부등 운동과 관계된 입성을 포함하여 계산에 필요한 모든 입성을 각 추보의 항목에 함께 실었다.

각 입성의 비교는 태양과 태음 그리고 오성과 일출입 및 신혼분의 4부분으로 나누어 각 부분과 관계된 입성을 수시력과 대통력 그리고『칠정산 내편』에 대하여 조사하였다. 대통력의 관계 입성은『명사』역지의 대통력 부분을 참고로 하였으며 수시력의 관계 입성은『원사』역지의 수시력 부분과『원사』역지에서 누락된 입성의 경우, 세종시대에 간행된 왕순(王恂)의『수시력입성』을 참고로 하였다.

1) 태양의 입성

태양의 입성은 동지 전후(추분~동지, 동지~춘분) 영초축말한(盈初縮末限)과 하지 전후(춘분~하지, 하지~추분) 축초영말한(縮初盈末限)의 2상한(象限)에서 태양의 실제 운동과 평균 운동과의 차를 매일 매일에 대하여

계산한 수표이다. 수시력과 대통력 그리고 『칠정산 내편』에서 입성의 명칭
과 계산의 항목을 조사하면 다음과 같다.

표 5-13. 태양(太陽)의 영축운동(盈縮運動) 입성의 비교

曆　法	冬至前後二象限	夏至前後二象限
授時曆	(授時曆 立成)　太陽冬至前後二象盈初縮末限　1) 積日(0일-88.91일)　2) 日差加 1秒 86少　3) 盈縮加分　4) 盈縮積　5) 行度	(授時曆 立成)　太陽夏至前後二象縮初盈末限　1) 積日(0일-93.71일)　2) 日差加 1秒 62少　3) 盈縮加分　4) 盈縮積　5) 行度
大統曆	(大統曆 立成)　太陽盈初縮末限立成　1) 積日(0일-89일)　2) 平立合差　3) 盈加分　4) 盈積度　5) 盈行度	(大統曆 立成)　太陽縮初盈末限立成　1) 積日(0일-94일)　2) 平立合差　3) 縮加分　4) 縮積度　5) 縮行度
七政算內篇	(曆日)　太陽冬至前後二象盈初縮末限　1) 積日(0일-88.91일)　2) 盈縮加分　3) 盈縮積	(曆日)　太陽夏至前後二象縮初盈末限　1) 積日(0일-93.71일)　2) 盈縮加分　3) 盈縮積
	(太陽)　太陽冬至前後二象行度　1) 積日(0일-88.91일)　2) 行度	(太陽)　太陽夏至前後二象行度　1) 積日(0일-93.71일)　2) 行度

위의 태양 영축의 입성표는 『칠정산 내편』의 경우 영축 행도와 영축적의
입성이 각각 역일(曆日)과 태양(太陽)의 항목에 계산되어 있으나 수시력과

대통력의 경우는 이들이 함께 계산되어 모두 입성의 항목에 실려 있다. 계산의 항목 또한 역법에 따라 조금씩 다른 것을 볼 수 있다. 수시력은 동지 전후와 하지 전후에 각각 가(加)해 주어야 하는 일차(日差) 값을 입성표의 앞에 나타낸 후 영축가분(盈縮加分)과 영축적(盈縮積) 그리고 행도(行度)의 값을 계산한 반면, 대통력은 일차 대신 평립합차(平立合差)의 값을 매 적일(積日)에 대해 계산하여 영축가분과 영축적 그리고 행도의 값과 함께 실었다. 여기서 각 적일 사이에 영가분과 축가분의 차를 평립합차라 하며 각 적일 간에 평립합차의 차를 일차라 한다. 일차의 값은 동지 전후와 하지 전후의 영축 계산에서 각각 일정한 값을 가지므로 각 상한에서 가해주어야 하는 값으로 제시하였고, 평립합차의 값은 적일에 따라 다른 값을 가지므로 각 적일에 대하여 계산하였다.

동지 전후와 하지 전후의 태양 영축표를 예로 하여 평립합차와 일차와의 관계를 알아보면 다음과 같다.

표 5-14. 동지 전후(冬至前後) 영초축말한(盈初縮末限)의 입성

積日	盈行度	盈加分($\triangle^1_x$)	($\triangle^2_x$)	($\triangle^3_x$)	($\triangle^4_x$)
일	도 분	분	분	분	분
0	1 05 1085	510 8569			
			4 9386		
1	1 05 0591	505 9183		0 0186	
			4 9572		0 0000
2	1 05 0096	500 9611		0 0186	
			4 9758		0 0000
3	1 04 9598	495 9853		0 0186	
			4 9944		
4	1 04 9099	490 9909			
⋮					

표 5-15. 하지 전후(夏至前後) 축초영말한(縮初盈末限)의 입성

積日	縮行度	縮加分($\triangle^1_x$)	($\triangle^2_x$)	($\triangle^3_x$)	($\triangle^4_x$)
일	도 분	분	분	분	분
0	0 95 1516	484 8473			
			4 4362		
1	0 95 1959	480 4111		0 0162	
			4 4524		0 0000
2	0 95 2405	475 9587		0 0162	
			4 4686		0 0000
3	0 95 2851	471 4901		0 0162	
			4 4848		
4	0 95 3300	467 0053			
·					
·					
·					

위의 표에서 매 적일에 대한 영축가분의 차(差) $\triangle^2_x$는 대통력의 입성
에 계산된 평립합차의 값과 일치하므로 평립합차는 결국 영축가분의 차를
의미하는 것임을 알 수 있다. 또한 위의 표에서 평립합차의 차를 나타내는
$\triangle^3_x$의 경우, 동지 전후의 영초축말한에서 0.0186분이 되고, 하지 전후의
축초영말한에서 0.0162분이 되므로, 이 값 역시 수시력의 입성표에 제시된
동지 전후와 하지 전후에서 각각 가해주어야 하는 일차의 값과 일치함을
볼 수 있다. 따라서 일차는 영축가분의 차(差)로 표현되는 평립합차의 차
(差)를 의미하는 것임도 알 수 있다. 그러므로 평립합차와 일차의 관계는
태양의 영축 운동을 동지 전후와 하지 전후의 각 상한에서 6단으로 나누어
계산할 때 표현되는 일평차(日平差)의 차인 1차와 그 차인 2차와의 관계로
설명될 수 있다. 즉 평립합차와 일차는 태양 운행의 빠르고 느린 현상을
평균 행도와의 차로서 나타낼 때, 매일의 영축차가 갖는 차의 관계를 나타
내는 것으로, 이에 대해 수시력의 입성표에는 일차의 값만을, 그리고 대통
력의 입성표에는 평립합차의 값만을 기록한 것이다.

2) 태음(太陰)의 입성(立成)

달의 실제 운동에 의한 위치가 평균 운동에 의한 위치보다 빠를 때에는
질(疾)이라 하고 느릴 때에는 지(遲)라고 하므로 달의 부등운동을 지질운
동이라 한다. 태음 입성은 달의 지질운동을 한수(限數)와 입전일(入轉日,
달이 근지점을 통과한 이후의 일수)에 따라 계산한 수표이다. 수시력과 대
통력 그리고 칠정산 내편에서 달의 지질운동과 관련된 입성의 명칭과 그
계산의 항목을 조사하면 다음과 같다.

표 5-16. 태음(太陰)의 지질운동(遲疾運動) 입성의 비교

授時曆	(授時曆 立成) 　太陰限數遲疾度 　1) 限數 2) 遲疾曆日率 3) 損益分 4) 遲疾度 5) 疾曆限行度 　6) 遲曆限行度(步月離) 　遲疾轉定及積度 　1) 入轉日 2) 初末限 3) 遲疾度 4)轉定度 5) 轉積度
大統曆	(大統曆 立成) 　太陰遲疾立星 　1) 限數 2) 日率 3) 益分(損分) 4) 遲疾積度 5) 疾曆限行度 　6) 遲曆限行度(步月離) 　遲疾轉定度鈐 　1) 入轉日 2) 轉定度
七政算內篇	(曆日) 　太陰限數遲疾度 　1) 限數 2) 遲疾曆日率 3) 損益分 4) 遲疾度 5) 疾曆限行度 　6) 遲曆限行度(太陰) 　遲疾轉定及積度 　1) 入轉日 2) 轉定度

위의 표에서 달의 지질 운동을 한수에 따라 계산한 입성의 명칭과 그 항목을 비교하여 보면 『칠정산 내편』의 경우, 그 명칭과 계산의 항목이 모두 수시력을 따르고 있음을 볼 수 있다. 그러나 그 내용을 자세히 조사하여 보면 입성과 계산 항목의 명칭을 조금 달리하고 있는 대통력의 경우도 그 명칭만을 달리하고 있을 뿐 계산 결과는 같은 것임을 확인할 수 있다.

또한 위의 표에서 달의 지질 운동을 입전일에 따라 계산한 입성을 비교하여 보면 칠정산 내편의 경우, 입성의 명칭은 수시력을 따르고 있으나 계산의 항목은 대통력을 따르고 있음을 알 수 있다. 수시력은 지질전정급적도(遲疾轉定及積度)의 입성에서 달의 지질운동을 입전일에 따른 초말한[137]과 지질도[138] 그리고 각 입전일에서 달이 실제 움직이는 도수인 전정도와 전정도의 누가분인 전적도[139] 값을 계산해 놓았고, 대통력의 입성인 지질전정도령(遲疾轉定度鈴)에는 그 명칭에 맞게 달의 지질 운동 값을 각 입전일에 따른 전정도의 값만으로 계산해 놓았다. 그러나 『칠정산 내편』은 수시력을 따라 입성의 명칭을 지질전정 급적도로 하고 있으면서 계산의 항목에는 전정도의 누가분인 적도(積度) 값이 생략된 채 대통력과 같이 전정도의 값만을 싣고 있다. 따라서 입성의 명칭과 계산의 내용이 일치되지 않는『칠정산 내편』의 입성은 편찬자들이 잘못 옮겨 기록한 것임을 지적할 수 있다.

3) 오성(五星)의 입성(立成)

오행성의 운동은 움직이는 지구에서 관측을 하므로 행성의 절대 운동을 관측하는 것이 아니라 지구에 대한 각 행성의 상대 운동, 즉 순행(順行)과

---

137) 근점월의 궤도를 입전일에 대한 질력의 구간과 지력의 구간으로 나눌 때 각 각의 구간에서 실제 행도와 평균 행도의 지질차에 따라 다시 초한과 말한으로 나누고 그 값을 한수(限數)로 나타낸 것을 말한다.

138) 각 입전일에서 달의 실제 행도와 평균 행도와의 차.

139) 근지점으로부터 달까지 떨어진 각거리.

역행(逆行) 그리고 유(留)와 같은 겉보기 운동을 관측하게 된다. 오성의 입성은 지구에서 관측되는 겉보기 운동의 각 단계에서 행성이 운행하는 도수와 태양 주위를 타원궤도 운동하므로 생기는 영축 운동에 따른 각 책수에서의 운행 도수를 함께 계산해 놓았다.

오행성의 겉보기 운동에 대한 입성은 겉보기 운동의 각 단계를 나타내는 단목(段目)에서 행성이 머무는 날수와 평균 운행하는 도수 그리고 각 단의 입력도를 알기 위한 한도(限度)와 각단의 초일 행분(行分) 값이 계산되어 있다.

오행성의 영축 운동에 대한 입성은 반주천(半周天)을 12등분하여 책(策)으로 정한 다음, 초책(初策, 0策)에서 11책까지 각 책수(策數)에 대한 영축 행도 값이 계산되어 있다. 영축 입성의 계산 항목은 역법에 따라 조금씩 차이가 있다. 『칠정산 내편』에는 각 책수에 해당하는 손익율(損益率)[140]과 영축적도(盈縮積度)[141] 값만이 계산되어 있는 반면 수시력 입성에는 각 책수에 해당하는 손익율과 함께 도율(度率)과 영축적도 값이 계산되어 있고, 대통력에는 각 책수에서의 손익율과 영축적도 그리고 행정도(行定度)[142]와 행적도(行積度)[143] 값이 계산 되어 있다. 따라서 대통력의 영축 입성을 참고하면 행성의 영축 행도와 중심차뿐만 아니라 각 책에서 행성이 실제 움직이는 도수와 더불어 영축이 시작되는 근일점과 원일점으로부터 행성이 있는 곳까지의 각 거리를 알 수 있다.

수시력과 대통력 그리고 『칠정산 내편』에서 오성의 겉보기 운동과 영축 운동에 관련된 입성을 그 계산의 항목과 함께 조사하면 다음과 같다.

---

140) 손익율은 행성 운행의 빠르고 느린 정도를 1책의 각도인 15.2190625도를 기준으로 행성의 운행이 이에 못 미치면 손(損), 이를 넘으면 익(益)으로 나타낸 수치이다.

141) 행성의 실제 행도와 평균 행도와의 차이로서 손익율의 누적분이 영축적이 된다.

142) 각 책(策)에서 행성이 실제 움직이는 도수로서 1책의 도수에 손익율을 가감하여 얻는다.

143) 행적도(行積度)는 행정도의 누적분으로 각각 행성의 근지점과 원지점으로부터 실제 행성이 위치한 곳까지의 각거리를 나타낸다.

표 5-17. 오성(五星)의 겉보기 운동과 영축 운동(盈縮運動)의 입성 비교

授時曆	(授時曆 立成) 　五星立成(木星, 火星, 土星, 金星, 水星) 　　1) 策數 2) 損益率 3) 度率 4) 盈(縮)積度 　木星策除限度, 火星限數, 土星限數, 金星限數, 水星限數 　　1) 段目 2) 限數 (步五星) 　木星, 火星, 土星, 金星, 水星 　　1) 段目 2) 段日 3) 平度 4) 限度 5) 初行率
大統曆	(大統曆 立成) 　五星盈縮入曆度率立成 　　1) 入曆策 2) 度率 　木星盈縮立成, 火星盈縮立成, 土星盈縮立成, 金星盈縮立成, 　水星盈縮立成 　　1) 策數 2) 損益率 3) 盈(縮)積 4) 行定度 5) 行積度 (步五星) 　木星, 火星, 土星, 金星, 水星 　　1) 段目 2) 段日 3) 平度 4) 限度 5) 初行率
七政算內篇	(五星) 　木星, 火星, 土星, 金星, 水星 1. 1) 段目 2) 段日 3) 平度 4) 限度 5) 初行率 2. 1) 策數 2) 損益率 3) 盈(縮)積度

4) 일출입(日出入)과 신혼분(晨昏分)의 입성(立成)

일출입의 시각은 태양의 적위와 관측 지방의 위도에 따라 정해진다. 관측 지방의 위도는 북극 고도를 측정하여 직접 구할 수 있으나 매일 변화하는 태양의 적위는 동지와 하지 이후 황도 매도(每度)에 대하여 계산된 황도출입적도내외도와 반주야분의 수표를 이용하여 구한다. 일출입의 시각을 계산하기 위한 입성과 이로부터 계산된 일출입과 신혼분의 입성을 조사하

면 다음과 같다.

표 5-18. 일출입(日出入)과 신혼분(晨昏分)의 입성(立成) 비교

授時曆	1. 立成 　授時曆日出入晨昏半晝分 　　1) 冬至後(0日-182日)：晨分, 日出分, 半晝分, 日入分, 昏分 　　2) 夏至後(0日-182日)：晨分, 日出分, 半晝分, 日入分, 昏分 2. 中星 　黃道出入赤道內外度及半晝分(0度-91.31度)
大統曆	1. 大統曆法 立成 　冬夏至二至後晨昏分立成 　　1) 冬至後(0日-182日)：晨分, 昏分 　　2) 夏至後(0日-182日)：晨分, 昏分 2. 大統曆法 法原 　黃道每度赤道內外度及距北極立成(0度-91.31度) 　黃道每度晝夜刻立成
七政算內篇	1. 曆日 　日出分 　　1) 冬至後(0日-182日)：日出分 　　2) 夏至後(0日-182日)：日出分 2. 中星 　黃道出入赤道內外度及半晝夜分(0度-91.31度) 3. 二至後日出入晝夜辰刻

위의 표에서 일출입의 계산과 관련된 항목이 각 역법에 따라 조금씩 차이가 있음을 볼 수 있다. 수시력은 일출입신혼반주분(日出入晨昏半晝分)의 입성에 동지와 하지 이후 182일에 대한 신분(晨分), 일출분(日出分), 반주분(半晝分), 일입분(日入分), 혼분(昏分)의 값을 계산해 놓았다. 그러나 대통력의 동하이지후신혼분(冬夏二至後晨昏分)의 입성에는 동지와 하지 이후 182일에 대한 신분과 혼분의 값만을 계산하였고 『칠정산 내편』의 역일에는 일출분 값만을 계산하였다. 일출입의 시각에서 2.5각(250분)[144]을 가감하면

신혼분 값이 되고 하루 10000분에서 일출분의 값을 감하면 일입분의 시각이 된다. 따라서 매일의 일출분 값을 알면 일입분과 신혼분의 값은 저절로 계산이 된다. 『칠정산 내편』에서 간단하게 일출입의 값만을 계산해 놓은 것은 바로 이러한 이유 때문이라고 생각한다. 이들 입성에 계산된 동지와 하지일의 일출분 값을 조사해보면 다음과 같다.

표 5-19. 동지(冬至)와 하지(夏至)의 일출분

	授時曆	大統曆	七政算內篇
冬至日出分	3092分 04初	2931分 70初	3043分 50初
夏至日出分	1907分 06初	2068分 30初	1956分 50初

위의 표는 각 입성에 계산된 동지와 하지일의 일출분 값이 서로 다르다는 것을 보여준다. 이는 일출입의 시각을 관측한 지점의 위도가 서로 다르기 때문으로, 수시력은 북경의 일출입 시각을 그리고 대통력은 남경의 일출입 시각을, 『칠정산 내편』은 한양의 일출입 시각을 계산해 놓은 것이다.

일출입의 시각을 계산하는 데 필요한 황도출입적도내외도와 반주야분의 값을 계산한 입성의 경우, 수시력과 『칠정산 내편』은 추보의 항목인 중성편에 싣고 있으나 대통력은 법원의 항목에 따로 싣고 있으면서 계산의 내용도 조금 변형하여 황도적도내외도와 거극도의 값을 함께 계산하였고 반주야분의 값도 주야각의 값으로 고쳐 계산하였다.

---

144) 태양의 중심이 출몰을 전후로 지평선 아래 18도에 이르는 박명의 시간을 말한다.

4. 계산법의 비교

1) 정차(定差), 거차(距差), 정한도(定限度)의 계산법

정차(定差)와 거차(距差)는 백도와 적도가 만나는 교점의 위치가 춘분점
으로부터 얼마나 떨어져 있는가를 나타내는 양이며, 정한도(定限度)는 달
이 적도 정교 후 반교에 있을 때 북극으로부터 떨어진 거리인 거극도가 얼
마인가를 나타내는 도수이다. 백도와 황도가 동지점에서 만나는 경우 백도
와 적도의 교점은 춘분점으로부터 가장 멀어지는데 이때의 각거리 14도 66
분을 극차(極差)라 한다. 백도와 적도의 교점이 춘분점으로부터 떨어진 각
거리를 거차라 하며 반대로 극차가 되는 교점으로부터 떨어진 각거리를 정
차라 한다. 이 관계를 그림으로 보면 다음과 같다.

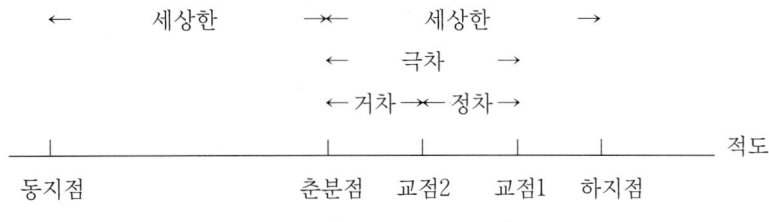

그림 5-1. 정차, 거차, 정한도의 관계

정차와 거차, 그리고 정한도를 계산하는 방법은 각 역법에 따라 그 계산
의 표현 방법에 조금씩의 차가 있음을 볼 수 있다. 이들의 차이점을 조사
하여 보면 다음과 같다.

표 5-20. 정차와 거차도 그리고 정한도의 계산

	정차(定差)	거차(距差)	정한도(定限度)
授時曆	(初末限×14도 66분)/象限	14도 66분 － 定差	98도±(定差×24)/14도 66분
大統曆	初末限×象極總差	極差 － 定差	98도±定差×定極總差
七政算內篇	(初末限×14도 66분)/象限	14도 66분 － 定差	98도±(定差×24)/14도 66분

초말한은 백도와 적도의 교점인 적도 정교가 동지와 하지점으로부터 떨어진 거리를 나타낸다. 초한과 말한이 세상한(歲象限: 91.3106도)이 될 때 정차의 값은 극차의 값과 같게 되므로 이 관계를 이용하면 정차와 거차의 값을 구할 수 있다.

초말한:세상한 ＝ 정차도:극차

정차 ＝ 극차 × 초말한/세상한

　　 ＝ 14도 66분 × 초말한/세상한

거차 ＝ 극차 － 정차

위의 표에서 수시력과 『칠정산 내편』은 극차를 14도 66분으로 표시하고 있으나 대통력은 그대로 극차로 표시하고 있다. 그리고 대통력은 정차의 계산에서 극차를 상한(象限)으로 나눈 값을 상극총차(象極總差)로 칭하고 있으며, 정한도의 계산에는 황도 경사각 24도를 극차 14도 66분으로 나눈 값을 정극총차(定極總差)로 칭하고 있다. 즉 대통력은 그 계산의 명칭을 달리하고 있을 뿐 결국 수시력이나 『칠정산 내편』의 계산법과 같음을 알 수 있다.

2) 월식의 시차(時差)와 식심정분(食甚定分) 계산

월식에서 식심(食甚) 시각과 정망(定望) 시각의 시간차를 시차(時差)라 하고, 정망의 야반으로부터 식심까지의 시간을 식심정분(食甚定分)이라고

한다. 정망이 오중을 기준으로 하여 그 전후에서 일어날 때 이들의 관계를
그림으로 보면 다음과 같다.

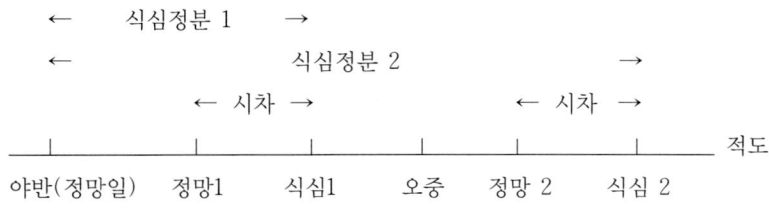

그림 5-2. 시차(時差)와 식심정분(食甚定分)의 관계

　월식은 달이 지구의 그늘에 들어가는 것이므로 지표상에서 월식이 관측되
는 곳은 어디서나 같은 시각에 일어난다. 따라서 월식의 경우는 시차를 보정
할 필요가 없다. 그러나 대통력의 경우를 제외하고 수시력과『칠정산 내편』
의 경우 모두 시차를 계산에 고려하고 있고, 그 계산 방법도 서로 다른 것을
볼 수 있다.『칠정산 내편』이 대통력보다 후에 편찬되었음에도 불구하고 다
시 수시력의 방법을 따라 시차를 고려하고 있는 이유는 명확하게 밝힐 수
없으나 시차를 고려할 때의 예보 시각이 시차를 고려하지 않을 때의 예보
시각보다 실제의 예보 시각과 근접한다는 사실을 계산으로 확인 하였다.
　시차의 계산에는 묘유전후분(卯酉前後分)의 값이 들어가는데 이는 월식
이 일어나는 시간이 오중을 전후로 하여 얼마만큼 떨어진 곳에서 일어나는
가를 나타내는 것이다. 야반을 전후로 일주(日周)의 1/4이 되는 묘시(卯
時)와 유시(酉時)를 기준으로 하여 정망의 일하분(日下分)이 일주(日周)의
1/4 이하 되는 곳에서 일어나면 묘전분(卯前分), 1/4 이상 1/2 이하에서
일어나면 반일주(半日周)에서 감하여 묘후분(卯後分)으로 하고 또한 1/2
이상 3/4 이하에서 일어나면 반일주에서 감하여 유전분(酉前分)으로 하며,
3/4 이상에서 일어나면 일주에서 감하여 유후분(酉後分)으로 한다. 이때
월식의 시차와 식심정분의 계산은 다음과 같이 한다.

표 5-21. 시차(時差)와 식심정분(食甚定分)의 계산

	時差	食甚定分
授時曆	(卯酉前後分)^2×1/100×1/478	定望日下分±時差
大統曆	不用時差 = 0	定望日下分
七政算內篇	(日周 − 卯酉前後分)×1/100	定望日下分±時差

대통력은 월식의 경우에 시차를 고려하지 않고 있으므로 식심정분의 계산에 시차를 보정하지 않고 정망의 시각을 그대로 식심의 시각으로 계산하고 있다. 그러나 수시력과 『칠정산 내편』의 경우는 각각 정망의 일하분에 시차를 보정하여 식심정분(食甚定分)을 구하고 있고 시차의 계산 방법도 서로 다르다. 수시력은 월식이 일어나는 시간이 자정과 오중을 전후로 하여 얼마만큼 떨어진 곳에서 일어나는지를 알아보는 묘전 묘후분과 유전 유후분의 계산을 한 다음 이 값에 자승을 하고 다시 100과 478로 나누어 시차를 구하고 있는 반면, 『칠정산 내편』은 하루분인 일주(日周) 값에서 묘유전후분 값을 감한 후 100으로 나누어 시차 값을 구하고 있다.

3) 월식의 정용분(定用分)과 기내분(旣內分)의 계산

월식에서 정용분(定用分)은 지구의 그림자가 달을 가리기 시작하는 초휴의 순간부터 식의 중심까지 가는 데 걸리는 시간을 나타내는 것으로, 초휴에서 식심까지의 거리를 달이 태양에 대하여 움직이는 상대속도로 나누어 계산한다. 그리고 월식의 식분이 10분 이상이 되어 개기식이 일어날 때 달이 지구 그림자 안으로 완전히 들어가서 개기식이 시작되는 시각을 식기(食旣)라 하며 지구 그림자를 막 벗어나기 시작하는 시각을 생광(生光)이라 한다. 이때 식기의 시각으로부터 식심의 시각까지의 시간을 기내분(旣內分)이라 한다. x를 월식분초 그리고 Y를 정한행도(定限行度)라 할 때,

정용분과 기내분의 계산은 각 역법에서 다음과 같이 하였다.

표 5-22. 월식의 정용분과 기내분

	월식의 정용분(定用分)	월식의 기내분(旣內分)
授時曆	$\sqrt{(30분 - x) \cdot x} \times 5740/\,Y$	$\sqrt{(x - 10) \cdot [10 - (x - 10)]} \times 5740/\,Y$
大統曆	$\sqrt{(30분 - x) \cdot x} \times 4920/\,Y$	$\sqrt{(x - 10) \cdot [10 - (x - 10)]} \times 4920/\,Y$
七政算內篇	$\sqrt{(30분 - x) \cdot x} \times 4920/\,Y$	$\sqrt{(x - 10) \cdot [15 - (x - 10)]} \times 4920/\,Y$

위의 표에서 정한행도를 나누어 주는 상수 값이 수시력과 대통력의 경우 서로 다름을 볼 수 있고 『칠정산 내편』에 기록된 월식의 기내분 계산에서 월식분의 값을 나타내는 수가 한 쪽에서 15로 기록되어 있는 것을 볼 수 있다. 여기서 식기가 시작될 때 달은 그림자의 반경인 10분에 접하는 순간이 되므로 『칠정산 내편』에서 10을 15로 잘못 기록한 것이 아닌가 생각되는데 이에 대하여 『칠정산 내편』의 역주자들도 이것이 10분의 오식(誤植)임을 밝히고 있다.[145] 그러나 『교식 가령』과 『교식추보』 그리고 『교식통궤』에서 모두 이 값을 15로 계산하고 있고, 오히려 이 방법에 의한 계산 결과가 현대의 계산 결과와 거의 오차 없이 맞고 있음을 확인하였다. 더구나 가장 나중에 간행된 『교식 추보』의 경우, 여러 부분에서 『교식 가령』에 수정을 가하고 있고 계산에 사용한 상수의 값을 소수점 이하 둘째 자리까지 늘리는 등 계산에 정확성을 기하고자 하였음에도 불구하고 이 역시 15의 값은 그대로 수정 없이 계산에 사용하고 있는 점으로 미루어 단순히 15가 10분의 오식이 아닌 것으로도 여겨진다.

---

145) 유경로, 이은성, 현정준, 『칠정산 내편』(세종대왕기념사업회: 서울), pp. 320-321, 1973.

제6장 결론과 논의

『칠정산 내편』의 편찬은 세종의 열의와 관심 아래, 실로 20년 이상의 연구와 노력 끝에 이루어진 대사업이었다. 『칠정산 내편』의 편찬 과정에서 역대 천문과 역법에 관한 조사와 연구가 이루어졌고 의상(儀象)과 구루(晷漏) 등의 천문 의기들이 모두 정비되었다. 옛 역법의 조사와 함께 의기(儀器)의 제작과 그에 수반되는 천체 관측은 역법의 제작과 관련하여 반드시 선행되어야 하는 중요한 작업이었다. 역법의 연구로,『수시력경(授時曆經)』,『수시력의(授時曆議)』,『역일통궤(曆日通軌)』,『태양통궤(太陽通軌)』,『태음통궤(太陰通軌)』,『교식통궤(交食通軌)』,『오성통궤(五星通軌)』,『사여전도통궤(四餘躔度通軌)』 및 『회회력경(回回曆經)』,『서역역서(西域曆書)』,『일월식가령(日月食假令)』,『월오성능범(月五星凌犯)』,『태양통경(太陽通經)』과 더불어 『중수대명력(重修大明曆)』,『경오원력(庚午元曆)』 등의 모든 책에 교정을 가하였고[146] 또 의상으로 대소간의(大小簡儀), 일성정시의(日星定時儀), 혼의(渾儀), 혼상(渾象) 그리고 구루에는 현주일구(懸珠日晷), 천평일구(天平日晷), 정남일구(定南日晷), 앙부일구(仰釜日晷), 대소규표(大小圭表)와 자격루(自擊漏), 행루(行漏) 등이 제작되었다.[147] 특히 위의 교정본 중 수시력과 대통력통궤의 연구로부터 교정된 역일과 태양통궤 등 6편의 통궤본은 그 명칭이 『칠정산 내편』의 각 장(章)의 내용과 같고 응수(應數)와 일월식의 계산에 사용된 상수 값 등이 서로 일치하는 점으로 미루어 6편의 통궤본은 『칠정산 내편』의 편찬과 직접적으로 관련되어 그 준비 작업의 일환으로 교정된 것이라[148] 보고 있다. 이러한 사실들로 미루

146) 『四餘躔度通軌』 跋文.
147) 『世宗實錄』 卷 107: 21b-22a(27年 3月 癸卯).
148) 李勉雨, 석사논문, pp.44-46, 1987.

어『칠정산 내편』의 편찬이 얼마나 많은 연구와 준비 끝에 이루어진 결과였는지 충분히 짐작할 수 있다.

세종 실록에 천하는『칠정산 내편』의 서문과 이를 인용한『증보문헌비고』의 역상연혁(曆象沿革) 편에 "세종이 정흠지(鄭欽之)·정초(鄭招)·정인지(鄭麟趾) 등에게 명하여 수시력을 연구하게 하고 명나라에서 새로 얻은 대통력통궤(大統曆通軌)가 수시력과 약간의 차이가 있으므로 이를 바로 잡아서 내편을 만들게 하였다"라는 내용이 있어 일반적으로 내편의 편찬자가 정흠지와 정초 그리고 정인지로 알려져 왔다. 그러나『사여전도통궤(四餘躔度通軌)』발문(跋文)에 "근년에 얻은 중국의 통궤법은 본시 수시력을 기본으로 하나 혹 증손함이 있어 이순지와 김담에게 명하여 그 다른 것과 정밀함을 취하고 사이에 몇 줄을 첨가하여『칠정산 내편』이라 하였다"라는 내용이 있고,『칠정산 내편』의 편찬과 관련된 6편의 통궤본을 비롯하여 중수대명력과 경오원력 그리고『칠정산 내·외편』의 일월식 가령 등을 교정하고 편찬하는 일 등을 이순지와 김담이 모두 맡아한 점으로 미루어, 외편과 함께 내편의 실제적인 편찬과 간행 역시 이순지와 김담이 맡아한 것임을 알 수가 있다.

『칠정산 내편』을 편찬할 무렵, 조선은 명나라의 정삭(正朔)을 받고 있었다. 그러나『칠정산 내편』은 명나라의 대통력에서 폐하였던 세실소장법을 다시 사용하였고 대통력과 달리 수시력의 역원을 따르는 점 등은 명나라를 의식하지 않고 소신 있게 올바른 방법을 취하여 사용한 것이라 생각한다. 또한 대통력보다 후에 편찬된『칠정산 내편』이 수시력의 역원을 다시 취한 이유에 대하여 명나라의 흠천감(欽天監) 감부(監副)였던 이덕방(李德芳)이 홍무 26년(1393)에 세실소장(歲實消長)의 고려 없이 대통력의 역원을 바꾼 것은 잘못이라는 지적을 하면서 소장법의 철폐를 주장한 바 있으므로 대통력보다 후에 제작된 내편의 편찬자들이 대통력에서 세실 소장의 고려 없이 역원을 바꾸어 계산한 것은 옳지 않은 일이라 판단하였기 때문이라고도 생각한다. 한편, 명의 정삭을 받는 입장에서 대통력의 역원을 따르지 않고 수시력의 역원을 취한 점과 대통력에서 폐하였던 세실소장법을 다시 채택하

336

였으나 오히려 내용면에서 대통력의 형식을 따르고 있는 점 등에 대하여는
『칠정산 내편』의 편찬자들이 수시력과 대통력을 완전히 소화하였으며 두 역
법의 장점을 취하여 매우 편리한 형태로 편찬한 것이라고도 평하고 있다.[149]

　일반적으로 『칠정산 내편』을 높이 평가하는 이유는 무엇보다도 한양을
기준으로 하여 계산된 일출입(日出入)과 주야각(晝夜刻)의 시각이 내편 속
에 실린 것이라 할 수 있다. 일출입의 계산은 황도(黃道)와 적도(赤道)의
변환을 올바르게 이해하고 태양이 매일 위치하고 있는 황도상의 도수와 그
에 대응되는 태양의 적위(赤緯)를 계산하여야 하며, 정확하게 측정한 한양
의 북극 고도와 동지와 하지 간의 일출입 시각차를 알아야 계산할 수 있
다. 일출입의 시각은 시보(時報)를 알리는 물시계의 운용과 직접적인 관련
이 있었으며 일식과 월식의 시각이 일출입을 전후로 언제 일어나는지와 일
출입 시각에 일어나는 일식과 월식의 식분(食分)이 어느 정도인지를 정확
하게 계산하기 위하여 필요하였다.

　『칠정산 내편』은 역법의 기본 체계를 수시력에 맞추면서 한편 응수(應
數)의 일부 값은 1368년에 편찬된 유기(劉基)의 대통력을 따랐고 사여(四
餘)를 추보(推步)의 항목에 첨가한 점과 일월식(日月食)의 계산에 사용한
일부 상수 값 역시 대통력을 따르는 등, 수시력과 대통력의 장점을 선별하
여 취하였다. 또한 월식의 추보에서 식심의 시각을 구하는 계산과 정용분
(定用分)을 구하는 계산은 수시력의 방법도 대통력의 방법도 아닌 독자적
인 방법을 사용하였음을 확인할 수 있었는데 현대의 계산과 비교 결과『칠
정산 내편』에 의한 월식의 계산이 일식의 계산보다 정확하였으며, 수정을
가한 월식의 계산 결과가 수시력이나 대통력의 방법보다 실제의 시각에 더
근접하였다는 사실을 확인할 수 있었다. 그리고 수시력이나 대통력과 달리
추보에 필요한 입성(立成)을 각 추보의 항목에 함께 싣고 있어서 보다 이
해하기 쉽고 사용하기에 편리하도록 만들었으나 수시력의 입성을 내편에
옮겨 실으면서 입성에 잘못 기재된 수치를 그대로 옮긴 부분이 있고, 입성

---

149)　兪景老, 朝鮮時代의 中國曆法 導入에 關하여, 『傳統科學 第2輯』(漢陽大學校
　　　出版院: 서울), pp.31-37, 1981.

의 이름은 수시력을 따르면서 그 내용은 대통력을 따라 입성의 제목과 내용이 맞지 않는 오류를 범하기도 하였다.

중국의 역법은 근본적으로 서양의 역법과 그 계산 방법이 다르므로 각도법(角度法)과 시각법(時刻法) 그리고 계산의 기점과 기준 좌표계 등을 서로 달리하고 있다. 바빌론의 전통을 따르는 서양의 각도법은 원주를 360°로 하고 있으나 중국에서는 태양이 하루 동안 움직인 각거리를 1도로 하여 하늘의 둘레인 주천도수(周天度數)를 1년의 일수와 같게 하였다. 즉 원둘레의 도수를 1년의 일수와 같게 한 것으로 중국의 1도(度)는 서양의 방법을 따르는 현재의 도법(度法)으로 0.9856°가 된다. 또한 역계산의 기점을 춘분점으로 하고 있는 서양의 역법과 달리 중국의 역법은 동지를 계산의 기점으로 하여 역가(曆家)들은 동지 때 태양의 위치와 동지 시각의 측정을 매우 중요시 하였다. 당시 천체의 위치 표시는 28수(宿)의 수도(宿度)로 나타내는 적도 좌표계가 사용되었고 따라서 태양의 소재(所在)는 28수 상의 도수로 표시하였다. 수시력의 기점이 되는 원동지(元冬至)에 태양은 기수(箕宿) 10도에 있었다. 고대 중국의 역법가들은 역대에 관측한 동지 때 태양의 위치가 일정하지 않고 천천히 서쪽으로 이동한다는 사실로부터 하늘(天)의 도수(度數)와 해(歲)의 도수 사이에 해마다 차이가 생기는 세차(歲差)를 발견하였다. 즉 주천의 도수와 1년의 일수가 같지 않다는 사실을 발견한 것이다. 수시력은 하늘의 도수, 즉 주천분(周天分)을 365도 25분 75초로 정하였고 해의 도수 즉 세실(歲實)을 365도 24분 25초로 정하여 이들의 차분(差分)인 1분 50초를 세차(歲差) 값으로 하였다. 그리고 세차의 보정과 함께 1회귀년의 길이도 세월에 따라 변화한다는 사실을 고려하여 회귀년의 길이가 100년마다 1분씩 짧아지고 있음을 역계산에 넣어 역원(曆元)으로부터 멀어질 때 생기는 계산상의 오차를 고려하였다. 한편 황도와 적도의 좌표 변환과 태양의 적위 계산을 위하여 사용된 호시할원술(弧矢割圓術)은 현대의 구면 상각법과 비교되는 중국 고유의 독자적인 계산법이었다. 그러나 이 계산법에 사용된 회원술의 호시(弧矢) 공식은 공식 자체의 결함으로 오차를 크게 하는 요인이 되었고, 원주율 π를 3으로 취함으로써 주천(周天) 직경을 정확하게 계산할 수 없었던 까닭에 계산 값이 정확하지 못한 단점이 지적되기도 하였다.

수시력은 해와 달과 오행성의 부등 운동으로 생기는 중심차(中心差) 계산을 위하여 초차법(招差法)이라는 새로운 3차 보간법을 사용하였다. 대통력의 법원에는 적일(積日)에 따라 중심차의 값을 나타내고 있는 평립정삼차지원(平立定三差之原)의 표와 이로부터 계산된 평립정 3차의 계수가 실려 있다. 이 3차의 계수를 사용하여 적차(積差)를 구하는 식을 세운 후, 표에 있는 적일을 대입한 결과, 초차법으로 구한 이들의 계수가 아주 정확한 값임을 확인하였다. 중심차는 궤도상에서 실제의 위치와 평균 위치와의 차를 도수(度數)로 나타내고 있는 것으로 입성표에 계산된 이들의 최대 중심차는 태양과 달 그리고 각 행성의 궤도 이심률과 관계가 있다는 사실을 발견하였다. 특히 오행성 중 화성의 운동은 태양의 운동과 같이 실제의 위치가 평균 위치보다 앞서는 영력(盈曆)의 구간과 평균 위치에 못 미치는 축력(縮曆)의 구간을 다시 영초축말한과 축초영말한의 두 구간으로 나누고 있어 화성의 운동이 이 두 구간에서 대칭이 되지 않음을 알 수 있었으며, 입성에 기록된 관측 값이 잘못 된 것으로 보이는 수성의 경우를 제외하고 궤도 이심률이 가장 크게 관측된 행성은 화성이라는 사실도 확인 하였다. 수시력과 이를 따르고 있는 『칠정산 내편』을 비롯하여 고대 역법에서 정한 천문 상수는 현재 알려진 천문 상수와 미소한 차이는 있지만 그 값이 거의 비슷하다. 그러나 내행성인 수성과 금성의 경우에는 그 겉보기 운동으로 정할 수 있었던 회합주기의 값은 현재의 값과 거의 일치하나 실제의 운동을 파악하여야 정할 수 있었던 항성주기의 값은 전혀 다른 값으로 기록되고 있어 내행성에 대한 관측이 어려웠던 것으로 파악된다. 특히 태양에 가장 가까운 수성의 경우는 최대 이각이 작아 항상 수평선 근처에서 잠깐 떴다가 지므로 관측하기가 어려울 뿐만 아니라 관측할 수 있는 시간도 적다. 이러한 이유 때문인지 수성의 경우는 항성주기뿐만 아니라 부등 운동에 대한 계산도 잘못 되어 있음을 발견하였다.

참고문헌

1. 古文獻

『庚午元曆』奎章閣本, 李純之, 金淡.

『古今律曆考』

『高麗史』鄭麟趾 編.

『交食推步法』奎章閣本, 李純之, 金石悌.

『交食通軌』奎章閣本, 李純之, 金淡.

『國祖曆象考』徐浩修.

『金史』曆志.

『大統曆日通軌』奎章閣本, 李純之, 金淡.

『明史』曆志.

『三國史記』金富軾.

『宣祖實錄』

『世宗實錄』

『書經』

『四餘纏度通軌』奎章閣本, 李純之, 金淡.

『隋書』

『授時曆立成』奎章閣本, 世宗朝刊, 王恂.

『授時曆捷法立成』奎章閣本, 世宗朝刊, 姜保.

『五星通軌』奎章閣本, 李純之, 金淡.

『元史』曆志.

『仁祖實錄』

『資治通鑑』

『周書』

『重修大明曆』奎章閣本, 李純之, 金淡.

『重修大明曆 丁卯年 日食假令』奎章閣本, 李純之, 金淡.

『重修大明曆 丁卯年 月食假令』奎章閣本, 李純之, 金淡.

『增補文獻備考』

『七政算內篇 丁卯年 交食假令』奎章閣本, 李純之, 金淡.

『七政算外篇 丁卯年 交食假令』奎章閣本, 李純之, 金淡.

『太陽通軌』奎章閣本, 李純之, 金淡.

『太陰通軌』奎章閣本, 李純之, 金淡.

『太祖實錄』

『太宗實錄』

『孝宗實錄』

2. 現代文獻

國學振興研究事業運營委員會編著, "河回 豊山柳氏篇", 『古文書集成』 卷 18,
    (韓國精神文化研究院: 서울), pp.473-728, 1994.

朴星來, "世宗代의 天文學 발달", 『世宗朝文化研究』(韓國精神文化研究院:
    서울), p.104, p.109, 1984.

裵賢淑, "七政算內外篇의 字句異同", 『書誌學研究』 第 3輯, (書誌學會: 서
    울) pp.167-170, 1988.

藪內淸, 『中國의 天文曆法』(平凡社: 東京), pp.295-310, 1963.

藪內淸編著, 『宋元時代의 科學技術史』(京都大學人文科學研究所刊: 京都),
    pp.89-110, 1967.

藪內淸著, 兪景老譯編, 『中國의 天文學』(電波科學社, 서울), pp.119-120,
    154-156, 170-171, 1985.

藪內淸, 『隨唐曆法史의 研究』(臨川書店刊: 京都), pp.134-135, 1989.

永田久著, 沈雨晟譯, 『曆과 占의 과학』(東文選: 서울), p.159, 1992.

유경로, 이은성, 현정준, 『칠정산 내편』(세종대왕기념사업회: 서울), 1973.

유경로, 이은성, 현정준, 『칠정산 외편』(세종대왕기념사업회: 서울), 1974.

兪景老, "朝鮮時代의 中國曆法 導入에 關하여", 『傳統科學 第2輯』(漢陽大學
    校出版院: 서울), pp.31-37, 1981.

兪景老, 『韓國科學技術史資料大系』 天文學篇 3, 七政算內篇 解題, (驪江出
    版社: 서울), 1985.

李家源, 新譯, 『書經』(홍신문화사: 서울), p.20, 1983.

李勉雨, 李純之와 金淡 撰 大統曆日通軌 等 6篇 通軌本에 대한 연구,
    pp.44-46, 석사논문, 1987.

李勉雨, 李純之와 金淡 撰 大統曆日通軌 等 6篇 通軌本에 대한 연구,『한국 과학사학회지』제10권 1호, pp.76-87, 1988.

李殷晟, "招差法과 古代曆法에서의 그 應用",『천문학회지』제7권 1호, p.20, 1974.

李殷晟,『曆法의 原理分析』(정음사: 서울), p.349, pp.420-421, 1985.

錢寶琮,『中國數學史』(科學出版社: 北京), pp.209-214, 1992.

全相運,『韓國科學技術史』(정음사: 서울), p.102, pp.104-105, 1976.

中國天文學史整理硏究小組編著,『中國天文學史』(科學出版社: 北京), pp.86-87, 1987.

陳美東,『古曆新探』(遼寧敎育出版社: 遼寧), pp.64-79, 1995.

陳遵嬀,『中國天文學史』5冊, (明文書局: 臺北), pp.84-92, 95-104, 1988.

崔振華, 李東生,『中國古代曆法』(中國文化書院: 北京), pp.66-74, 1982.

3. 英文文獻

Allen, C. W., *Astrophysical Quantities*, (The Athlone Press: London), p.147, 1973.

Chen Jiujin, eds. Nha Il-Seong and Richard. F., Stephenson, "The Comparative Between Hui Hui Calendar, Qi Zhen Suan Wai, and Qi Zhen Tui Bu", *Oriental Astronomy from Guo Shoujing to King Seing*, (in press).

Nakayama, Shigeru, *A History of Japanese Astronomy: Background and West Impact*, (Havard Univ. Press: Cambridge, Mass.), 1969.

Smart, W. M., *Text Book on Spherical Astronomy* (Cambridge Univ. Press: Cambridge), pp.46-47, p.69, 1962.

Zeilik, M. & Smith, E. P., *Introductory Astronomy and Astrophisics*, (Saunders College Publishing: Philadelphia), p.46, pp.54-55, 1987.

• 저자 •

이은희
(李銀姬)

• 약 력 •

연세대학교 이과대학 천문기상학과 졸업
연세대학교 대학원 천문학 석사
연세대학교 대학원 천문학 박사

IAU(세계천문연맹) 회원
한국산업기술사 학회 평위원
한국과학사학회 이사
한국우주과학회 회원
한국천문학회 회원
한국외국어대학교, 고려대학교 연세 대학교 시간강사
세종대학교 겸임교수
중국과학원 자연과학사연구소 연구원
연세대학교 천문대 선임연구원

• 주요논저 •

「The Sunspot and Auroral Activity Cycle Derived from Korean Historical Records of the 11th-18th Century」
「The Comparision between Calculation Methods on the Solar Position in the Chiljeongsan Naepion and Chiljeongsan Oepion」
「Recorded Dates of Far-East Calendars」
「A Study of the Motions of Rahu and Ketu」
「Chiljongsan Naepion, an Adopted Version of Shoushi-Li」
「Cross Index of Dates Used in Chinese, Korean and Japanese Calendars for the Period : 1401-1450」
「조선 규장각본의 授時曆立成」
「朴堧渾天圖 小考」
「西周天象과 絶對年代」
「17, 18세기 한중 과학기술 교류 -천문•역법을 중심으로」
「Maunder 극소기와 태양의 활동」
『국조역상고(國朝曆象考)』(역)
외 다수

● 칠정산내편의 연구

• 초판 인쇄	2007년 5월 31일
• 초판 발행	2007년 5월 31일
• 지 은 이	이은희
• 펴 낸 이	채종준
• 펴 낸 곳	한국학술정보㈜
	경기도 파주시 교하읍 문발리 526-2
	파주출판문화정보산업단지
	전화 031) 908-3181(대표) · 팩스 031) 908-3189
	홈페이지 http://www.kstudy.com
	e-mail(출판사업부) publish@kstudy.com
• 등 록	제일산-115호(2000. 6. 19)
• 가 격	32,000원

ISBN 978-89-534-6719-4 93440 (Paper Book)
　　　 978-89-534-6720-0 98440 (e-Book)